"十四五"职业教育系列教材

U0743243

资产评估基础与案例

主　编　杨淑芝　刘小英

副主编　雷建平　曹　英

　　　　戴　同　张夏涵

参　编　柴志敏　赵大强

中国电力出版社

CHINA ELECTRIC POWER PRESS

内 容 提 要

本书是"十四五"职业教育系列教材，是编者主持省级"十三五"规划课题（NZJGH2020140）及校级课程思政示范课建设的研究成果之一。全书共七个项目，主要内容包括资产评估概述、资产评估要素、资产评估程序概述、资产评估方法、资产评估相关理论、资产评估法律责任与职业道德及资产评估报告与归档。本书突出课程思政，落实立德树人根本任务，内容新颖，简明易懂，将资产评估基础知识模块化，同时将思维导图、知识灯塔、知识链接、案例分析等多种资源嵌入教材，为读者提供资产评估基础知识的专业脉络。

本书可以作为高等院校资产评估、会计、财务管理等相关的教材，也可以作为从事资产评估专业人员及相关研究人员培训和自学参考书。

图书在版编目（CIP）数据

资产评估基础与案例/杨淑芝，刘小英主编．—北京：中国电力出版社，2022.6（2025.6重印）
ISBN 978-7-5198-6984-7

Ⅰ．①资… Ⅱ．①杨… ②刘… Ⅲ．①资产评估 Ⅳ．①F20

中国版本图书馆 CIP 数据核字（2022）第 143485 号

出版发行：中国电力出版社
地　　址：北京市东城区北京站西街 19 号（邮政编码 100005）
网　　址：http://www.cepp.sgcc.com.cn
责任编辑：霍文婵（010-63412545）　杨芸杉
责任校对：黄　蓓　王海南
装帧设计：郝晓燕
责任印制：吴　迪

印　　刷：北京天宇星印刷厂
版　　次：2022 年 6 月第一版
印　　次：2025 年 6 月北京第二次印刷
开　　本：787 毫米×1092 毫米　16 开本
印　　张：16.25
字　　数：403 千字
定　　价：48.00 元

本书拓展资源

前　言

为贯彻教育部《高等学校课程思政建设指导纲要》，在教学中落实立德树人根本任务，围绕专业人才培养目标，挖掘思政元素，合理取舍教学内容，基于课程思政与专业教学协同设计而编写本书。作为现代高端服务业的资产评估，是市场经济发展中的重要支撑，资产评估随着我国市场经济的不断深入及信息技术的发展，已在国有企业改革、资产投资、企业股权改制、管理咨询等领域发挥着非常重要的作用，社会对资产评估从业人员的专业性要求也日益提高。资产评估基础知识是做好资产评估工作的基石，深入学习资产评估基础知识，能够更好地服务资产评估行业、服务我国经济社会发展。

在资产评估教学体系中，"资产评估基础"被誉为"资产评估入门课"，它是研究资产评估基本理论、基本方法、基本要素的一门课程。因此本书在编写过程中立足于"基础"，依据"必需"与"够用"原则，根据最新的资产评估师考试教材及最新相关法律法规编写而成，着重阐述资产评估的基本理论、基本方法、基本要素，将理论和实践有机融合，力求使初学者对资产评估基础知识有一个初步的认知和理解，掌握资产评估的基本理论、基本方法和基本操作技能，为未来的资产评估实践以及从事与资产评估业务有关的管理工作奠定坚实的基础。

本书是编者主持省级"十三五"规划课题（NZJGH2020140）及校级课程思政示范课建设的研究成果之一，是编者长期从事教学与科研工作的结晶。

全书共7个项目，主要内容包括资产评估概述、资产评估要素、资产评估程序概述、资产评估方法、资产评估相关理论、资产评估法律责任与职业道德、资产评估报告与归档。本书编写分工如下：杨淑芝编写项目二、项目四；雷建平编写项目六；刘小英编写项目一、项目五；张夏涵、戴同编写项目七及附录；湖南水利水电职业技术学院曹英、呼和浩特市自然资源局柴志敏编写项目三；内蒙古金天平资产评估有限公司赵大强负责部分评估案例的编写。

本书有如下特点：

（1）突出课程思政，落实立德树人根本任务。每一章节结合专业知识挖掘思政元素，形成课程思政点，实现价值引领、知识传授、技能培养的育人目标。

（2）知识系统模块化。围绕资产评估基本要素，将资产评估基础知识模块化，为读者提供资产评估基础知识的专业脉络。

（3）内容新颖，简明易懂。在阐述资产评估基础概念、理论与方法时，力求做到通俗易懂、深入浅出，配以典型案例进行分析说明，以便初学者通过案例来理解资产评估的基本概念和理论问题。

（4）提供丰富的教学资源，建立立体化教学，突出新形态教材特点。将思维导图、知识灯塔、知识链接、案例分析等多种资源嵌入教材，特别是通过思维导图、二维码等形式，为读者提供专业知识脉络的梳理，帮助读者构建完整、清晰的学习思路。每章节内容后都配有大量的练习题，以便读者巩固学习效果，加深对所学知识的理解。

在编写过程中，我们学习和参考了众多同行学者的著作、教材，并结合编者多年来的教学经验形成本书。本书可作为高等院校资产评估、会计、财务管理等相关专业讲授"资产评估基础""资产评估实务""资产评估学"等课程的参考教材，也可以作为从事资产评估专业人员及相关研究人员培训和自学参考书。非常感谢内蒙古金天平房地产土地资产评估有限公司、内蒙古华诚源房地产土地资产评估公司、内蒙古国垚不动产评估服务有限公司为本书出版提供的帮助。

广东财经大学郑慧娟教授审阅了全书，提出许多宝贵意见，在此一并表示感谢！

限于编者水平，书中难免存在不妥之处，恳请使用本书的教师和广大读者给予批评指正。

编　者

2022 年 4 月

目 录

项目一

资产评估概述

（1）了解资产内涵与分类；

（2）掌握资产评估的内涵与基本要素；

（3）熟悉资产评估发展、地位与作用。

能力目标

（1）能够列举生活中资产的例子；

（2）能够根据资产评估目的选择合适的价值类型；

（3）能够理解资产评估在市场经济发展中的作用。

素质目标

具有良好的职业道德和敬业精神，培养社会主义核心价值观。

资产评估概述如图 1-1 所示。

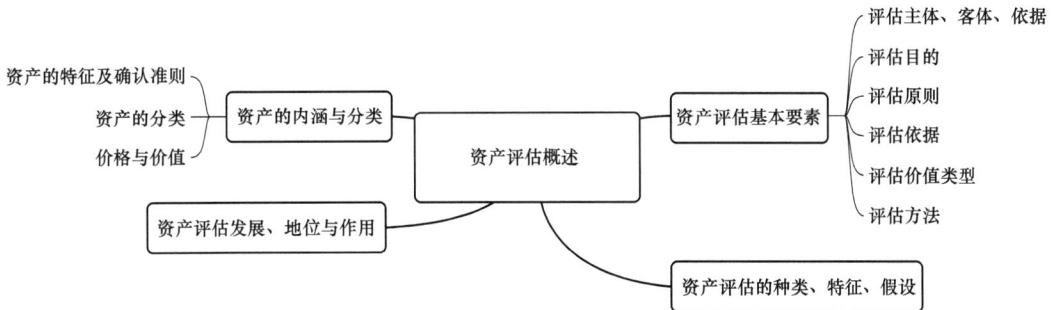

图 1-1　资产评估概述

1

任务一　资产内涵与分类

一、资产的内涵

资产是一个具有多角度、多层面的概念，既有经济学中的资产概念，也有会计学等其他学科的资产概念。资产是资产评估的对象，它是生产商品或提供劳务的工具，是能够长期提供收益流的物品。不同学科对资产内涵的界定也不同。

经济学中的资产泛指特定经济主体拥有或控制的，并能够给特定经济主体带来经济利益的经济资源。也有将其表述为特定经济主体拥有或控制的，具有内在经济价值的实物和无形的权利。

会计学中的资产是指过去的交易或事项形成并由企业拥有或控制的资源，该资源预期会给企业带来经济利益。主要指预能够给企业带来预期的经济效益。如果把资产能够带来未来利益的潜在能力恰当使用的是企业中的资产，这是资产评估对象中重要的组成部分，但是资产评估对象并不完全局限于企业中的资产。

法学中的资产包括财产及主体的财产权利。财产是指不动产和动产或它们的统称。法律范畴的财产由物的所有权、物的相关权益及物产生的效益组成。财产权利是指对财产享有的所有权、使用权、收益权和处置权等一组权利，任何人不经财产所有人的许可不得使用和处置该财产。财产所产生的收益归财产所有人，与他人无关。财产如果具有带来预期收益的功能，则财产等同于资产。

资产评估中的资产或作为资产评估对象的资产，其内涵更接近经济学中的资产，即特定权利主体拥有或控制的，能够给特定权利主体带来未来经济利益的经济资源。其内涵更接近于经济学中的资产，外延包括了具有内在经济价值以及外在市场交换价值的所有实物和无形的权利。

二、资产的特征

作为资产评估对象的资产具有以下三个基本特征：

（一）资产必须是经济主体拥有或控制的

（1）拥有即经济主体拥有完全所有权，控制权一般是相对于所有权而言的，是指对某项资源的支配权，并不一定对资产有所有权。依法取得财产权利是经济主体拥有并支配资产的前提条件。由于市场经济的深化发展，财产所有权基本能形成不同的排列与组合不仅成为必要，而且成为可能。如果将这些排列与组合称之为产权，那么，在资产评估中应了解被估资产的产权构成。例如，对于一些以特殊方式形成的资产，经济主体虽然对其不拥有完全的所有权，但依据合法程序能够实际控制的，如融资租入固定资产、土地使用权等，按照实质重于形式原则的要求，也应当将其作为经济主体的资产予以确认。

（2）资产是能够给经济主体带来经济利益的资源，即可给经济主体带来现金流入的资源。也就是说，资产具有能够带来未来利益的潜在能力。如果被恰当使用，资产的获利潜力就能够实现，进而使资产具有使用价值和交换价值。具有使用价值和交换价值，并能给经济主体带来未来效益的经济资源，才能作为资产确认。

（3）资产必须能以货币计量。也就是说资产价值能够运用货币进行计量，否则就不能作为资产予以确认。

（4）控制是指经济主体虽然对其不拥有完全的所有权，但依据合法程序能够实际控制的，如融资租入的固定资产、土地使用权等。按照实质重于形式原则的要求，将其作为经济主体资产予以确认。经济主体不论是拥有还是控制某项资产，其基本的前提条件是依法取得。

（二）预期会给企业带来经济效益

资产是能够给经济主体带来经济利益的资源，即资产具有能够带来未来利益的潜在能力。如果把这种潜在的能力恰当使用，资产的获利潜力就能够实现，进而使资产具有使用价值和交换价值。具有使用价值和交换价值，并能给经济主体带来未来效益的经济资源，才能作为资产确认。

（三）资产价值能以货币计量

资产价值能以货币计量。资产若不能以价值计量就不能作为资产确认，即要形成价格，有价格才能以货币计量。西方经济学认为价格形成的三个要素，即有效用、稀缺性及有效需求，只有同时满足这三大要素才具有价格。没有任何效用的东西，不可能成为资产。但并非任何有用的东西都能成为资产。

【知识链接】

资产确认的准则见表 1-1。

表 1-1　　　　　　　　　　资 产 确 认 的 准 则

准则	内　　　容
现实性	评估对象在评估日之前已经存在，并且在评估时点仍然存在。对可能将形成资产但尚未发生的活动不能列为评估对象
控制性	经济资源的控制性是某经济行为主体能控制的，并使用、支配着资源，且有分享收益的权利
有效性	资产必须有效用且能带来收益或潜在收益。是否盈利不能作为有效性的前提。如闲置的生产线不能否认它的有效性，应把它排除在资产之外
稀缺性	稀缺性本身并不存在和产生价值，但由于稀缺，经济主体要获得其控制权就必须付出相应的代价，从而形成价格。空气很有用，但没有价格，它取之不尽，用之不竭
合法性	凡不能得到法律保障的资源，尽管可以是企业或经济主体直接控制的，也不能确认为资产，如违章建筑、偷盗的瓷器等

思考："没有任何效用的东西，不可能成为资产。但并非任何有用的东西都能成为资产。"以辩证的思维看问题，如何让自己成为有用之才？

【小测试】空气有用，故空气是资产。（　　　）

知识灯塔

➢ 爱国之心，实为一国之命脉。
　　　　——蔡元培
➢ 言不信者行不果。
　　　　——墨子

三、资产的分类

作为资产评估的对象，资产的存在的形式是多种多样的，按照不同的分类标准，可将资产分为不同的类别。

（一）按资产存在形态分类

可以分为有形资产和无形资产。有形资产是指那些具有实体形态的资产，包括机器设备、房屋建筑物、流动资产等，由于这类资产具有不同的功能和特性，在评估时应分别进行；无形资产是指那些没有实物形态，但在很大程度上制约着企业物质产品生产能力和生产质量，直接影响企业经济效益的资产，主要包括专利权、商标权、非专利技术、土地使用权、商誉等。

（二）按资产是否具有综合获利能力分类

可以分为单项资产和整体资产。单项资产是指单台、单件的资产；整体资产是指由一组单项资产组成的具有获利能力的资产综合体。在进行单项资产评估中，可以确切地评估出厂房、机器设备的价值，可以评估确定某项技术专利等无形资产的开发或购置成本以及获利能力。以单项资产为对象的评估，称为单项资产评估。将单项资产评估价值汇总起来，可以求得作为资产综合体的企业的总资产的价值。但是，如果不是变卖单项资产，而是把企业或单独的生产车间作为商品进行买卖时，一般要进行整体资产评估。企业的整体资产不是企业各单项可确指资产的汇集，其价值也不等于各单项可确指的资产价值的总额，因为企业整体资产评估所考虑的是它作为一个整体的生产能力或获利能力，所以，其评估价值除了包括各单项可确指的资产价值以外，还包括不可确指的资产，即商誉的价值。

（三）按资产能否独立存在分类

可以分为可确指的资产和不可确指的资产。可确指的资产是指能独立存在的资产，前面所列示的有形资产和无形资产，除商誉以外都是可确指的资产；不可确指的资产是指不能脱离企业有形资产而单独存在的资产，如商誉。商誉是由于企业地理位置优越、信誉卓著、生产经营出色、劳动效率高、历史悠久、经验丰富、技术先进等原因，所获得的投资收益率高于一般正常投资收益率所形成的超额收益。

（四）按资产与生产经营过程的关系

可以分为经营性资产和非经营性资产，经营性资产是指处于生产经营过程中的资产，如企业中的机器设备、厂房、交通工具等。非经营资产是指处于生产经营过程以外的资产，如政府机关用房、办公设备等。资产分类见表1-2。

表1-2
资 产 分 类

分类标准	类别	举例
资产存在形态	有形资产； 无形资产	机器设备、房屋建筑物、流动资产； 专利权、商标权、土地使用权
资产是否具有综合获利能力	单项资产； 整体资产	单台、单件资产； 企业生产流水线
资产能否独立存在	可确指的资产； 不可确指的资产	独立存在和转让（有形、无形资产）； 商誉
资产与生产经营过程的关系	经营性资产； 非经营性资产	企业中的机器设备、厂房、交通工具； 政府机关用房、办公设备

四、价格与价值

价格是为取得一项资产所花费的货币数额。价格是一个历史数据或事实，是在特定的交易行为中特定买方和卖方对商品或服务实际支付或收到的货币数额。

价格：最后达成的结果，是一个历史数据或事实，价格有唯一性。这里的价值是一个交换价值范畴，它反映了可供交易的商品、服务与其买方、卖方之间的货币数量关系。资产评估中的价值不是一个历史数据或事实，它只是专业人士根据特定的价值定义在特定时间内对商品、服务价值的估计。作为资产评估的目标是判断评估对象的价值而不是评估对象的实际成交价格。

价值：着眼未来，评估中的价值不是历史数据不是事实，是估计。资产价值与资产评估价值是紧密联系的。资产的价值是资产对主体的效用，是资产对主体的作用和影响，资产价值属于存在范畴，是客观存在，是资产评估的对象；而资产评估价值则是主体的观念活动或对资产价值的观念评估、观念把握，是观念范畴。

一般来说，资产价值决定资产评估价值，资产评估价值反映资产价值。资产评估价值是评估主体从观念上把握资产价值的一种形式和结果。作为资产评估的目标是判断评估对象的价值，而不是评估对象的实际成交价格。

社会必要劳动时间决定 ⇒ 价值 ⇒ 货币形式表现 ⇒ 价格

【知识链接】

资产的内涵与分类如图 1-2 所示。

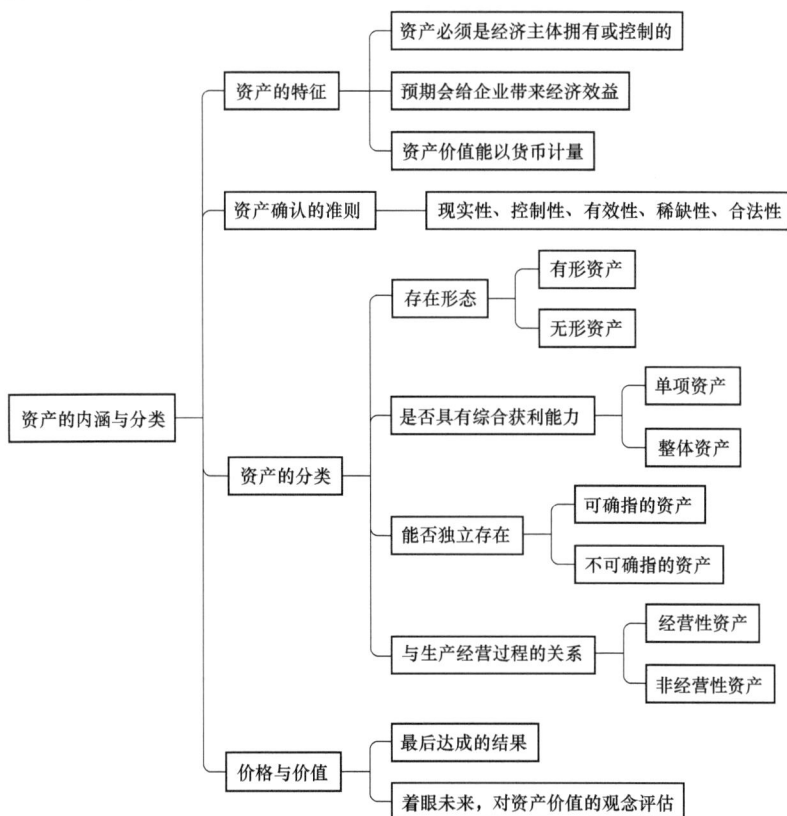

图 1-2　资产的内涵与分类

任务二 资产评估内涵

一、资产评估内涵

评估从字面意思来讲，"评"就是评定，对经济结果进行评价；"估"就是估计、估算，对未来的经济结果进行预测。评估即是资产评估专业人士根据调查了解所掌握的数据资料，对资产价值进行定性、定量的说明和评价过程，是对影响资产价值的因素及其变化规律进行的专业分析，该分析要尽可能搜集与评估相关的各种信息，评估人员和评估机构应对其做出的专业判断承担相应的责任。

资产评估是指专业机构和人员按照国家法律、法规和资产评估准则，根据特定目的，遵循评估原则，依照相关程序，选择适当的价值类型，运用科学方法，对资产价值进行分析、估算并发表专业意见的行为和过程。也可简称为形成价值意见的行为或过程。

资产评估实际上是一种通过模拟市场行为来分析、判断资产价值的行为，是评估人员根据有关数据资料，模拟市场对资产在一定时点上最有可能实现的市场价值的估计和判断活动。因此，资产评估也可以简称为确定资产价值的行为或过程。

二、资产评估的基本要素

资产评估作为一种价值评定过程，要经历若干评估步骤和程序，同时也会涉及以下八大基本要素。

（一）评估主体

评估主体即从事资产评估的机构和人员，他们是资产评估工作的主导者。评估主体回答的是什么机构、什么人来从事评估业务或谁来进行资产评估。评估主体必须是符合国家有关规定、具有从事资产评估资格的机构和人员，资产评估人员只有取得相应的评估执业资格，才能开展资产评估。

（二）评估客体

评估客体也称评估对象，即被评估的资产，是资产评估的具体对象，回答了评估什么的问题，具体包括国家、企业、事业或其他单位所拥有的各种财产、债权及其他权利。作为评估的客体既可以是有实体的实物资产，也可以是没有实体的无形资产；既可以是单项资产，也可以是整体资产。

（三）评估依据

评估依据即资产评估工作所遵循的法律法规、专业准则、经济行为文件、重大合同协议、收费标准及其他参考依据，主要有以下内容：

（1）法规依据（是与资产评估相关的法律、法规）。如《国有资产评估管理办法》《中华人民共和国公司法》《中华人民共和国证券法》《中华人民共和国合伙企业法》《中华人民共和国物权法》等，这些法律法规是开展资产评估工作必须遵守的行为准则。

（2）行为依据（是反映资产评估经济行为的文件）。资产评估活动为资产业务提供公平的价值尺度，因此资产业务所涉及的经济行为文件、重大合同或协议也是评估时必须遵循的，如证券管理部门同意公司上市的有关批文、资产管理部门同意公司与外方合作组建中外合资公司的有关批文等，这些文件、合同、协议明确了资产业务的性质与评估目的，决定了资产评估价值类型与相应评估方法的选择，是资产评估结果赖以形成的重要基础。

（3）产权依据（是与被评估资产相关的重大合同协议）。如产品的销售合同、技术转让协议、资产的租赁合同、使用合同等，这些合同、协议是评估人员对资产价值做出判断时所依据的重要资料。

（4）取价依据（是与被评估资产有关的取费标准和其他参考资料）。如被评估资产所在地的房屋建筑物造价标准、各种费率取费标准、土地基准地价、行业协会发布的有关信息等，这些资料是对被评估资产价值做出判断的重要依据。

（四）评估目的

评估目的即资产业务引发的经济行为对资产评估结果的要求或资产评估结果的具体用途，回答了为什么评估的问题。它直接或间接地决定和制约资产评估的条件以及价值类型的选择，如企业进行股份制改造、上市、资产抵押贷款等。评估目的分为一般目的和特定目的，资产评估一般目的包含着特定目的，而资产评估特定目的则是一般目的的具体化。

（1）资产评估的一般目的。资产评估的一般目的或资产评估的基本目标是由资产评估的性质及其基本功能决定的。资产评估作为一种专业人士对特定时点及特定条件约束下资产价值的估计和判断的社会中介活动，它一经产生就具有了为委托人以及资产交易当事人提供合理的资产价值咨询意见的功能。不论是资产评估的委托人，还是与资产交易有关的当事人，他们所需要的无非是评估师对资产在一定时间及一定条件约束下资产公允价值的判断。如果暂且不考虑资产交易或引起资产评估的特殊需求，资产评估所要实现的一般目的只能是资产在评估时点的公允价值。

（2）资产评估的特定目的。资产评估作为一种资产价值判断活动，总是为满足特定资产业务的需要而进行的，在这里资产业务是指引起资产评估的经济行为。通常把资产业务对评估结果用途的具体要求称为资产评估的特定目的，资产业务的主要类型见表1-3。

表1-3　　　　　　　　　　　　　　　　资产业务的主要类型

序号	资产业务	含　义
1	资产转让	是指资产拥有单位有偿转让其拥有的资产，通常是指转让非整体性资产的经济行为
2	企业兼并	是指一个企业以承担债务、购买、股份化和控股等形式有偿接收其他企业的产权，使被兼并方丧失法人资格或改变法人实体的经济行为
3	企业出售	是指独立核算的企业或企业内部的分厂、车间及其他整体资产产权出售的行为
4	企业联营	是指国内企业、单位之间以固定资产、流动资产、无形资产及其他资产投入组成各种形式的联合经营实体的行为
5	股份经营	是指资产占有单位实行股份制经营方式的行为，包括法人持股、内部职工持股、向社会发行不上市股票和上市股票

（五）评估原则

资产评估原则即资产评估的行为规范，是调节当事人各方关系，处理评估业务的行为准则。评估人员只有在一定的评估原则指导下做出的评估结果，才具有可信性。

（六）评估程序

资产评估程序是指注册评估师执行资产评估业务所履行的系统性工作步骤，即资产评估工作从开始准备到最后结束的工作顺序。为了保证资产评估结果的科学性，任何一项资产评估业务，无论是规模较大的企业整体资产，还是单独的一台设备，在进行资产评估工作时，必须按照国家有关规定，进行财产清查、市场调研、评定估算、验证结果等工作程序，否则将影响资产评估的质量。

（七）评估价值类型

资产评估价值类型是指资产评估结果的价值属性及其表现形式，或资产评估价值的质的规定性。这个要素对资产评估有关参数的选择具有很强的约束性。它包括市场价值与非市场价值。

（八）评估方法

资产评估方法即资产评估所运用的特定技术，是分析判断资产评估价值的手段和途径，是评估要素中最重要的一个要素。主要的评估方法有收益法、市场法、成本法。

三、资产评估的种类

由于资产种类的多样化、资产业务的多样性，以及资产评估委托方及其相关当事人对资产评估内容及其报告需求的多样性，所以按照不同的划分标准资产评估类型出现了多种类型，具体如下：

（1）按资产评估工作的内容可分为一般评估、评估复核、评估咨询。

1）一般评估是指正常情况下的资产评估，即按正常评估程序评估并主要以书面报告的形式提供资产评估服务。通常以资产发生产权变动、产权交易，以及资产保险、纳税或其他经济行为为前提。一般评估包括市场价值评估和市场价值以外的价值评估，如企业上市资产评估、组建合资企业资产评估、企业股份制改造资产评估、企业资产抵押贷款资产评估等。

2）评估复核是指受托评估机构及其评估师对其他评估机构及其评估师出具的评估报告进行评判鉴定的行为和过程，即对他人的评估过程和结果的再评估。

3）评估咨询是一个较为宽泛的术语。评估咨询可以是对评估标的物价值的估计和判断，也可以是对评估标的物的利用价值、利用方式、利用效果的分析，以及与此相关的市场分析、可行性研究等。评估咨询的表现形式既可以采用书面形式，也可以采用口头方式。

（2）按资产评估面临的条件、执业过程中遵循准则的程度及对评估报告披露的要求可分为完全评估、限制评估。

完全评估是指完全按照评估准则的要求进行资产评估，未适用资产评估中的背离条款。完全评估中的被评估资产通常不受某些方面的限制，评估人员可以按照评估准则和有关规定收集资料，对被评估资产的价值做出判断。

限制评估是指在资产评估准则允许或规定允许的前提下，由于某些条件的限制不能完全按照评估准则及其规定的程序和要求进行的资产评估，评估结果是在受限制的条件下得出的。

（3）按资产评估的对象及其获利能力分可分为单项资产评估、整体资产评估。

1）单项资产评估是指评估对象为单项可确指资产的评估。通常机器设备评估、土地使用权评估、房屋建筑物评估、商标权评估、专利权评估等均为单项资产评估。由于单项资产评估的对象为某一类资产，不考虑其他资产的影响，通常由具有某一方面的专业评估人员参加即可完成评估任务。

2）整体资产评估是指以若干单项资产组成的资产综合体所具有的整体生产能力或获利能力为评估对象的资产评估。如以企业全部资产作为评估对象的企业整体价值评估，以企业某一部分或某一车间为评估对象的整体资产评估，以企业全部无形资产为评估对象的无形资产整体评估等。企业价值评估是整体资产评估最常见的形式。

四、资产评估的特征

在生活中发挥着重要的作用。在把握资产评估含义的基础上，进一步把握资产评估的特征，有助于加深对资产评估实质的认识，对于提升资产评估质量具有重要的意义，资产评估具有以下几个方面的特征：

1. 现实性

资产评估的现实性是指以评估基准日为时间坐标，按这一时点资产的实际状况对资产进行评价。具体而言，资产评估的现实性表现在以下三个方面：

（1）直接以现实存在为资产确认、估价和报告的依据。没有与过去业务及其记录进行衔接、均衡、达成一致等约束，只需说明当前资产的状况，不必说明为什么形成这种状况，以及如何由过去的那种状况变为当前的状况。

（2）以现实状态为基础反映未来。资产评估涉及对未来的预测，但这一预测更强调现实的意义。它把未来状况抽象为现实状况在时间维下的逻辑延伸，尽管这仅仅是一个抽象的，不一定完全符合资产未来发展的实际，但却是一个必不可少的抽象或假定。

（3）强调客观存在。形式上存在而事实上已消失者，或形式上不存在而事实上存在者，都要以实质上的客观存在为依据来校正。如应收账款的呆账、毁损的存货等，形式上虽列为资产但实际已无资产与之对应，就不能列入评估范围；而某项即将成功的重大技术突破等账外资产，则要通过资产评估予以反映。

2. 市场性

资产评估的市场性是指资产业务离不开市场，只有反映资产市场关系的价格，才能为资产业务提供价值尺度。资产评估的实质就是以资产要素市场和资金市场为参照，对资产的价格属性及其量化水平进行重新描述，因此资产评估不可能离开资产市场而得出合理的结论。所以，模拟市场是资产评估最基本的依据。

资产评估是适应市场经济要求的专业中介服务活动，其基本目标就是根据资产业务的不同性质，通过模拟市场条件对资产价值做出经得起市场检验的评估人员必须凭借自己对资产性质、功能等的认识以及市场经验，模拟市场对特定条件下的资产进行评估。资产评估结论能否经得起市场检验是判断资产评估活动是否合理、规范，评估人员是否合格的根本标准。

3. 公正性

公正性的表现为以下两点：

（1）技术公正。资产评估是按公允、法定的准则和规程进行的，是具有公允的行为规范和业务规范，这为公正性奠定了技术基础。

（2）人员组织公正。即资产评估构是具有独立法人资格的社会公证机构，评估人员通常是与资产业务各方没有利害关系的"局外人"，这是公正性的组织基础。

4. 时点性

时点性是指资产评估是对评估对象在某一时点的价值的估算。这一时点是所评估价值的适用日期，也是价值评估基础的市场供求条件及资产状况的日期，将这一时点称为评估基准日。评估基准日一般用日历中的具体日期来表示，即××××年××月××日。相对于评估工作日期而言，评估时点可以是过去、现在和将来的某一天。

【例 1-1】从 2022 年 3 月 10 日到 2022 年 3 月 25 日要评估某一房地产的价值，根据委托方的需求及评估目的的不同，评估时点既可能是 2022 年 3 月 10 日之前的某一时间点，也可能是 2022 年 3 月 10 日至 2022 年 3 月 25 日的某一时间点，还可能是 2022 年 3 月 25 日之后的未来时间点。

5. 咨询性

资产评估的咨询性是指资产评估结论是为资产业务提供的专业化估价意见和建议。资产评估机构和专业人员所出具的资产评估结论并非一定要强制执行，也并不一定就是市场上的成交价格，它只是为市场上的交易各方提供一个专业化估价意见，而这个意见本身仅供资产业务当事人作为要价或出价的参考，并无强制执行的效力。该意见本身并无强制执行的效力，评估师只对结论本身合乎职业规范要求负责，而不对资产业务定价决策负责。最终的成交价值将取决于当事人的决策动机、谈判地位和谈判技巧，当然科学的评估结论有助于促进当事人达成协议。

评估者只对结论本身是否正确负责，而不对资产业务的最终的定价负责。

—————— 知识灯塔 ——————

> 幸运的时机好比市场上的交易，只要你稍有延误，它就将掉价了。
>
> ——培根
>
> 国耳忘家，公耳忘私，列不苟就，害不苟去，惟义所在。
>
> ——贾谊

五、资产评估的假设

任何一门学科的建立都要以一定的假设为前提。资产评估是在资产业务发生之前通过模拟市场对准备交易的资产在某一时点的价值所进行的估算。由于同一资产在不同用途和不同经营环境下的经济效用和价值含量不同，评估人员模拟市场进行评估时必须对被评估资产所处的时间和空间状况做出合乎逻辑的假定和说明，这便是资产评估假设。在资产评估中主要有以下基本假设：

（一）交易假设

交易假设是一个最基本的前提假设。交易假设指假定所有待评估资产已经处在交易过程中，评估师根据待评估资产的交易条件等模拟市场进行估价。

众所周知，资产评估其实是在资产实施交易之前进行的一项专业服务活动，而资产评估的最终结果又属于资产的交换价值范畴。为了发挥资产评估在资产实际交易之前为委托人提供资产交易底价的专家判断的作用，同时又能够使资产评估得以进行，利用交易假设将被评估资产置于"交易"当中，模拟市场进行评估就是十分必要的。

交易假设一方面为资产评估得以进行"创造"了条件；另一方面，它明确限定了资产评估外部环境，即资产是被置于市场交易之中。资产评估不能脱离市场条件而孤立地进行。

（二）公开市场假设

公开市场假设是对资产拟进入的市场条件以及资产在该市场条件下接受何种影响的一种假定说明。它是假定被评估对象所处的市场是一个充分发达的、完善的、理想的市场，也就是买方、卖方同时存在，都有交易的意愿，同时信息对称。

公开市场假设的关键在于认识和把握公开市场的实质和内涵。就资产评估而言，公开市场是指充分发达与完善的市场条件，指一个有自愿的买者和卖者的竞争性市场，在这个市场上，买者和卖者的地位是平等的，彼此都有获取足够市场信息的机会和时间，买卖双方的交易行为都是在自愿的、理智的，而非强制或不受限制的条件下进行的。事实上，现实中的市场条件未必真能达到上述公开市场的完善程度。公开市场假设就是假定那种较为完善的公开市场存在，被评估资产将要在这样一种公开市场中进行交易。当然公开市场假设也是基于市场客观存在的现实。

由于公开市场假设假定市场是一个充分竞争的市场，资产在公开市场上实现的交换价值隐含着市场对该资产在当时条件下有效使用的社会认同。当然，在资产评估中，市场是有范围的，它可以是地区性市场，也可以是国内市场，还可以是国际市场。关于资产在公开市场上实现的交换价值所隐含的对资产效用有效发挥的社会认同也是有范围的，它可以是区域性的、全国性的或国际性的。

公开市场假设旨在说明一种充分竞争的市场条件，在这种条件下，资产的交换价值受市场机制的制约并由市场行情决定，而不是由个别交易决定。

公开市场假设是资产评估中的一个重要假设，其他假设都是以公开市场假设为基本参照。公开市场假设也是资产评估中使用频率较高的一种假设，凡是能在公开市场上交易、用途较为广泛或通用性较强的资产，都可以考虑按公开市场假设前提进行评估。

（三）持续使用假设

持续使用假设是对处于使用状态的资产拟进入的市场条件，以及在这样的市场条件下的资产状态的一种假定性描述或说明。持续使用又细分为三种情形：在用续用、转用续用、移地续用。

持续使用假设首先设定被评估资产正处于使用状态，包括正在使用中的资产和备用的资产；其次根据有关数据和信息，推断这些处于使用状态的资产还将继续使用下去。持续使用假设既说明了被评估资产面临的市场条件或市场环境，同时着重说明了资产的存续状态。该假设要求，一般情况下，不能按资产拆零出售所得收益之和进行估价，而应将资产看成是一种获利能力而非物的堆积。

（1）在用续用指的是处于使用中的被评估资产在产权发生变动或资产业务发生后，将按其现行正在使用的用途及方式继续使用下去。

（2）转用续用是指被评估资产将在产权发生变动后或资产业务发生后，改变资产现时的使用用途，调换新的用途继续使用下去。

（3）移地续用是指被评估资产将在产权变动发生后或资产业务发生后，改变资产现在的空间位置、转移到其他空间位置上继续使用。

由于持续使用假设是在一定市场条件下对被评估资产使用状态的一种假定说明，在持续使用假设前提下的资产评估及其结果的适用范围常常是有限制的。在许多场合下评估结果并没有充分考虑资产用途替换，它只对特定的买者和卖者是公平合理的。在确认继续使用的资产时，必须充分考虑以下条件：

（1）资产能以其提供的服务或用途，满足所有者经营上期望的收益。

（2）资产尚有显著的剩余使用寿命。

（3）资产所有权明确，并保持完好。

（4）资产从经济上、法律上允许转作他用。

（5）资产的使用功能完好或较为完好。

持续使用假设也是资产评估中的一个非常重要的假设，尤其是在我国经济体制处于转轨时期，市场发育尚未完善，资产评估活动大多与老企业的存量资产产权变动有关。

（四）清算假设

清算假设是对资产拟进入的市场条件的一种假定说明或限定，即假定资产面临着强制清算或快速变现的事实，以此为特定条件的假设。

具体而言，清算假设是对资产在非公开市场条件下被迫出售或快速变现条件的假定说明。清算假设首先是基于被评估资产面临清算或具有潜在的被清算的事实或可能性，再根据相应数据资料推定被评估资产处于被迫出售或快速变现的状态。由于清算假设假定被评估资产处于被迫出售或快速变现条件之下，资产交易双方的地位不平等，交易时间短，被评估资产的评估值通常要低于在公开市场假设前提下或持续使用假设前提下同样资产的评估值。因此，在清算假设前提下的资产评估结果的适用范围是非常有限的。同一资产按不同的假设用作不同的目的，其评估价值是不一样的。

【例 1-2】就某一企业而言，它是由房屋及构筑物、机器设备、流动资产和无形资产组成的整体，在继续经营条件下评估，其评估价值是 5000 万元，如果因破产而强制清算拍卖时，其价值会远远低于 5000 万元。因此，在对资产进行评估时，一定要弄明白资产评估的目的及所要采用的评估假设条件，这对于资产评估价值有至关重要的作用。

资产评估的内涵如图 1-3 所示。

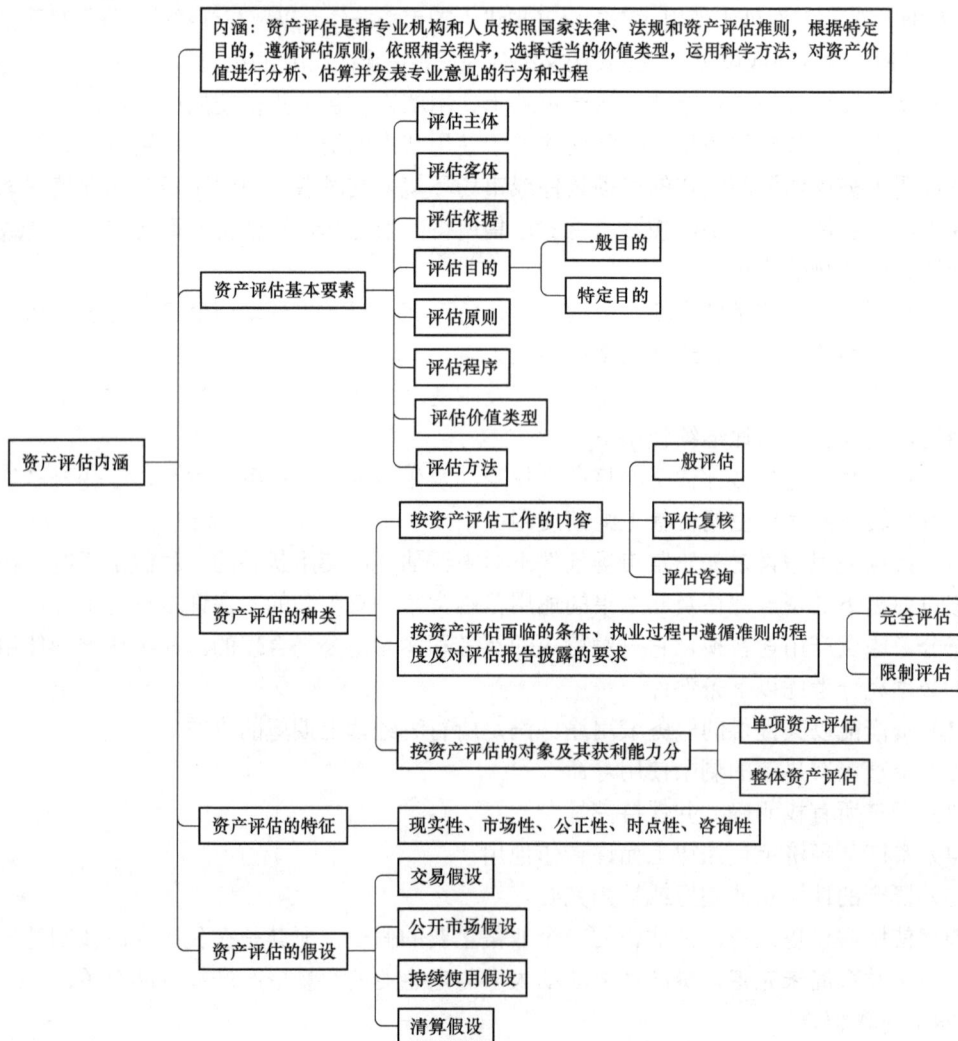

图 1-3　资产评估的内涵

知识灯塔

> 幻想是诗人的翅膀，假设是科学家的天梯。
> ——歌德
> 公开、公平、公正。由公开市场假设，我们看到要遵循公平、公正原则，交易双方是自愿的、理智的，而非强迫的。

任务三 资产评估的发展、地位与作用

资产评估是市场经济的产物，是一种独立服务于社会公众的公正性活动，同时又是一项具有明显商业性质的有偿服务活动。其业务涉及企业间的产权转让、资产重组、破产清算、资产抵押以及财产保险、财产纳税等经济行为。

（一）资产评估

经历了上百年的发展，资产评估已成为在现代市场经济中发挥基础性作用的专业服务行业之一，同时也成为一个约定俗成的概念和专业术语。评估一词可以理解为价值的估算（评估的结果）或者是价值估算的准备工作（评估的行为）。

【知识链接】

关于资产评估的定义，具有代表性的主要有：

（1）《国际评估准则——概念框架》：评估是一门需要专业判断的学科，在评估过程中，基于分析评估项目具体信息和情况的基础，评估人员需要运用专业判断才能从多种方法中选择适当的方法。职业判断时应考虑评估目的、价值类型和评估假设等因素，不应高估或低估评估结果。

（2）美国《专业评估执业统一准则》：评估（作名词时）是指形成价值意见的行为或过程，或一项对价值的判断；评估（作形容词时）是指属于价值评估的或与价值评估的操作或价值评估有关的服务。评估应当在数量上表示为确定的数值、数值区间或与以前评估意见、数量基准（如估税价值、抵押价值）的关系（如不大于、不小于）。

（3）《中华人民共和国资产评估法》（以下简称《资产评估法》）第二条规定：本法所称资产评估（以下简称评估），是指评估机构及其评估专业人员根据委托对不动产、动产、无形资产、企业价值、资产损失或者其他经济权益进行评定、估算，并出具评估报告的专业服务行为。

（4）《资产评估准则——基本准则》第二条指出：本准则所称资产评估，是指注册资产评估师依据相关法律、法规和资产评估准则，对评估对象在评估基准日特定目的下的价值进行分析、估算并发表专业意见的行为和过程。

（二）资产评估发展的基本阶段

资产评估的产生和发展是反应性的。关于资产评估的产生与发展沿革，有"原始评估、经验评估、科学评估"三段论和"经验评估、科学评估"两段论两种观点。

（1）原始评估。在经济发展历经商品生产和商品交换的阶段后，出现了房屋、土地、牲

畜等的交易活动，买卖双方都期望有信得过的第三方出面给出一个公平的成交价格，被请出来充当第三方角色的人，实际上扮演了类似现在评估师的角色。原始评估的主要特征如下：

1）个别性和偶然性。由于生产力水平低下，价值较高的商品生产和交换不够频繁，评估对象的种类较少，估价活动只是偶尔发生的。

2）直观性。估价方法仅仅依靠评估人员的直观感觉和主观偏好，缺乏测评器具和手段。

3）非专业性。评估人员虽然是一定范围内德高望重的人，但却没有受过资产评估的专门训练，并不具备专业的评估知识和技能。所谓的资产评估仅仅是个体的、无组织约束的估价行为。

4）无偿性。资产交易双方无须支付报酬给评估人员，评估人员也无须对评估结果承担法律责任。

（2）经验评估。随着生产力的不断提高，资产交易的频率和规模不断增大，使资产评估业务频繁发生，资产评估逐渐发展成为一个更加专业化的行业，并出现了一批具有一定专业经验的评估人员。经验评估阶段的标志是 16 世纪在欧洲安特卫普（现属于比利时）成立了世界上第一个商品和证券交易所。经验评估的主要特征如下：

1）经验性。评估人员以历史的经验数据为依据并结合自己的实践经验知识进行评估，评估结果比原始评估更具有可靠性，但在实际评估过程中还没完全实现规范化和科学化。

2）有偿性。资产评估由专业人员进行且有偿服务。

3）责任性。评估机构或人员对评估结果，特别是对欺诈行为和其他违法行为所产生的后果负有法律责任。

（3）科学评估。科学评估阶段的标志是 1792 年英国测量师协会成立并成为评估业的第一个专业团体，并于 1881 年被英国维多利亚女王授予"皇家特许"称号。19 世纪后期，由于火灾引发了保险诉讼，针对保险对象的赔偿数额，美国出现了专业评估公司。在科学评估阶段，资产评估理论研究也得到很大发展。新古典经济学派的经济学家阿尔弗莱德·马歇尔率先将价值理论引入评估工作，并对销售对比、成本法、收益法进行了研究。随后，经济学家伊尔文·费雪对马歇尔提出的三种评估技术做出进一步探讨，发展并完善了收益法。

【知识链接】

1896 年，穆恩·约翰和杨·威廉在美国创建了美国评估公司，成为世界上最早的专业评估公司。科学评估阶段的主要特征如下：

（1）司化的评估机构。评估机构通常是产权清晰、权责明确、政企分开、管理科学的现代服务型企业，以自主经营、自负盈亏的企业法人形式进行经营管理。其客户是资产评估的委托方及相关当事人，其产品是提交给客户优质的资产评估报告。

（2）专业化的评估人员。评估业务由专业机构进行，评估机构的从业人员应当受过资产评估或相关专业的教育，具有资产评估的专业知识、技能和态度，评估报告应当由具有执业资格的资产评估师签发。

（3）多元化的评估业务。随着评估范围不断拓展，资产评估业务不仅包括有形资产评估和无形资产评估、单项资产估价和企业价值评估以及价值估算类业务和非价值估算类业务（咨询、评价等），从资产评估整个行业看，资产评估业务几乎无所不包。

（4）科学化的评估方法。现代科学技术和方法在资产评估中的广泛应用，极大地提高了资产评估结果的准确性。

（5）法律化的评估结果。评估师必须在评估报告上签章，评估机构和评估师对签章的资产评估报告负有相应的法律责任。资产评估活动向规范化、法制化方向发展。

知识灯塔

科学才是真理，谣言止于智者。由评估的发展历程可以看到，任何一门学科都是从摸索、模糊、探索阶段向科学发展转变的。

（三）资产评估的地位

（1）资产评估是市场经济条件下不可或缺的专业服务行业。市场经济的特征是生产要素在经济活动中无障碍地流通，调节生产要素在不同部门的流出流入，以实现其有效配置，从而使其获利能力达到最大化。资产作为生产要素，其交易价值是由其有效配置下的获利能力决定的，交易价格实质上是其获利能力的价值表现。受市场环境和资源配置等各种因素的影响，资产一般不能简单地按原值或账面价值进行交易，否则会损害交易一方的利益，影响资产的合理流动。资产评估的目的在于促进交易各方当事人的合理决策，为资产交易双方理性确定资产交易价格、保障产权有序流转提供价值尺度。作为一项动态化、市场化的社会活动，资产评估是市场经济条件下不可或缺的专业服务行业。

（2）资产评估是现代专业服务业的重要组成部分。现代服务业通常是指智力化、资本化、专业化、效率化的服务业，已经成为衡量一个地区或国家综合竞争力和现代化水平的重要标志之一。资产评估行业具备典型的现代服务业特征，具有技术密集、知识密集、高附加值、低资源消耗、低环境污染、高产业带动力等现代高端服务业特点，是专业服务业的重要组成部分。资产评估作为现代专业服务行业的一分子，不但是经济社会发展中的重要专业力量，也是财政管理中的重要基础工作。

（3）资产评估师经济体制改革深化的重要专业支撑力量。1984 年 10 月，中共十二届三中全会通过《中共中央关于经济体制改革的决定》，第一次明确指出我国的社会主义经济不是计划经济，而是有计划的商品经济。1992 年 10 月，中共十四大改变了过去建立有计划的商品经济的提法，第一次把社会主义市场经济确立为我国经济体制改革的目标模式，从而为资产评估业的诞生奠定了坚实的制度基础。近三十年来，我国资产评估行业根植于我国经济体制改革，并成为改革向纵深推进的专业支撑力量。

（四）资产评估的作用

在不同的历史时期和不同的社会经济条件下，资产评估可能会发挥着不同的作用。结合我国当前的社会经济条件，资产评估主要发挥着以下作用。

1. 咨询

资产评估的咨询作用是指资产评估结论是为资产业务提供专业化的估价意见，该意见仅为相关当事人提供有关资产交换价值方面的专业判断或专家意见，意见本身并没有强制执行的效力。例如，评估某宗房地产价值为 100 万元，但具体价值由交易双方协商确定，可能等于 100 万元，也可能大于或小于 100 万元。

2. 管理

资产评估的管理作用是指在我国社会主义市场经济初级阶段中，国家或政府在利用资产评估过程中所发挥出的特殊作用。该作用并不是资产评估与生具备的，而是国有资产评估在特定历史时期的特定作用。在社会主义市场经济初级阶段的某一历史时期，作为国有资产所有者代表的国家，不仅把资产评估视为提供专业服务的中介行业，而且将其作为维护国有资产、促使国有资产保值增值的工具和手段，在资产评估进行初期，国家通过制定申请立项、资产清查、评定估算和验证确认的国有资产评估管理程序，就使得资产评估具有了管理的作用。

3. 鉴证

鉴证由鉴别和举证两部分组成，鉴别是专家依据专业原则对经济活动及其结果做出的独立判断；而举证是为该判断提供理论依据和事实支撑，使之做到言之有理。资产评估鉴证是指资产评估师以经济分析理论和专项资产价值评估技术为基础，按照国内资产评估准则要求，对评估对象进行价值判断和鉴证。一般而言，资产评估的鉴证活动的结果不具有法律效力，不是权属鉴证，仅仅是资产业务当事人各方进行决策的重要依据，因此，资产评估师在进行资产评估时，必须对自己的行为承担相应的法律责任。

资产评估的发展、地位与作用如图 1-4 所示。

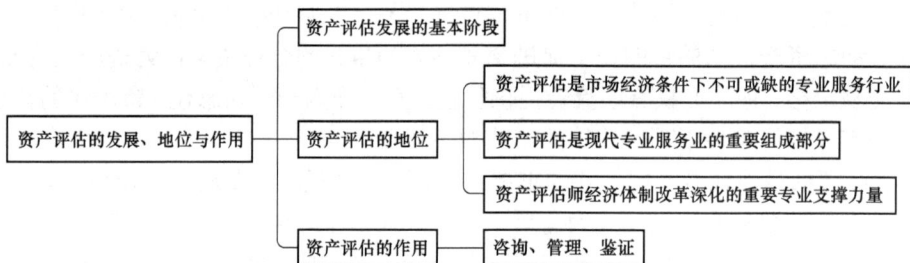

图 1-4　资产评估的发展、地位与作用

知识灯塔

思政线：

公平、法制、公正这些思政点串联成社会主义核心价值观的思政线。

思政面：

由社会主义核心价值观、科学发展等构成课程思政的思政面，引领同学们在从事资产评估行业时"求真""求美""求善"。

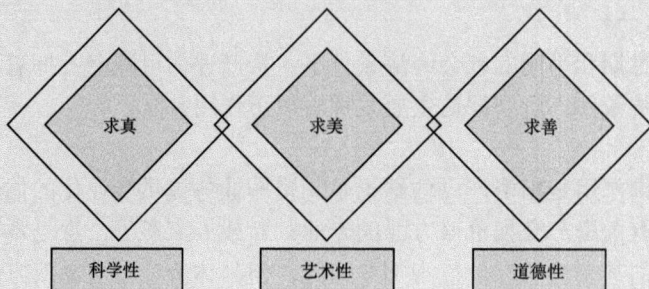

思 考 题

请同学们结合资产评估的内涵及发展，谈谈如何做一名合格的资产评估从业人员，如何对资产的价值做出客观、公平、公正的评估？

练 习 题

一、单选题

1. 资产评估的主体是指（ ）。

　　A. 被评估资产占有人　　　　　　　　B. 被评估资产

　　C. 资产评估委托人　　　　　　　　　D. 从事资产评估的机构和评估专业人员

2. 资产评估是判断资产价值的经济活动，评估价值是资产的（ ）。

　　A. 时期价值　　　　B. 时点价值　　　　C. 阶段价值　　　　D. 时区价值

3. 资产评估中的资产不具有的基本特征有（ ）。

　　A. 是由过去的交易和事项形成的　　　B. 能够以货币衡量

　　C. 由特定权利主体拥有或控制的　　　D. 能给其特定主体带来未来经济利益

4. 乙设备作为被评估企业中的一个要素资产，在持续使用前提下，其评估价值应该是（ ）。

　　A. 它的最佳使用价值　　　　　　　　B. 它的正常变现价值

　　C. 它对企业的贡献价值　　　　　　　D. 它的快速变现价值

5. 在资产评估中，下列关于资产的说法中，错误的是（ ）。

　　A. 资产的边界应当以经济资源的控制权为依据

　　B. 资产的产权是与所有权相关的权利束，具有可分解性

　　C. 资产的产权通常包括占有权、使用权、收益权和处分权等

　　D. 资产只能以所有权作为界定依据

6. 资产评估基准日是评估业务中极为重要的基础，也是（ ）在评估实务中的具体体现。

　　A. 重要性原则　　　　B. 评估时点原则　　　C. 及时性原则　　　D. 替代原则

7. 下列各项中，不属于资产确认准则的是（ ）。

　　A. 现实性　　　　B. 控制性　　　　C. 合法性　　　　D. 普遍性

8. 资产的价值是由资产所具有的（ ）所决定的。

　　A. 权利　　　　　B. 获利能力　　　　C. 基本用途　　　D. 变现能力

二、多选题

1. 资产评估的客体是指资产评估的对象，包括（ ）。

　　A. 流动、非流动资产　　　　　　　　B. 动产、不动产

　　C. 无形资产　　　　　　　　　　　　D. 企业价值

　　E. 资产损失或者其他经济权益

2. 资产评估确认的准则有（ ）。

　　A. 现实性　　　　　　　　　　　　　B. 控制性

　　C. 有效性　　　　　　　　　　　　　D. 稀缺性

E．合法性

3．按资产存在形态分类，资产可以有（　　　）。

A．单项资产　　　　　　　　　　B．整体资产

C．固定资产　　　　　　　　　　D．有形资产

E．无形资产

4．适用于资产评估的假设有（　　　）。

A．继续使用假设　　　　　　　　B．间断使用假设

C．公开市场假设　　　　　　　　D．公开成本假设

E．清算假设

5．一部机床属于典型的资产中的（　　　）。

A．有形资产　　　　　　　　　　B．无形资产

C．单项资产　　　　　　　　　　D．整体资产

E．不可确指的资产

6．资产评估作为社会性活动，在（　　　）等方面发挥了重大的作用。

A．产权转让　　　　　　　　　　B．资产流动

C．资产重置　　　　　　　　　　D．企业重组

E．企业清算

项目二

资产评估要素

🖥 **知识目标**

（1）了解资产评估基本要素的内涵；

（2）掌握资产评估基本要素的作用；

（3）熟悉不同要素的区别与联系。

💬 **能力目标**

（1）能够合理确定资产评估基本要素；

（2）能够理解每一种要素在资产评估中发挥的作用；

（3）能够针对具体评估项目合理确定不同要素。

👤 **素质目标**

具有良好的职业道德和敬业精神，社会主义核心价值观的培养。

资产评估的要素主要包括资产评估的相关当事人、评估目的、评估对象、评估基准日与报告日、价值类型及评估假设等。这些事项又是资产评估专业人员确定资产评估程序、选择评估方法、形成及编制评估报告的基础。资产评估要素内容如图 2-1 所示。

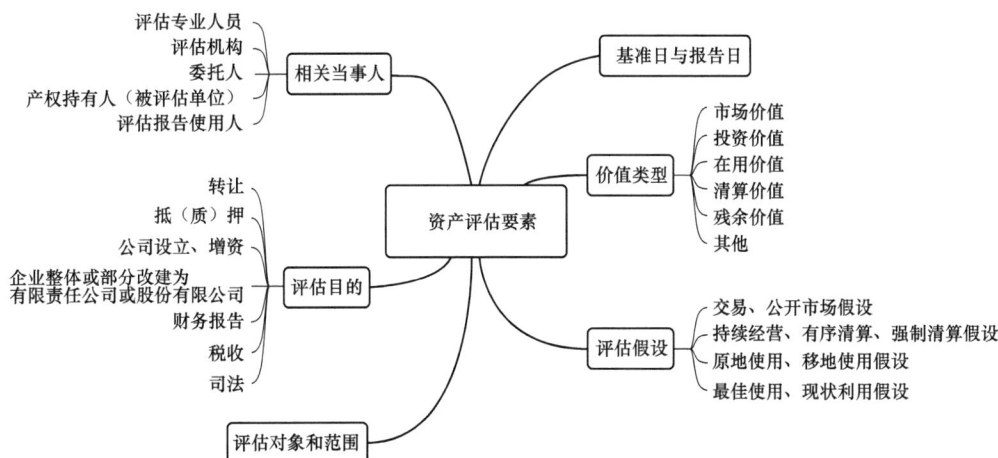

图 2-1　资产评估要素内容

任务一　资产评估相关当事人

资产评估的相关当事人包括委托人和其他资产评估报告使用人、资产评估机构、资产评估专业人员、产权持有人（或被评估单位）等。

一、评估专业人员

（一）评估专业人员的概念

评估专业人员包括评估师和其他具有评估专业知识及实践经验的评估从业人员。评估师是指通过评估师资格考试，取得评估师资格的评估专业人员。

2017 年 9 月 12 日，人力资源和社会保障部印发《关于公布国家职业资格目录的通知》，国家职业资格目录共计 140 项，其中，专业技术人员资格 59 项（准入类 36 项，水平评价类 23 项）；技能人员职业资格 81 项；评估类职业资格保留 2 项：资产评估师和房地产估价师。

（二）评估专业人员的权利、义务和责任

（1）根据《资产评估法》的规定，评估专业人员享有下列从业权利：

1）要求委托人提供相关的权属证明、财务会计信息和其他资料，以及为执行公允的评估程序所需的必要协助；

2）依法向有关国家机关或者其他组织查阅从事业务所需的文件、证明和资料；

3）拒绝委托人或者其他组织、个人对评估行为和评估结果的非法干预；

4）依法签署评估报告；

5）法律、行政法规规定的其他权利。

（2）根据《资产评估法》的规定，评估专业人员应当履行下列从业义务：

1）诚实守信，依法独立、客观、公正从事业务；

2）遵守评估准则，履行调查职责，独立分析估算，勤勉谨慎从事业务；

3）完成规定的继续教育，保持和提高专业能力；

4）对评估活动中使用的有关文件、证明和资料的真实性、准确性、完整性进行核查和验证；

5）对评估活动中知悉的国家秘密、商业秘密和个人隐私予以保密；

6）与委托人或其他相关当事人及评估对象有利害关系的，应当回避；

7）接受行业协会的自律管理，履行行业协会章程规定的义务；

8）法律、行政法规规定的其他义务。

（3）从业禁止行为，根据《资产评估法》的规定，评估专业人员不得从事下列从业禁止行为：

1）私自接受委托从事业务、收取费用；

2）同时在两个以上评估机构从事业务；

3）采用欺骗、利诱、胁迫或者贬损、诋毁其他评估专业人员等不正当手段承揽业务；

4）允许他人以本人名义从事业务，或者冒用他人名义从事业务；

5）签署本人未承办业务的评估报告；

6）索要、收受或者变相索要、收受合同约定以外的酬金、财物或者谋取其他不正当利益；

7）签署虚假评估报告或者有重大遗漏的评估报告；

8）违反法律、行政法规的其他行为。

评估专业人员违反上述规定的，由有关评估行政管理部门给予责令停止从业、没收违法所得的处罚，构成犯罪的，依法追究刑事责任。因签署虚假评估报告被追究刑事责任的。

二、评估机构

评估机构是依法设立的从事评估业务的专业机构。资产评估法对评估机构的组织形式、设立条件、程序和相关管理制度作了规定。

（一）组织形式、设立条件和设立程序

1. 组织形式

评估机构分为两种组织形式，即合伙形式和公司形式。

（1）合伙形式。包括普通合伙和特殊普通合伙。

1）普通合伙企业由普通合伙人组成，合伙人对合伙企业债务承担无限连带责任。国有独资公司、国有企业、上市公司以及公益性的事业单位、社会团体不得成为普通合伙人。普通合伙企业名称中应标明"普通合伙"字样。

2）特殊普通合伙企业。 根据《中华人民共和国合伙企业法》第五十五条：以专业知识和专门技能为客户提供有偿服务的专业服务机构，可以设立为特殊的普通合伙企业。特殊的普通合伙企业是指合伙人依照本法第五十七条的规定承担责任的普通合伙企业；第五十七条：一个合伙人或者数个合伙人在执业活动中因故意或者重大过失造成合伙企业债务的，应当承担无限责任或者无限连带责任，其他合伙人以其在合伙企业中的财产份额为限承担责任。

合伙人在执业活动中非故意或者重大过失造成的合伙企业债务以及合伙企业的其他债务，由全体合伙人承担无限连带责任。特殊的普通合伙企业名称中应当标明"特殊普通合伙"字样。

（2）公司形式。包括有限责任公司和股份有限公司。

1）有限责任公司：股东50名以下，董事3人以上13人以下。规模较小可不设董事会，设1名执行董事。股东会和董事会的议事方式和表决程序比较灵活，除《华人民共和国公司法》（以下简称《公司法》）有规定外，由公司章程规定。必须在公司名称中标明有限责任公司或有限公司字样。

2）股份有限公司：股东为2人以上200人以下，董事为5人以上19人以下。股东表决权为每一股机构应当依法采用合伙或者公司形式。

2. 设立条件

（1）合伙形式的评估机构：应有2名以上评估师；合伙人三分之二以上应当是具有3年以上从业经历且最近3年内未受停止从业处罚的评估师。

（2）公司形式的评估机构：应当有8名以上评估师和2名以上股东；三分之二以上股东应当是具有3年以上从业经历且最近3年内未受停止从业处罚的评估师。评估机构的合伙人或者股东为2名的，2名合伙人或者股东都应当是具有3年以上从业经历且最近3年内未受停止从业处罚的评估师。

3. 设立程序

设立评估机构，应当向工商行政管理部门申请办理登记；评估机构应当自领取营业执照之日起 30 日内向有关资产评估行政管理部门备案；有关资产评估行政管理部门应当及时将评估机构备案情况向社会公告。设立评估机构分三步：一是向工商行政管理部门申请办理登记；二是向有关资产评估行政管理部门备案（自领取营业执照之日起 30 日内）；三是有关资产评估行政管理部门将备案情况向社会公告。评估机构不依法备案或者不符合资产评估法规定的设立条件的，由有关评估行政管理部门责令改正；拒不改正的，责令停业，可以并处罚款。

（二）评估机构的权利和责任

1. 评估机构的权利

（1）委托人拒绝提供或者不如实提供执行评估业务所需的权属证明、财务会计信息和其他资料的，评估机构有权依法拒绝其履行合同的要求；

（2）委托人要求出具虚假评估报告或者有其他非法干预评估结果情形的，评估机构有权解除合同。

2. 评估机构的责任

（1）评估机构不得有的行为：不得利用开展业务之便，谋取不正当利益；不得允许其他机构以本机构名义开展业务，或者冒用其他机构名义开展业务；不得以恶性压价、支付回扣、虚假宣传，或者贬损、诋毁其他评估机构等不正当手段招揽业务；不得受理与自身有利害关系的业务；不得分别接受利益冲突双方的委托，对同对象进行评估；不得出具虚假评估报告或者有重大遗漏的评估报告；不得聘用或者指定不符合《资产评估法》规定的人员从事评估业务；不得有违反法律、行政法规的其他行为。评估机构违反上述规定的，由有关评估行政管理部门依法给予责令停业、没收违法所得、罚款的处罚；情节严重的，由工商行政管理部门吊销营业执照；构成犯罪的，依法追究刑事责任。

（2）加强评估机构内部管理：应当依法独立、客观、公正开展业务，建立健全质量控制制度，保证评估报告的客观、真实、合理；应当依法接受监督检查，如实提供评估档案以及相关情况；应当建立健全内部管理制度，对本机构的评估专业人员遵守法律、行政法规和评估准则的情况进行监督，并对其从业行为负责；违反这一规定的，依法予以处罚。同时，在民事赔偿责任方面，明确评估专业人员违反资产评估法的规定，给委托人或者其他相关当事人造成损失的，由其所在的评估机构依法承担赔偿责任。评估机构履行赔偿责任后，可以向有故意或者重大过失的评估专业人员追偿。

（3）完善风险防范机制：评估机构根据业务需要建立职业风险基金或者自愿办理职业责任保险，完善风险防范机制。

三、评估委托人

作为一项民事委托/受托事项，资产评估需要签订委托合同，根据《资产评估法》的规定，资产评估委托人应当与资产评估机构订立评估委托合同资产评估委托合同的委托方就是评估委托人，受托方则是评估机构，两者是民事合同的当事双方。

（一）评估委托人的概念

资产评估作为一项民事经济活动，是建立在委托合同基础上的。评估委托人是与资产评估机构就资产评估专业服务事项签订委托合同的民事主体。

委托人可以是一个，也可以是多个；可以是法人，也可以是自然人。一旦委托合同签订，该评估委托合同就受到《民法典》的规范，评估委托人和资产评估机构享有委托合同中规定的权利，同时也都要严格履行委托合同约定的义务。

《资产评估法》规定，资产评估业务分为法定评估业务和非法定评估业务对于法定评估业务，委托人的确定需要符合国家有关法律、法规的规定；对于非法定评估业务，委托人的确定可以基于自愿协商的原则进行。

1. 涉及国有资产的评估业务

对评估委托人确定的要求如下：

《企业国有资产评估管理暂行办法》（国务院国有资产监督管理委员会令 第12号）第六条规定了各级国有资产监督管理机构履行出资人职责的企业及其各级子企业应当对相关资产进行评估的经济行为。包括：

（1）整体或者部分改建为有限责任公司或者股份有限公司；

（2）以非货币资产对外投资；

（3）合并、分立、破产、解散；

（4）非上市公司国有股东股权比例变动；

（5）产权转让；

（6）资产转让、置换；

（7）整体资产或者部分资产租赁给非国有单位；

（8）以非货币资产偿还债务；

（9）资产涉讼；

（10）收购非国有单位的资产；

（11）接受非国有单位以非货币资产出资；

（12）接受非国有单位以非货币资产抵债；

（13）法律、行政法规规定的其他需要进行资产评估的事项。

《企业国有资产评估管理暂行办法》第八条还规定，企业发生上述经济行为，应当由其产权持有单位委托具有相应资质的资产评估机构进行评估。

当评估对象为单项资产、多项资产或资产组等，其产权持有人为持有该资产或资产组的单位；当评估对象是对外投资形成的权益，如长期股权投资等，其产权持有人应该为投资人，而非被投资人；对于国有企业/单位收购、增资非国有单位对非国有单位进行资产评估，国有资产管理部门受理资产评估核准或备案所要求的资产评估委托人应当包括拟进行收购或投资行为的国有企业/单位。在此种情况下，评估对象的产权持有人与资产评估的委托人可能不是同一主体。涉及国有资产评估核准或备案业务的资产评估委托人可以是多个，但委托人中必须包括国有资产评估管理规定所要求的委托主体。

【例2-1】甲公司为国有全资企业，拟将其拥有的一项厂房以及厂房内的设备等对外转让进行评估，根据《关于加强企业国有资产评估管理工作有关问题的通知》的规定，"经济行为事项涉及的评估对象属于企业法人财产权范围的，由企业委托"，因此，该评估的委托人应当包括该国有全资企业。

【例2-2】A公司为国有控股企业，持有B公司100%的股权，现A公司因转让其持有的B公司股权实施资产评估，根据《关于加强企业国有资产评估管理工作有关问题的通知》的规定，"经济行为事项涉及的评估对象属于企业产权等出资人权利的，按照产权关系，由企业的出资人委托"，因此，该评估的委托人应当包括国有控股企业A公司。

【例 2-3】X 公司为一家非国有企业，W 公司是一家国有全资企业，现 W 公司拟收购 X 公司的 10%股权，需要对 X 公司的股权价值进行评估，根据《关于加强企业国有资产评估管理工作有关问题的通知》的规定，"企业接受非国有资产等涉及非国有资产的，一般由接受非国有资产的企业委托"。因此，该评估业务的委托人应当包括国有全资企业 W 公司。

2. 涉及非现金资产出资的评估业务

《公司法》规定，以非现金资产出资需要对用于出资的资产进行资产评估，但是《公司法》没有对由谁作为委托人做出规定。如果出资行为不涉及国有资产，这类评估业务的委托人可以是出资方，也可以是被出资方（主要针对增资情况），或者采取经济行为当事人共同委托的方式。如果涉及国有资产评估核准或备案，对资产评估委托人的确定就需要符合国有资产评估管理的相关规定。

3. 涉及司法活动的资产评估业务

服务于司法的资产评估业务一般包括两类：一类是为司法机关审判提供司法鉴定或者为执行司法判决提供处置参考价的资产评估业务，另一类是为司法诉讼当事人的诉讼请求提供协助的资产评估业务。

对于第一类业务，《中华人民共和国民事诉讼法》第七十六条规定，"当事人可以就查明事实的专门性问题向人民法院申请鉴定，当事人申请鉴定的，由双方当事人协商确定具备资格的鉴定人；协商不成的，由人民法院指定。当事人未申请鉴定，人民法院对专门性问题认为需要鉴定的，应当委托具备资格的鉴定人进行鉴定"。《北京市高级人民法院关于对外委托鉴定评估工作的规定（试行）》，除了体现鉴定机构确定的以上要求之外，还规定"准许当事人申请或依职权委托的，法官应当确认需要鉴定的事项和要求"。因此，我国为司法机关审判提供司法鉴定的资产评估业务，由人民法院或具有委托职权的当事人委托。根据《最高人民法院关于人民法院确定财产处置参考价若干问题的规定》，在司法执行中对需要拍卖、变卖的财产需要通过资产评估确定处置参考价时，人民法院应当委托资产评估机构进行评估。

对于第二类业务，即为司法诉讼当事人的诉讼请求提供协助的资产评估业务，可以由诉讼举证方委托。

4. 涉及证券服务的资产评估业务

根据财政部、中国证券监督管理委员会（以下简称证监会）2020 年 10 月 21 日公布的《资产评估机构从事证券服务业务备案办法》，证券服务资产评估业务包括：①为证券发行、上市、挂牌、交易的主体及其控制的主体、并购标的等制作、出具资产评估报告；②为证券公司及其资产管理产品制作、出具资产评估报告；③财政部、证监会规定的其他业务。该办法还同时规定"资产评估机构为基金期货经营机构及其发行的产品等提供证券服务业务的，参照适用本规定"。

资产评估行业对拟上市和已上市公司的资产评估业务，主要包括服务于公司制改建、证券发行、并购重组、资产转让、担保、财务报告等经济行为。

发生上述资产评估行为，如果按照资本市场的监管要求应当履行信息披露义务，由于拟上市或已上市公司是相关信息披露的义务人，一般情况下资产评估应当由拟上市或上市公司委托资产评估，或者由拟上市或上市公司与经济行为的其他当事人共同委托。如果拟上市公司或已上市公司为国有控股企业，或者相关经济行为涉及国有资产，委托人的确定还应当满足国有资产评估管理的有关规定。

（二）评估委托人的权利与义务

1. 评估委托人的权利

评估委托人可以根据委托合同的约定，享有合同中规定的相关权利；《资产评估法》对评估委托人的权利有以下规定：

（1）评估委托人有权自主选择符合《资产评估法》规定的评估机构，任何组织或者个人不得非法限制或者干预。

（2）评估委托人有权要求与相关当事人及评估对象有利害关系的评估专业人员回避。

为了保证资产评估的公正性，当发现参与评估工作的评估机构中有与相关当事人或资产评估对象存在利害关系评估专业人员，或者评估机构安排的评估专业人员与相关当事人或资产评估对象存在利害关系，评估委托人有权要求有利害关系的评估机构或者评估专业人员回避。

（3）当评估委托人对资产评估报告结论、评估金额、评估程序等方面有不同意见时，可以要求评估机构解释。

（4）评估委托人认为评估机构或者评估专业人员违法开展业务的，可以向有关评估行政管理部门或者行业协会投诉、举报，有关评估行政管理部门或者行业协会应当及时调查处理，并答复评估委托人。

2. 评估委托人的义务

评估委托人在享有必要权利的同时还必须承担评估委托合同约定的义务。《资产评估法》对委托人的义务有以下规定：

（1）评估委托人不得对评估行为和评估结果进行非法干预，不得串通、唆使评估机构或者评估专业人员出具虚假评估报告。

为了保证资产评估的客观公正性，任何人都不允许对评估机构或者评估专业人员的评估工作进行非法干预，更不能串通、唆使评估机构或评估专业人员出具虚假评估报告。

（2）评估委托人应当按照合同约定向评估机构支付费用，不得索要、收受或者变相索要、收受回扣。

（3）评估委托人应当对其提供的权属证明、财务会计信息和其他资料的真实性、完整性和合法性负责。

提供真实、完整、合法的权属证明、财务会计信息和其他资料是资产评估业务正常开展的基础。所谓真实是指所提供的相关资料的内容必须反映评估对象的实际情况，不得弄虚作假；所谓完整是指提供的相关资料种类应当齐全、内容应当完整不得有遗漏；所谓合法是指所提供的资料的内容和形式应当符合法定要求。评估委托人对其提供的权属证明、财务会计信息和其他资料的真实性、完整性和合法性负责是其最基本的义务。

（4）评估委托人应当按照法律规定和评估报告载明的使用范围使用评估报告，不得滥用评估报告及评估结论。资产评估准则要求资产评估报告明确该评估的评估目的。评估委托人使用评估报告应当符合评估目的的要求，不得将评估报告的结论用作其他目的，或者提供给其他无关人员使用。除非法律法规有明确规定，评估委托人未经评估机构许可，不得将资产评估报告全部或部分内容披露于任何公开的媒体上。

另外，《资产评估执业准则——资产评估委托合同》第十一条规定：资产评估委托合同应当约定完成资产评估业务并提交资产评估报告的期限和方式。资产评估委托合同应当约定，委托人应当为资产评估机构及其资产评估专业人员开展资产评估业务提供必要的工作条件和协助；委托人应当根据资产评估业务需要，负责资产评估机构及其资产评估专业人员与其他相关当事人之间的协调。

四、产权持有人（或被评估单位）

（一）产权持有人（或被评估单位）的概念

所谓产权持有人，是指评估对象的产权持有人。当评估对象为股权或所有者权益时，"产权持有人"是指股权或所有者权益的拥有者，与相关股权或所有者权益对应的被投资单位则称为被评估单位。

委托人与产权持有人可能是同一主体，也可能不是同一主体。资产评估的委托人并不一定是评估对象的产权持有人。例如，按照国有资产评估管理法规的规定，对国有企业法人财产转让时需要由产权持有人委托评估机构，这时的委托人与产权持有人为同一主体；国有企业收购非国有资产，如果被收购方不同时作为委托人，评估委托人与评估对象的产权持有人则不是同一主体。

评估对象一般受产权持有人控制。当评估委托人与评估对象的产权持有人不是同一主体时，资产评估专业人员在对评估对象实施评估时需要通过委托人协调产权持有人配合工作，有时产权持有人可能不愿意提供评估所需要的资料，或不愿意配合评估工作，这样就会对评估程序的实施产生一定的影响。出现上述情况，评估专业人员应该与委托人协商，由委托人出面协调产权持有人配合评估工作。

（二）产权持有人（或被评估单位）的权利与义务

当评估委托人与评估对象的产权持有人不是同一主体时，产权持有人也可能会作为单独的签约主体出现在资产评估委托合同中，或者作为由委托人负责协调和安排的对象在合同中体现。目前我国《资产评估法》中没有单独规范产权持有人（或被评估单位）权利与义务的相关条款，作为签约主体的产权持有人的权利及义务可以在资产评估委托合同中直接约定，对不作为资产评估委托合同签订方的产权持有人配合资产评估的要求，一般通过约定委托人的协调义务及责任加以实现。

五、评估报告使用人

（一）评估报告使用人的概念

评估报告使用人，是指法律、行政法规明确规定的，或者资产评估委托合同中约定的有权使用资产评估报告或评估结论的当事人。

除委托人、资产评估委托合同中约定的其他资产评估报告使用人和法律、行政法规规定的资产评估报告使用人之外，其他任何机构和个人不能成为资产评估报告的使用人。

按照资产评估准则的要求，资产评估委托合同应当明确资产评估报告使用人。如果存在委托人以外的其他使用人，资产评估委托合同应当明确约定。资产评估专业人员还应当在资产评估报告中明确披露评估报告使用人。资产评估机构对委托人以外的其他评估报告使用人所承担的责任会增加对评估执业和信息披露的要求，因此需要在承接资产评估业务前与委托人就评估报告的使用人及其需求达成清晰共识，作为合理界定资产评估机构与资产评估报告使用人责任，以及明确资产评估实施及成果要求的基础。

除非法律、行政法规规定或者已在承接评估业务时明确，从委托人处获得评估报告的当事人并不当然成为资产评估委托及成果使用的主体，根据客户披露义务而获得评估报告的当事人，也不能作为资产评估报告使用人。

评估报告使用人可以是具体的单位或个人，也可以是某一类的使用人，如委托人指定的代理人（律师等）或合作伙伴等。当使用人的具体名称无法确定时，可以按照类型加以明确。

（二）评估报告使用人的权利与义务

评估报告使用人有权按照法律和行政法规规定、资产评估委托合同约定和资产评估报告载明的使用范围和方式使用评估报告或评估结论。

评估报告使用人未按照法律、行政法规规定或资产评估报告载明的使用范围和方式使用评估报告的、资产评估机构和资产评估专业人员将不承担责任。

资产评估机构和资产评估专业人员不承担非评估报告使用人使用评估报告的任何后果和责任。

【例2-4】A公司委托评估机构V对X公司股权进行评估，评估报告载明的评估委托人是A公司，报告使用人为A公司和其关联公司C公司，评估目的是为A公司和C公司增资X公司提供X公司股权的价值。在上述经济行为实施过程中，出现一家E公司也需要对X公司增资，但是在资产评估委托合同上没有约定E公司为评估报告使用人，国家法律、法规也没有明确规定应当将E公司作为评估报告的使用人，E公司可能因实施的经济行为与A、C公司一致，使用了评估机构V出具的评估报告，但是E公司不属于评估机构V所出具的相关评估报告的使用人，评估机构V不会对E公司使用该评估报告的后果承担责任，E公司将对自己使用评估报告的行为及后果承担责任。

【例2-5】A公司2020年7月以股权收购为目的委托乙资产评估公司对被收购企业股权进行评估。股权收购行刚完成，甲公司就将乙评估公司出具的服务于股权收购目的的资产评估报告提交给A银行，并据此取得了以被收购股权质押的贷款。甲公司的行为已构成超出资产评估委托合同约定和资产评估报告载明的范围非法使用评估报告，在质押贷款中接受和使用乙评估公司评估报告的A银行也不能被认定为相关评估报告的报告使用人，乙评估公司及其资产评估专业人员不会对甲公司将其股权收购评估报告用于股权质押行为所造成的后果承担责任。

【例2-6】某年5月A评估机构接受委托，对B投资公司拟转让其所持C矿产开发公司的股权进行了评估，同年7月和12月D投资公司先后在向E公司收购C公司股权、向F矿业有限公司转出C公司股权时使用了A评估机构前述的股权转让评估结果。第二年1月F公司股东将其持有的F公司股权转让给G房地产开发公司，5月G公司将其持有的F公司的股权转让给H上市公司，对于C公司股权价值的定价也依据了A评估机构的前述评估结果，但C矿产公司主要矿产品的价格已下跌40%左右。上市公司的收购定价引起了资本市场及其监管机构的关注。

在A评估机构出具评估报告后的一系列股权收购、转让行为中，D投资公司、E公司、F矿业有限公司及其股东、G房地产开发公司和H上市公司，均不属于A评估机构所出具评估报告载明的报告使用人，属于超出相关资产评估委托合同约定和资产评估报告载明的主体和范围利用资产评估结论，A评估机构不应为其错误使用资产评估结论所造成的后果承担责任。H上市公司及其责任人因事涉评估事项信息披露违规受到了证券监管部门的行政处罚。

资产评估相关当事人如图2-2所示。

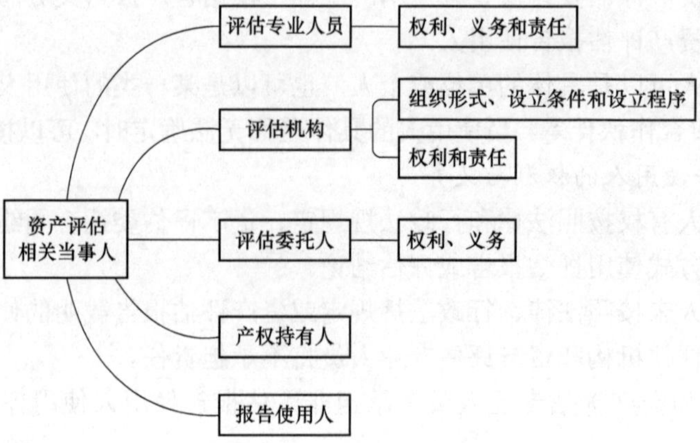

图2-2　资产评估相关当事人

知识灯塔

- "任何事业，最终都是人的事业，尤其是资产评估这一智力密集型专业服务行业，人才是企业最宝贵的财富。"谈起企业文化，刘公勤和股东们一直强调要秉承"以人为本"的企业文化和"钱聚人散，钱散人聚"的正确理念，以身作则，努力地为员工们创造公平公正、积极向上、团结和谐的人文环境和工作生态，不断给踏实努力付出的员工更多发挥的空间和发展平台。
- 培养"团结协作、脚踏实地、不计得失、讲求奉献、时时处处为他人着想"的价值观。

任务二　资产评估目的

资产评估通常是为满足特定经济行为的需要进行的。资产评估为企业改制、上市，合资、合作经营，股权转让，资产买卖、置换、出资，债转股，担保融资，破产清算，保险赔偿，损失补偿，税收，司法诉讼，会计计量等众多经济行为提供了广泛的评估专业服务。委托人计划实施的经济行为决定了资产评估目的。

一、资产评估目的的概念与作用

（一）资产评估目的的概念

所谓资产评估目的，实际就是资产评估业务对应的经济行为对资产评估结果的使用要求，或资产评估结论的具体用途。

（二）资产评估目的的作用

评估目的直接或间接地决定和制约着资产评估的条件以及价值类型的选择。不同评估目的可能会对评估对象的确定、评估范围的界定、价值类型的选择以及潜在交易市场的确定等方面产生影响。

例如，对于一个企业的评估，如果评估目的是有限责任公司变更设立股份有限公司，评估结论用于核实股份有限公司设立时依据审计后净资产确定的注册资本是否不低于市场价值，涉及的评估对象和评估范围是该企业根据《公司法》的规定，可以用于出资的资产及相关负债形成的净资产，且应该与审计后净资产的口径一致，价值类型需要选择市场价值，潜在交易市场需要选择经营注册地的资产交易市场；如果评估目的是股权转让，评估对象就应该是企业的股权，涉及的资产范围就是企业的全部资产和负债（包括《公司法》规定不能用于出资的资产，如商誉），价值类型则需要根据交易双方的实际情况选择市场价值或投资价值等，潜在交易市场则需要根据可能的交易地点选择主要的或最有利的股权交易市场等。

总之，资产评估目的是委托人对资产评估结论的使用要求，或是委托人或资产评估报告使用人对资产评估结论的具体用途，在整个资产评估过程中具有十分重要的作用。

二、常见的资产评估目的

资产评估目的根据评估所服务经济行为的要求确定。资产评估目的对应的经济行为通常可以分为转让，抵（质）押，公司设立、增资，企业（公司）改建，财务报告，税收和司法等。资产评估专业人员在承接资产评估业务时应与委托人沟通确定资产评估目的，确定评估目的是委托人的责任，评估目的应当在资产评估委托合同中明确约定。

（一）转让

转让行为所对应的评估目的是确定转让标的资产的价值，为转让定价提供参考。

引发资产评估的转让行为主要包括资产的收购、转让、置换、抵债等。转让行为的标的资产可以是股权等出资人权益，也可以是单位或个人拥有的能够依法转让的有形资产、无形资产等。转让是最常见的评估目的，这类评估业务有些是国家法律法规规定的法定评估，还有一些是市场参与者自愿委托的非法定评估。

依据转让行为参与主体的特点，我国的资产或产权转让评估可分为：①涉及国有资产的转让评估与不涉及国有资产的转让评估；②涉及上市公司的转让评估和不涉及上市公司的转让评估。

国有产权转让、资产转让、资产置换、以非货币资产偿还债务，以及收购非国有资产等都是国有资产管理法规规定的涉及国有资产的转让经济行为。涉及国有资产的转让行为中，由国有资产当事主体委托的资产评估需要满足国有资产评估的监管要求，在资产评估报告内容及披露方面除了要满足《资产评估执业准则——资产评估报告》的要求外，还应当符合《企业国有资产评估报告指南》或《金融企业国有资产评估报告指南》的规定，涉及上市公司的转让评估，包括转让上市公司股权，上市公司法人资产的转让、置换、抵债以及上市公司收购股权或其他资产等行为涉及的资产评估业务，需要满足资本市场的监管规定和信息披露要求，执行相关资产评估业务的机构应当在国务院证券监督管理机构和国务院财政主管部门完成证券评估服务备案。

（二）抵（质）押

对抵（质）押的评估需求，主要包括三种情形：

1. 贷款发放前设定抵（质）押权的评估

单位或个人在向金融机构或者其他非金融机构进行融资时，金融机构或非金融机构需要获得借款人或担保人用于抵押或者质押资产的评估报告，评估目的是了解用于抵押或者质押资产的价值，作为确定发放贷款的参考依据。

实务中最为常见的这类评估包括：房地产抵押、知识产权质押、珠宝质押目的等评估。

2. 实现抵（质）押权的评估

当借款人到期不能偿还贷款时，贷款提供方作为抵（质）押权人可以依法要求将抵（质）押品拍卖或折价清偿债务，以实现抵（质）押权。这个环节资产评估的目的是确定抵（质）押品的价值，为抵（质）押品折价或变现提供参考。

3. 贷款存续期对抵（质）押品价值动态管理所要求的评估

通常由金融机构要求评估机构在规定时间，以及市场发生不利变化时对抵（质）押品进行价值评估，评估目的是监控抵（质）押品的价值变化，为贷款风险防范提供参考。

资产评估机构的评估，为提高抵（质）押担保质量、保障银行等机构的债权安全、及时量化和化解风险提供了有效的专业支持。

抵（质）押评估需求的三种情形见表 2-1。

表 2-1   抵（质）押评估需求的三种情形

评估情形	经济行为	评估目的
贷款发放前设定抵（质）押权的评估	单位或个人融资时，贷款提供方需要获得借款人或担保人用于抵（质）押资产的评估报告。 实务：房地产抵押、知识产权质押、珠宝质押目的等评估	了解用于抵押或者质押资产的价值，作为确定发放贷款的参考依据
实现抵（质）押权的评估	当借款人到期不能偿还贷款时，贷款提供方作为抵（质）押权人可以依法要求将抵（质）押品拍卖或折价清偿债务，以实现抵（质）押权	确定抵（质）押品的价值，为抵（质）押品折价或变现提供参考
贷款存续期对抵（质）押品价值动态管理要求的评估	金融机构要求评估机构在规定时间，以及市场发生不利变化时对抵（质）押品进行价值评估	监控抵（质）押品的价值变化，为贷款风险防范提供参考

【知识链接】

抵押：债权人对债务人或第三人不移转占有而用作债权担保的财产，当债务人不履行债务时，以该财产折价或以拍卖、变卖该财产的价款优先受偿。

质押：债务人或第三人将其动产或权利凭证移交债权人占有，以该财产作为债权的担保，当债务人不履行债务时，债权人有权以该财产折价或拍卖、变卖该财产的价款优先受偿。

留置：即放置，布置。现今多指债权人因保管合同、运输合同、加工承揽合同依法占有债务人的动产，在债权未能如期获得清偿前，留置该动产作为债权的担保。

案例分析：质押和抵押区别举例

A 公司向 B 公司借款 100 万元，欲将一辆汽车抵押或质押于 B 公司。合同 3 月 1 日成立，汽车 3 月 2 日交付。

若为抵押，则没有转移汽车的物权，3 月 1 日抵押成立；若 A 公司欠债不还，B 公司也没有对汽车的直接处置权，需要与 A 协商。若为质押，则转移了汽车的物权，3 月 2 日成立质押，若 A 公司欠债不还，B 公司可以不协商，直接对汽车进行处置。

可见，相对来说，抵押的物权更偏向于抵押人；而质押，物权已经转移，违约后物权就完全转移了。抵押和质押以及留置都是对财产处置的方式；对于抵押包括了动产和不动产，而对于质押只会针对动产，对于留置，与两者不同的是，其所保护的主体一般是比较特殊的，所以，不同的情况所处理财产的方式就会不一样。

（三）公司设立、增资

根据《公司法》及国家企业登记注册管理部门颁布的相关法规规定，以下经济行为需要评估：

1. 非货币资产出资行为

（1）非货币资产出资评估。以非货币资产出资设立公司是投资企业较为常见的形式，对出资资产进行资产评估是较为常见的资产评估业务。非货币资产出资行为的评估目的是为确定可出资资产的价值提供参考。资产评估的评估结论用于揭示出资财产的市场价值，可以保障企业股东、债权人以及社会公众的利益。

《公司法》规定，"对作为出资的非货币财产应当评估作价，核实财产，不得高估或者低估作价"。公司成立后，"发现作为设立公司出资的非货币财产的实际价额显著低于公司章程所定价额的，应当由交付该出资的股东补足其差额；公司设立时的其他股东承担连带责任"。

对于可以用于出资的资产，《公司法》规定，"股东可以用货币出资，也可以用实物、知识产权、土地使用权等可以用货币估价并可以依法转让的非货币财产作价出资"。

商誉作为不可确指的无形资产只能依附于企业整体存在，不独立转让，《公司法》没有将商誉列为股东可用于出资的资产。《公司注册资本登记管理规定》第五条明确规定"股东或者发起人不得以劳务、信用、自然人姓名、商誉、特许经营权或者设定担保的财产等作价出资"。

（2）企业增资扩股中确定股东出资金额和股权比例的评估。以货币或非货币资产对公司进行增资扩股时需要对被增资企业的股权价值进行评估，作为确定新老股东股权比例的依据。评估目的是为确定股东出资金额和股权比例提供参考。

按照国有资产评估管理规定，非上市公司国有股东的股权比例发生变动时应当对该非上市公司的股东权益进行资产评估。

2. 发行股份购买资产

发行股份购买资产是指上市公司通过增发股份的方式购买相关资产。这种行为的实质是采用非货币资产对股份公司进行增资。评估目的是评估标的资产的价值，为上市公司确定资产购买价格和股票发行方案提供参考。

3. 债权转股权

根据《公司注册资本登记管理规定》，"债权人可以将其依法享有的对在中国境内设立的公司的债权，转为公司股权""债权转为公司股权的，公司应当增加注册资本"。因此，这种行为实质是债权人采用非货币资产对其享有债权的公司进行增资。根据《公司法》的规定，应当对拟转为股权的债权进行评估。被转股企业为国有非上市公司的，还应该按规定对其股权价值进行评估。

此种经济行为的评估目的是为确定债权转股金额和股份数额提供价值参考。

（四）企业整体或部分改建为有限责任公司或股份有限公司

企业进行公司制改建，或者由有限责任公司变更为股份有限公司，需要对改建、变更所涉及的整体或部分资产进行资产评估。

1. 公司制改建

公司制改建属于企业改制行为，是按照《公司法》要求将非公司制企业改建为有限责任公司或股份有限公司。

在我国，企业改制主要指国有企业的改制，要求通过资产评估合理确定国有资本金的价值；改制企业以企业的实物、知识产权、土地使用权等非货币财产折算为国有资本出资或者股份的，资产评估的目的是为确定国有资本出资额或者股份数额提供参考依据。

2. 有限责任公司变更为股份有限公司

企业由有限责任公司变更为股份有限公司是公司依法变更其组织形式，变更后的公司与变更前的公司具有前后的承继性。

按照《公司法》规定，有限责任公司变更为股份有限公司的，公司变更前的债权、债务由变更后的公司承继。有限责任公司变更为股份有限公司时，折合的实收股本总额不得高于公司净资产额。

企业采用有限责任公司经审计的净资产账面价值折股变更为股份有限公司时，需要对用于折股的净资产进行评估。这类评估的实质是评估有限责任公司用于折股资产的市场价值扣除负债价值后是否不低于其对应的审计后的净资产账面价值。评估目的是核实企业用于折股的审计后净资产的账面价值是否不低于其市场价值，防止虚折股权/股份的情况发生。

如果有限责任公司改建股份有限公司过程中，发生引进战略投资者等导致拟改建公司的国有股东股权比例发生变化的情况，还应根据国有资产监管要求，在上述股权比例变化的环节对拟改建公司的股东权益价值进行评估。评估目的是为确定股东出资金额和股权比例提供参考。

（五）财务报告

企业财务报告是反映企业财务状况和经营成果的书面文件，编制财务报告的目的是向现有的和潜在的投资者、债权人、政府部门及其他机构等信息使用者提供企业的财务状况、经营成果和现金流量信息，以有利于正确地进行经济决策。企业财务报告的组成内容是资产负债表、利润表、现金流量表、所有者权益变动表（新的会计准则要求在年报中披露）、附表及会计报表附注和财务情况说明书。

企业在编制财务报告时，可能需要对某些资产进行评估，这类资产评估属于服务于会计计量和财务报告编制的评估业务。服务于合并对价分摊、资产减值测试、投资性房地产和金融工具等资产的公允价值计量等的评估业务，形成了我国资产评估行业服务于会计计量和财务报告编制的主要业务内容。

在服务于会计计量和财务报告编制的资产评估中，评估目的是为会计核算和财务报表编制提供相关资产、资产组等评估对象的公允价值或可收回金额等特定价值的专业意见。

（六）税收

我国在核定税基、确定计税价格、美联交易转让定价等税收领域均对资产评估产生了需求。

（1）确定非货币资产投资的计税价值。按照税法规定，以非货币性资产对外出资，应当确认作货币性资产转让所得的，税收征管部门要求"企业应将股权投资合同或协议、对外投资的非货币性资产（明细）公允价值评估确认报告、非货币性资产（明细）计税基础的情况说明、被投资企业设立或变更的工商部门证明材料等资料留存备查"。这实际是要求企业取得用于投资的非货币性资产的资产评估报告。评估目的是为核定非货币资产计税申报价值的公允性提供资产价值参考。

（2）确定非货币资产持有或流转环节所涉税种的税基。根据持有或流转的情形，非货币性资产的持有或流转可能会涉及流转税、所得税、财产税和土地增值税等税种。对纳税申报不合理、未制定计税价格标准且价值不易按照通常方法确定的非货币性资产，税收征管部门会要求提供资产评估报告。评估目的是根据涉税情形，确定相关非货币性资产的应税流转或所得额、财产价值或增值额，为税收征管部门确定相关计税基准提供参考。

与税务领域相关的业务还有抵税财物处置环节的资产评估。如对抵税财物的拍卖，按照规定，除有市场价或可依照通常方法确定价格之外的拍卖对象应当委托评估，评估目的是确定相关财物的价值，为确定拍卖保留价提供参考。

资产评估的独立、专业地位可以为税收的征管提供公允的价值尺度，为税收征管部门依法治税、提高税基核定权威性和税收征管效率提供专业技术保障。

（七）司法

资产评估可以为涉案标的提供价值评估服务，评估结论是立法立案、审判、执行的重要依据。

资产评估提供的司法服务内容主要包括：

1. 司法审判中揭示与诉讼标的相关的财产（权益）价值及侵权（损害）损失数额等

这类业务主要包括刑事案件定罪量刑中对相关损失的估算和民事诉讼中对诉讼标的财产（资产）或权益价值、侵权损害损失额的评估。评估目的是揭示相关资产（财产）或权益的价值、侵权（损害）损失金额，为司法审判提供参考依据。

2. 民事判决执行中帮助确定拟拍卖、变卖执行标的物的处置价值

根据《最高人民法院关于人民法院确定财产处置参考价若干问题的规定》规定，人民法院确定财产处置参考价，可以采取当事人议价、定向询价、网络询价、委托评估等方式，法律、行政法规规定必须委托评估、双方当事人要求委托评估或者网络询价不能或不成的，人民法院应当委托评估机构进行评估。该行为资产评估的目的就是确定涉案执行财产的价值，为人民法院在司法执行中确定财产处置参考价提供专业意见。

对于应当委托资产评估的情形，2018 年 12 月 10 日发布的《人民法院委托评估工作规范》明确规定，具有下列情形之一的，人民法院应当委托评估机构进行评估：

（1）涉及国有资产或者公共利益等事项的。

（2）《中华人民共和国企业国有资产法》《中华人民共和国公司法》《中华人民共和国合伙企业法》《中华人民共和国证券法》《中华人民共和国拍卖法》《中华人民共和国公路法》等法律、行政法规规定必须委托评估的。

（3）双方当事人要求委托评估的。

（4）司法网络询价平台不能或者在期限内均未出具网络询价结果的。

（5）法律、法规有明确规定的。

对于资产评估结果的使用，《最高人民法院关于人民法院确定财产处置参考价若干问题的规定》要求：

（1）当事人、利害关系人对评估报告未提出异议、所提异议没被驳回或者评估机构已作出补正的，人民法院应当以评估结果或者补正结果为参考价。

（2）人民法院应当在参考价确定后十日内启动财产变价程序。拍卖的，参照参考价确定起拍价；直接变卖的，参照参考价确定变卖价。

资产评估提供专业支持，有助于提高司法审判的权威性，提升案件处理的公正性，维护

社会公平正义。

资产评估的目的如图 2-3 所示。

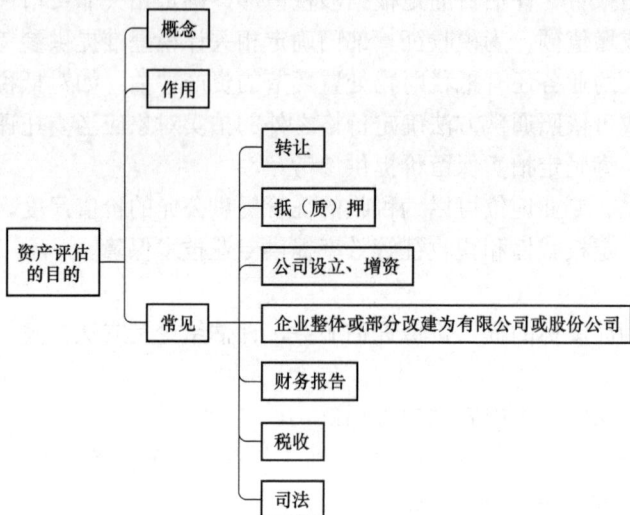

图 2-3 资产评估的目的

任务三 资产评估对象和评估范围

一、资产评估对象

（一）资产评估对象的概念

资产评估对象，也称为评估客体或评估标的，是指资产评估的具体对象，资产评估对象通常包括单项资产、资产组合、企业价值、金融权益、资产损失或者其他经济权益。

按资产的组合形式，资产评估对象可分为单项资产、资产组合和整体企业（或单位）。单项资产包括无形资产、不动产、机器设备以及其他动产等。资产组合（或资产组）是指由多项资产按照特定的目的，为实现特定功能而组成的有机整体，在评估业务中，评估对象可能是一个资产组合，也可能由若干个资产组合构成，称之为资产组组合。

【知识链接】

根据不同的目的，资产组合的划分原则和标准是不同的。例如，对于以减值测试为目的的资产评估业务，评估对象为资产组或资产组组合。根据企业会计准则的规定，该资产组合称之为业务资产组（或称现金流产出单位），其划分原则是企业可以认定的最小的现金流的产生单位，其产生的现金流入应当独立于其他资产或者资产组产生的现金流入。不同的业务资产组可以构成会计准则所定义的资产组组合。对于以交易为目的的资产评估业务，如果某企业拟转让特定的业务板块，评估对象是该业务板块所对应的资产组合，确定该资产组合的原则是与该业务相关的资产与负债。

整体企业是由一个或多个资产组合构成的。整体企业或资产组合的评估对象通常指其权益。例如对于一个企业，评估对象可能是股权或者是企业整体价值（股权＋债权）。

（二）资产评估对象的组成

1. 企业价值评估的评估对象的组成

企业价值评估中的评估对象包括企业整体价值、股东全部权益价值和股东部分权益价值。

将企业作为一个整体进行评估，其评估对象一般为企业的股权，在一些特别情况下也可能是企业的整体投资，即股权＋债权。

2. 业务资产组评估对象的组成

业务资产组的组成包括相关单项资产，也包括形成这些资产的资金来源，如股权投资或债权投资。从资产组成的资产方角度分析，资产组实际相当于企业的资产；从负债方角度分析，资产组是所有者权益和债权权益。因此，我们可以将业务资产组理解为介于单项资产与企业整体资产之间的一种状态，只是在法律形式上资产组尚没有构成一个企业法人，甚至可能尚没有构成一个会计主体。

业务资产组评估对象的认定可以参考企业价值评估的评估对象认定标准。如果业务资产组的评估目的涉及资产组整体转让，则评估对象可以按照其整体转让经济行为界定为资产组的权益，如所有者权益；如果评估目的涉及的经济行为是针对业务资产组各单项资产的，则可以将评估对象设定为各单项资产和负债。

【例2-7】X有限责任公司包括两个长期投资企业甲公司和乙公司，现投资人需要对X公司进行产权转让目的的评估，则评估对象就是X公司的股权。

【例2-8】国有控股Y有限责任公司拟以经审计的净资产账面价值折股变更为股份有限公司，需要进行资产评估。此目的的评估，评估对象不是该企业的整体权益，而是组成该企业的各单项资产和负债，是该企业按照《公司法》规定可以作为出资的可辨识资产和相关负债。

如果Y有限责任公司计划在股份制改建中完成引进战略投资者，此举会引起Y公司的股权结构发生变化，因此，还应当在启动引进投资者时安排对Y公司进行资产评估，以确定各主体对Y公司的投资金额和持股比例，评估对象应当是Y公司的股东权益。

【例2-9】某特殊普通合伙企业的合伙人需要进行产权转让目的的评估：其评估对象应该是该企业的相关合伙人权益。

【例2-10】公司有两个独立的业务，分别是A业务和B业务，现要就A业务转让进行资产评估评估对象就是该公司对A业务的权益。

3. 单项资产评估中的评估对象的组成

单项资产不仅指"一项资产"，也可能包括若干项以独立形态存在、可以单独发挥作用或以个体形式进行销售、转让和出租的资产。

单项资产的评估对象一般就是所对应的资产，例如评估一幢写字楼，评估对象就是该幢写字楼，包括组成该写字楼的房屋建筑物、电梯、空调设备等。因为电梯、空调等附属设备是保障写字楼发挥正常使用功能，支持其正常市场价值的必要组成部分，通常要与写字楼的建筑物一并处置。

单项资产通常可以分为流动资产、建筑物、机器设备以及无形资产等。

流动资产是指企业可以在一年或者超过一年的一个营业周期内变现或者运用的资产。流动资产的内容包括货币资金、交易性金融资产、应收票据、应收账款、预付账款和存货等。

建筑物一般是指人们进行生产、生活、居住或其他活动的房屋或场所，包括厂房、办公楼、住宿楼以及管道、沟槽等构筑物。

机器设备一般是由金属或其他材料组成，由若干零部件装配起来组成一台（座、辆）、一套或一组具有一定机械结构，在一定动力驱动下能够完成一定的生产加工功能的装置。

无形资产虽属于单项资产范畴，但是具有一定特殊性，因此在这里单独说明。

无形资产作为一种特殊形态的资产，其评估对象的组成具有自身的特性。无形资产的评估对象组成一般包含以下三个层级的内容：

（1）无形资产的种类及名称。无形资产的种类是指评估对象中的种类，如专利、专有技术、商标或者其他类型的无形资产；如果无形资产是专利资产，则指该专利的类型及名称等；如果是商标，则指该商标属于什么类型的商标、注册领域以及名称等。这属于第一个层级的内容。

（2）无形资产的权利。无形资产多表现为享有的权利，这种权利可能是已经确立的权利，也可能是还在申请阶段的权利。如专利申请权，对于已经确立的权利，则需要进一步明确这种权利是所有权还是许可使用权。无形资产权利状态是第二层级的内容。

（3）无形资产的组成。无形资产评估对象第三个层级的内容是该评估对象的组成，即是单项无形资产，还是一个由多种、多个无形资产组成的具有特定功能的无形资产组合。如果是无形资产组合，则需要明确该组合中相关组成部分的具体类型、名称及权利状态等。

【例 2-11】甲企业集团拥有一个发明专利 X，采用普通方式许可给乙公司使用。许可合同规定，专利 X 的年许可费为乙公司每年专利产品销售收入，现甲企业集团拟将该专利进行质押，需要对该专利进行评估，应该如何确定该专利资产的评估对象？

本案例评估目的是将上述专利资产质押。由于质押应该涉及专利的所有权（包括使用、收益和处分的权利），同时由于发明专利 X 存在对外许可合同（合同权益或义务），因此，评估对象应该包括：①发明专利 X 授予乙公司普通许可所形成的合同权益；②发明专利 X 所有权中扣除乙公司普通许可合同权益之外的其他权利。

【例 2-12】丙企业集团拥有一个商品商标 Y，注册领域为第 1 号注册领域。据了解该集团采用普通方式将商标 Y 许可给其下属的上市公司丁使用，合同规定，下属上市公司可以无时间限制、无地域限制地免费使用该商标。现 W 企业集团准备将该商标所有权转让给该上市公司，需要对该商标所有权进行评估。另外，W 企业集团在同一注册领域内还有一个与商标 Y 相似的注册商标 Z。

该案例中商标 Y 属于产品商标，本次评估目的是转让其专用权（所有权）。但是拟受让人在此之前已经拥有该商标的许可使用权（普通许可），转让方还拥有与商标 Y 注册在同一领域内相似的商标 Z，该商标主要作为保护商标使用，需要随着商标 Y 一并转让。

该案例的评估对象为：由于 W 集团已经采用普通许可方式无限期、无地域限制地免费许可给上市公司使用商标 Y，因此，此次转让商标所有权中不应包含该项许可使用权。因此，该案例的评估对象应包括：①商标 Y 所有权中扣除丁公司许可使用权之外的权利；②商标 Z 的所有权。

（三）资产评估对象的确定

评估对象应当由委托人依据法律法规的规定和经济行为要求提出，并在评估委托合同中明确约定。在评估对象确定过程中，评估机构和资产评估专业人员应当关注其是否符合法律法规的规定、满足经济行为要求，必要时向委托人提供专业建议。

二、资产评估范围

（一）资产评估范围的概念

资产评估范围是对评估对象所进行的详细描述，包括构成、物理及经济权益边界、约束条件等内容，是资产评估专业人员根据评估目的界定的对象资产边界，同时也便于报告的使用人更加清晰地理解评估对象。

（二）企业价值评估涉及的范围

当企业价值评估的评估对象是企业股权时，评估范围应该是被评估企业的全部资产和负债，包括可辨识的资产和不可辨识的资产（如商誉等）；当评估对象为企业的可用于出资的资产时，评估范围可以包括企业的存货、房地产、设备、专利权、商标专用权、股权等法律法规允许出资的资产，但不包括法律法规不允许出资的商誉等资产。

在涉及企业的评估实务中，存在一种评估范围是企业剥离部分资产、负债后由剩余的资产及负债组成的模拟实体，评估对象就是该模拟实体的权益，评估范围则为构成该模拟实体的资产和负债，也可以表述为企业经剥离后剩余的资产及负债。

（三）业务资产组评估涉及的范围

当业务资产组的评估对象是资产组的权益时，其评估范围是组成该业务资产组的全部资产与负债。

在实务中，有时会存在从一个企业剥离部分资产与负债组成具有投入、运营、产出能力的独立业务资产组，并将业务资产组整体转让的情形，评估对象就是相关业务资产组的权益，评估范围为构成业务资产组的资产及负债。

【例2-13】某国有企业拥有汽车总装和零部件生产两种业务，现需要将零部件生产业务转让，按照相关法规规定，需要对零部件生产业务的价值进行评估，如何确定评估范围？

该企业拥有两种业务，需要评估的是其中一种业务，评估对象是该国有企业对零部件生产业务的权益。按照国有资产管理规定，该国有企业需要聘请审计机构对该企业的财务报表进行分割，具体评估范围应该根据分割后的零部件生产业务的资产、负债范围加以确定。

（四）单项资产评估涉及的范围

当资产评估对象是单项资产时，评估范围是对该项资产边界的描述。例如，机器设备的评估范围通常要明确是否包含与设备本体相关的附件以及设备的安装、基础、附属设施等。对已安装机器设备的评估，在评估目的要求机器设备原地持续使用的条件下，评估范围通常包含设备本体以及附件、安装、基础、附属设施等；对于拟变现处置的机器设备，评估范围可能只包括设备本体及附件，同时还要根据委托约定确定是否包括设备的拆除等费用。因此，在评估机器设备时需要根据评估目的和委托条件合理界定评估范围。

（五）资产评估范围的确定

资产评估范围应当依据法律法规的规定，实现评估目的要求以及评估对象的特点合理确定，并在资产评估委托合同中明确界定，具体内容应由委托人负责提供。

例如，某企业有一幢已出租的房地产，当评估其作为投资性房地产的公允价值时，评估结论应当体现出租人对该房地产的权益，评估范围不应包含承租人对该房地产的权益，评估操作应考虑租赁合同对该房地产价值的影响；如果该已出租房地产作为国有土地征收的补偿对象，评估结论是确定国家对该房地产产权人进行货币补偿的参考，评估范围就可以不考虑承租人权益的影响，操作时可以按照不存在租赁合同限制的条件进行评估，但相关评估报告中应当如实披露评估对象已经租赁的事实和对象、出租人义务等条件的约定。

资产评估专业人员在执行资产评估业务时应当关注纳入资产评估范围的资产或者资产及负债，是否与所服务的经济行为要求的评估范围一致。

三、常见经济行为对应的评估对象及范围

评估对象及范围的确定，应当针对评估所服务经济行为的特点，保障评估目的的实现。

当评估对象为相关企业的股东权益（所有者权益）或业务资产组权益时，评估范围为组成相关企业或业务资产组的全部资产和负债评估对象为单项资产时，评估范围也为该单项资产，体现为对该单项资产边界和条件的描述。

（一）转让

转让（收购）、置换、非货币资产偿债等经济行为，评估对象是相关经济行为对应的标的资产。其标的资产可以是企业或业务资产组权益，也可以为单项资产。

（二）抵（质）押

抵（质）押行为的资产评估对象为相关抵（质）押物。抵（质）押物可以是企业权益，也可以为单项资产。

对抵（质）押物价值动态管理的资产评估，评估对象原则上应当是贷款存续期的抵（质）押物，实务中也可以根据抵（质）押物类型、分布和价值变化特点以及委托约定选定典型抵（质）押物作为评估对象。

（三）公司设立、增资

在设立公司时，根据《公司法》的规定，需要对非货币性出资资产进行评估，作为确定出资资本的参考依据。评估对象是实物、知识产权、土地使用权等可以用货币估价并可以依法转让的非货币财产。根据《公司注册资本登记管理规定》的规定，劳务、信用、自然人姓名、商誉、特许经营权或者设定担保的财产等不可以作为评估对象作价出资，

（四）企业整体或部分改建为有限责任公司或股份有限公司

1. 公司制改建

企业对整体或部分改建为有限责任公司或者股份有限公司进行资产评估，评估对象是依据企业改制方案确定的公司制改建所涉及的整体或部分资产。

如果企业改制还涉及产权转让、国有资产流转等事项的资产评估，可以依据企业改制方案所确定的转让（流转）标的，以及转让行为的要求确定具体的评估对象按照国有资产管理要求，向非国有投资者转让国有产权的，企业的专利权、非专利技术、商标权、商誉等无形资产必须纳入评估范围。

2. 有限责任公司变更为股份有限公司

有限责任公司以经过审计的净资产账面价值折股变更为股份有限公司的。资产评估对象和范围均是有限责任公司按照公司法规定可以作为出资的可辨识资产和相关负债，如果变更中引进战略投资者需要进行资产评估，评估对象为有限责任公司的股东权益，评估范围则是该公司的全部资产及负债。

（五）财务报告

企业合并对价分摊的评估对象应该根据会计准则要求和委托合同的约定确定，可以是被

购买方各项可辨认资产、负债及或有负债，也可以是委托人约定评估的可辨认资产。其评估范围与评估对象相同。

资产减值测试评估的对象是拟进行减值测试的单项资产或资产组评估对象为单项资产的。评估范围也是该单项资产。评估对象为资产组的，评估范围为构成资产组的全部资产（也可以根据资产组的划分口径包含相关负债）。

公允价值计量的评估对象是需要以公允价值计量的相关资产或负债，具体对象应根据会计准则和委托合同的约定确定，可以是单项资产或负债，也可以是资产组合、负债组合或者资产和负债的组合。

（六）税收

非货币资产投资的计税价值评估，评估对象是用于投资的非货币性资产。

非货币资产持有或流转环节所涉税种的税基评估，评估对象是与所涉税种对应的非货币资产。

抵税财物处置评估，评估对象为拟处置的抵税财物。

以税收为目的的资产评估业务中，评估对象可以为企业股东权益，也可以是单项资产。

（七）司法

1. 司法审判涉及的资产评估

司法审判资产评估中对诉讼标的财产（权益）价值评估的评估对象是相关涉案标的财产。

侵权（损害）损失包括侵权（损害）产生的财产直接损害和间接损失（即可得利益的减少），赔偿范围及标准需要依据法律规定加以确定。例如：

对于侵害物权造成的财产直接损害，需要按照财产损失发生时的市场价格计算确定，资产评估的对象就是相关涉案财产。对房地产侵权造成的损失，除了评估房地产减值损失，还可以根据侵权造成的影响和委托要求评估因损害造成的搬迁、临时安置、停产停业等损失。

对于侵犯专利权的赔偿，《中华人民共和国专利法》规定："侵犯专利权的赔偿数额按照权利人因被侵权所受到的实际损失或者侵权人因侵权所获得的利益确定；权利人的损失或者侵权人获得的利益难以确定的，参照该专利许可使用费的倍数合理确定。对故意侵犯专利权，情节严重的，可以在按照上述方法确定数额的一倍以上五倍以下确定赔偿数额。""权利人的损失、侵权人获得的利益和专利许可使用费难以确定的，人民法院可以根据专利权的类型、侵权行为的性质和情节等因素，确定给予三万元以上五百万元以下的赔偿。""赔偿数额还应当包括权利人为制止侵权行为所支付的合理开支。"在受理相关评估业务时，需要按照法律规定的赔偿方式、顺位以及涉案专利的特点合理确定评估对象。

2. 民事判决执行涉及的资产评估

民事判决执行中为确定执行标的物处置参考价的资产评估，评估对象是相关执行标的物。

任务四　资产评估基准日与报告日

一、资产评估基准日

（一）资产评估基准日的概念

资产评估基准日是资产评估结论对应的时间基准，评估委托人需要选择一个恰当的资产时点价值，有效地服务于评估目的：资产评估机构接受客户的评估委托后，需要了解委托人根据评估目的及相关经济行为需要确定的评估时点，也就是委托人需要评估机构评估在什么时间点上的价值，这个时间点就是资产评估基准日。

（二）资产评估基准日的作用

一般而言，资产的价值在不同的时间点是不一样的。这主要体现在两个方面：其一是资产的状态和资产交易的市场情况在不同的时间点是不同的，因此不同时间点评估对象在市场上交易的价值是不同的；其二是用于计量资产价值的货币自身价值在不同的时间点也是不同的，采用不同时点货币价值计量评估对象的价值也是不同的。

1. 明确评估结论所对应的时点

资产评估是为特定的经济行为服务的，这个特定的经济行为是存在时效性的。因此，评估委托人需要选择一个恰当的资产时点价值，有效地服务于评估目的。评估基准日实际上起到了规定评估结论所对应的时间基准的作用。

评估基准日通常是现在时点，即现时性评估；也可以是过去或将来的时点，即追溯性评估和预测性评估。

（1）现时性评估。如果评估基准日选择的是现时日期，也就是评估工作日近期的时点，这时评估结论采用的价格依据和标准是近期有效的。这样的评估就是现时性评估，也就是评估结论表达的是评估对象截至评估基准日现实状态，在评估基准日市场条件下，以评估基准日货币币值计量的价值。大部分资产评估业务属于现时性评估业务。

（2）追溯性评估。如果评估基准日选择的是现时性评估报告评估结论使用有效期之前的日期，则该类型评估通常为追溯性评估。一般追溯性评估结论的计量是以被评估对象在追溯基准日的货币价值体现，其计量标准采用的是追溯基准日时的币种、货币单位、汇率、利率等；评估对象应当反映其在追溯基准日时的物理、权属、利用等状态。评估时资产评估专业人员应当以追溯基准日时点的市场条件、政策环境等因素对评估对象进行预测或价值判断，不得考虑基准日后发生的、在评估基准日时无法合理预期的事件。

在司法诉讼、损失界定、调查追责过程中，以及企业对历史经济行为所涉及的资产或损失的价值进行追溯、判断时，通常需要采用追溯性评估。

例如，某国有企业在某历史时点未经评估、未履行必要的程序非法处置国有资产，在国有资产监管部门的调查过程中通常需要确定被处置资产在处置时点的市场价值，一般需要采用追溯性评估。

（3）预测性评估。如果评估基准日选择的是未来的日期，而非评估工作日近期时点，这样的评估就属于预测性评估。预测性评估采用的是被预测基准日预期的市场条件和价格标准（依据），评估对象的状态一般为被预测基准日的预期状态。

在以抵押为目的的资产评估业务中抵押期较长、抵押物会随时间的变化产生较大的贬损或价格变化时，抵押权人可能会要求资产评估专业人员确定在实现抵押权时抵押资产的价值，通常采用预测性评估。

【知识链接】

评估分类见表2-2。

表 2-2 评 估 分 类

分类	对应日期	采用的价值标准
现时性评估	现时日期	评估工作日近期的时点，这时评估结论采用的价格依据和标准是近期有效的。在评估基准日市场条件下，以评估基准日货币币值计量的价值
追溯性评估	之前的日期	以追溯基准日时点的市场条件、政策环境等因素对评估对象进行预测或价值判断，不得考虑基准日后发生的、在评估基准日时无法合理预期的事件。 在司法诉讼、损失界定、调查追责过程中，以及企业对历史经济行为所涉及的资产或损失的价值进行追溯、判断时采用
预测性评估	未来的日期	被预测基准日预期的市场条件和价格标准（依据），评估对象的状态一般为被预测基准日的预期状态。以抵押为目的的资产评估业务

2. 用于确定评估报告结论的使用期限

由于实现资产评估所服务的经济行为具有时效性，对资产评估结论的使用也应该规定一个有效期，超过这个有效期，评估报告的结论就很可能无法有效、合理地反映评估对象及其所对应的市场状况。

我国资产评估执业准则对评估结论使用有效期的规定，通常是以评估基准日为基础确定的。例如，《资产评估执业准则——资产评估报告》第十条规定："通常，只有当评估基准日与经济行为实现日相距不超过 1 年时，才可以使用资产评估报告。"对涉及国有资产的资产评估项目，《企业国有资产评估管理暂行办法》也明确规定"经核准或备案的资产评估结果使用有效期为自评估基准日起 1 年"。我国尚无规范追溯性和预测性资产评估业务的评估结论使用有效期的规定。为合理有效地利用资产评估结论，评估报告服务的经济行为必须在报告所明示的结论使用有效期内实施，评估报告使用人对此需要特别关注。

（三）资产评估基准日的选择

评估基准日的选择应该是委托人的责任，评估专业人员可以提供相关专业建议。评估基准日的选取需要重点考虑以下因素：①有利于评估结论有效服务于评估目的；②有利于现场调查、评估资料收集等工作的开展；③企业价值评估业务中评估基准日尽可能选择会计期末；④法律、法规有专门规定的，从其规定。

1. 国有资产评估业务的评估基准日选择

国有资产评估大多为现时性评估，现时性评估的评估基准日需要选择现时日期，同时应该选择与评估目的相关联的经济行为或特定事项的实施日期接近的日期。

国务院国有资产监督管理委员会、财政部、证监会 2018 年 5 月联合发布的《上市公司国有股权监督管理办法》规定国有股东所持上市公司股份间接转让时"上市公司股份价值确定的基准日应与国有股东资产评估的基准日一致，但与国有股东产权直接持有单位对该产权变动决策的日期相差不得超过 1 个月"。

目前国有资产评估对过去或者未来评估基准日的选择都没有明确规定。

【知识链接】

《上市公司国有股权监督管理办法》所称"国有股东所持上市公司股份间接转让"是指上市公司的国有股东因国有产权转让或增资扩股等原因不再符合国有全资或控股条件的行为。该办法要求国有股东所持上市公司股份间接转让应当按照以下规定确定其所持上市公司股份价值：

国有股东公开征集转让上市公司股份的价格不得低于下列两者之中的较高者：①提示性公告日前30个交易日的每日加权平均价格的算术平均值；②最近一个会计年度上市公司经审计的每股净资产值。

2. 其他资产评估基准日的选择

对于上市公司发行股票购买资产等重大资产重组事项，资产评估基准日应该尽量与发行股票的定价日相近。

企业合并对价分摊资产评估的评估基准日应当选择购买日。购买日，是指购买方实际取得对被购买方控制权的日期。

核定税基、确定计税价值资产评估的评估基准日应选择应税行为发生所对应的时点。

其他资产评估可以根据经济行为的性质和对评估结论的使用要求妥善选择评估基准日，其他资产评估基准日的选择见表2-3。

表2-3   其他资产评估基准日的选择

评估目的	资产评估基准日
上市公司发行股票购买资产等重大资产重组事项	应该尽量与发行股票的定价日相近
企业合并对价分摊资产评估	应当选择购买日，即购买方实际取得对被购买方控制权的日期
核定税基、确定计税价值	应选择应税行为发生所对应的时点

3. 评估基准日的选择与评估报告中引用其他报告基准日的匹配问题

在评估实务操作中，资产评估报告经常需要引用其他专业报告的结论或数据，并且这些专业报告也通常具有时效性，如审计报告，具有审计截止日或报告日，或者其他专业评估报告，如矿业权评估、土地估价等报告，也具有评估基准日（或估价期日、价值时点）。当资产评估报告引用这些专业报告时，评估专业人员应当关注这些专业报告的基准或截止日与评估基准日的匹配性。

（1）当评估报告引用的专业报告是审计报告时，审计的截止日一般应与评估基准日保持一致。例如，国有资产评估业务的评估基准日为2018年12月31日，则要求为评估服务的审计报告的截止日也应当是2018年12月31日；上市公司重大资产重组的评估基准日为2017年6月30日，则要求审计报告的截止日也应当是2017年6月30日。

《企业国有资产交易监督管理办法》第十一条规定，涉及参股权转让不宜单独进行专项审计的，作为特殊的情形，转让方应当取得转让标的企业最近一期年度审计报告。

（2）当评估报告需要引用其他评估机构出具的单项资产评估报告的结论时，拟引用单项资产评估报告的评估基准日、使用限制等应当满足资产评估报告的引用要求，国务院国有资产监督管理委员会《关于印发〈企业国有资产评估项目备案工作指引〉的通知》第二十八条规定，资产评估结果引用土地使用权、矿业权或者其他相关专业评估报告评估结论的，应当关注所引用报告评估基准日、评估结论使用有效期等要素是否一致。例如，企业价值评估以资产基础法的结果作为评估结论，所引用的土地使用权估价报告的评估基准日虽与资产评估报告相同，但土地估价报告和资产评估报告的评估结论使用有效期分别为半年和一年，由于评估所服务的经济行为要求的资产评估对象是企业股东权益，土地使用权作为企业整体资产的组成部分，其评估结论也成为企业整体评估结论的组成部分，不能因为不同的评估报告，而出现不同的使用有效期，否则完全有悖于资产评估服务于特定目的的基本功能。

二、资产评估报告日

（一）资产评估报告日的概念

按照《资产评估执业准则——资产评估报告》的规定，资产评估报告日通常为评估结论形成的日期。

（一）资产评估报告日的法律意义

根据目前评估准则的规定以及社会对评估报告的认识惯例，评估报告日的法律意义是，在评估基准日到评估报告日之间，如果被评估资产发生重大变化，评估机构负有了解和披露这些变化及其可能对评估结论产生影响的义务。评估报告日后，评估机构不再负有对被评估资产重大变化进行了解和披露的义务。

（三）资产评估基准日后的期后事项的处理原则

评估机构和评估专业人员需要采用适当的方式，对评估专业人员撤离评估现场后至评估报告日之间，被评估资产所发生的相关事项以及市场条件发生的变化进行了解，并分析判断该事项和变化的重要性，对于较重大的事项应该在评估报告中进行披露，并提醒报告使用者注意该期后事项对评估结论可能产生的影响；如果期后发生的事项非常重大，足以对评估结论产生颠覆性影响，评估机构应当要求评估委托人更改评估基准日重新评估，如果评估机构的要求未被委托人采纳时，应当在评估报告中就此重大事项及影响进行使用风险特别提示。

《关于印发〈企业国有资产评估项目备案工作指引〉的通知》要求，"企业在评估基准日后如遇重大事项，如汇率变动、国家重大政策调整、企业资产权属或数量、价值发生重大变化等，可能对评估结果产生重大影响时，应当关注评估基准日或评估结果是否进行了合理调整"。

资产评估的基准日和报告日如图 2-4 所示。

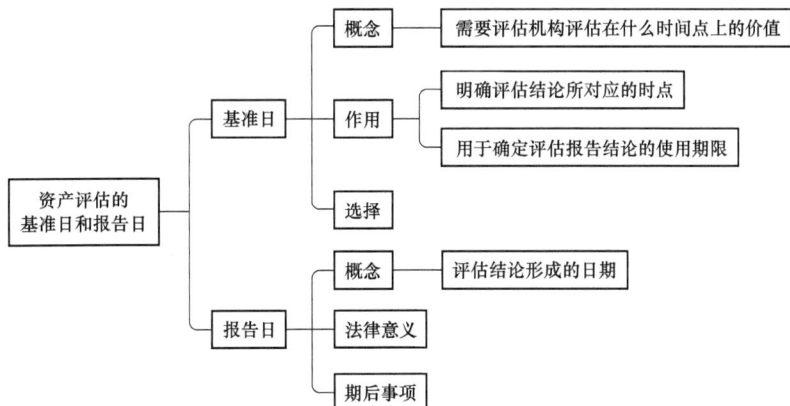

图 2-4 资产评估的基准日和报告日

任务五 价值类型

一、价值类型的概念

价值类型是指资产评估结果的价值属性及其表现形式。不同价值类型从不同角度反映资产评估价值的属性和特征。不同的价值类型所代表的资产评估价值不仅在性质上是不同的，在数量上往往也存在着较大差异。

二、价值类型的作用

价值类型在资产评估中的作用主要表现为：①价值类型是影响和决定资产评估价值的重要因素；②价值类型对资产评估方法的选择具有一定的影响，价值类型实际上是评估价值的一个具体标准；③明确价值类型，可以更清楚地表达评估结论，可以避免评估委托人和其他报告使用人误用评估结论。

【知识链接】

价值定义的准确与否直接影响到估价结论的可靠性。与其他评估业务价值定义的相对确定性不同，鉴定评估的价值定义往往依估价目的和估价对象的不同，存在较大的差异，对控制估价机构的法律风险至关重要。

举例来说，拍卖目的情况下往往评估的是其合法转让条件下的市场交易价值；但对于很多分家析产目的下的鉴定评估，估价对象往往权属资料不齐或受限制（例如宅基地），这就需要估价师与法官根据估价目的，坚持客观、公正、合情、合理的原则，本着解决矛盾纠纷、维护正当权益的原则，选择适当的价值定义。

合理的价值定义需要估价师在遵循估价基本理论的基础上，与估价的根本目的相结合，避免不假思索的"市场价值"，深刻地理解"市场价值"仅仅是价值的一种形式，从根本上去规避司法鉴定评估的潜在法律风险。（微信公众号：估价师平台）

三、价值类型的种类

国际和国内评估界对价值类型有不同的分类，但是一般认为最主要的价值类型包括以下几种：

（一）市场价值

市场价值是在适当的市场条件下，自愿买方和自愿卖方在各自理性行事且未受任何强迫的情况下，评估对象在评估基准日进行公平交易的价值估计数额。

市场价值主要受到两个方面因素的影响。其一是交易标的因素。交易标的是指不同的资产，其预期可以获得的收益是不同的，不同获利能力的资产自然会有不同的市场价值；其二是交易市场因素。交易市场是指该标的资产将要进行交易的市场，不同的市场可能存在不同的供求关系等因素，对交易标的市场价值产生影响。总之，影响市场价值的因素都具有客观性，不会受到个别市场参与者个人因素的影响。

【知识链接】

2019 年修订的《国际评估准则》对市场价值的以下规定，有助于拓展对市场价值概念的理解：

（1）资产的市场价值将反映其最高最佳用途。

（2）市场价值是指资产以最适当的方式在市场上展示且以合理取得的最佳价格进行处置，展示期发生在评估基准日之前。

（3）为出售资产展示的市场是理论上该资产通常被交换的市场，交易方之间没有特定的或特殊的关系。

（4）市场价值既是卖方能够合理获取的最好售价，也是买方能够合理取得的最有利价格。

（二）投资价值

投资价值是指评估对象对于具有明确投资目标的特定投资者或者某一类投资者所具有的价值估计数额，也称特定投资者价值。

投资价值是针对特殊的市场参与者，即特定投资者或者某一类投资者而言的。这类特定的投资者不是主要的市场参与者，或者其数量不足以达到市场参与者的多数。所以，投资价值是一项资产对于特定所有者或预期的所有者针对个人投资或运营目标的价值。

以企业并购投资价值评估业务为例，企业并购投资价值是指并购标的资产在明确的并购双方基于特定目的、考虑协同效应和投资回报水平的情况下，在评估基准日的价值估算数额。此时，明确的投资目标即为特殊的市场参与者追求并购产生的协同效应，或者因追求其他特定目的而可以接受不同的投资回报；投资价值所考虑的"协同"，是仅适用于某一特定买方的协同。因此，投资价值与市场价值相比，除受到交易标的因素和交易市场因素的影响差异外，其最为重要的差异还在于投资价值会受到特定交易者的投资偏好或所追求协同因素的影响。

此外，如果交易当事人仅仅拥有特定的身份，比如股权的受让方为该企业股东，则并不必然要求在评估时选择投资价值。

（三）在用价值

根据《资产评估价值类型指导意见》的规定，在用价值是指将评估对象作为企业、资产组成部分或者要素资产按其正在使用方式和程度及其对所属企业、资产组的贡献的价值估计数额。

在用价值定义中的"资产按其正在使用方式"是指资产在现状使用下的价值，现状使用可能是最高最佳使用，也可能不是最高最佳使用。

在用价值体现的是使用资产所能创造的价值，因此在用价值也称"使用价值"。

（四）清算价值

清算价值是指在评估对象处于被迫出售、快速变现等非正常市场条件下的价值估计数额。

清算价值与市场价值相比，其主要差异是：①清算价值是资产拥有者需要变现资产的价值，是退出价，不是购买资产的进入价，而市场价值没有规定必须是退出价；②清算价值的退出变现是在被迫出售、快速变现等非正常市场条件下进行的，这一点与市场价值所对应的市场条件相比明显不同。

因此，清算价值的特点主要是：第一，该价值是退出价；第二，这个退出是受外力胁迫情况的退出，而非正常的退出。

（五）残余价值

残余价值是指机器设备、房屋建筑物或者其他有形资产等的拆零变现价值估计数额。

所谓残余价值，实际是将一项资产拆除成零件进行变现的价值。这种资产从整体角度而言，实际已经没有使用价值，也就是其已经不能再作为企业或业务资产组的有效组成部分发挥在用价值，而只能变现。由于其整体使用价值已经没有，因此整体变现也不可能，只能改变状态变现，也就是拆除零部件变现。

价值类型的种类见表 2-4。

表 2-4 **价值类型的种类**

种类	适用范围
市场价值	在适当的市场条件下，自愿买方和自愿卖方在各自理性行事且未受任何强迫的情况下，评估对象在评估基准日进行公平交易的价值估计数额。 市场价值受交易标的因素和交易市场因素的影响，具有客观性
投资价值 （特定投资者价值）	评估对象对于具有明确投资目标的特定投资者或者某一类投资者所具有的价值估计数额（追求协同效应或其他特定目的）。 如果交易当事人仅仅拥有特定的身份，比如股权的受让方为该企业股东，则并不必然要求在评估时选择投资价值。投资价值会受到特定交易者的投资偏好或所追求协同因素的影响
在用价值（使用价值）	将评估对象作为企业、资产组成部分或者要素资产按其正在使用方式和程度及其对所属企业、资产组的贡献的价值估计数额
清算价值	评估对象处于被迫出售、快速变现等非正常市场条件下的价值估计数额（受外力胁迫的非正常的退出价）
残余价值	机器设备、房屋建筑物或者其他有形资产等的拆零变现价值估计数额

（六）其他价值类型

《资产评估价值类型指导意见》规定，执行资产评估业务应当合理考虑该指导意见与其他相关准则的协调。评估专业人员采用本指导意见规定之外的价值类型时，应当确信其符合该指导意见的基本要求，并在评估报告中披露。

上述规定实际上是允许评估专业人员根据特定业务需求而选择其他价值类型，只是需要在评估报告中进行充分披露。

现实评估实务中的确存在其他价值类型，比较常见的是会计准则中的公允价值。

评估实务中还存在一些以抵押、质押为目的的评估和以保险赔偿为目的的评估，等等。这些目的下的资产评估可能会需要考虑其他价值类型，评估专业人员只要确信其符合价值类型指导意见的基本要求，并在评估报告中披露就可以使用。

四、价值类型的选择

在满足各自含义及相应使用条件的前提下，市场价值、投资价值以及其他价值类型的评估结论都是合理的。评估专业人员执行资产评估业务，选择和使用价值类型，应当充分考虑评估目的、市场条件、评估对象自身条件等因素。

另外，评估专业人员选择价值类型时，应当考虑价值类型与评估假设的相关性。

（一）市场价值类型的选择

当评估专业人员执行的资产评估业务对市场条件和评估对象的使用等并无特别限制和要求，特别是不考虑特定市场参与者的自身因素和偏好，评估目的是为正常的交易提供价值参考依据时，通常应当选择市场价值作为评估结论的价值类型。

但是在选择市场价值时，评估专业人员必须关注到不同的市场可能会有不同的市场价值，特别是不同的国家和地区可能会形成不同的交易市场，甚至有可能会在一个国家或地区内存在多个不同的交易市场，评估专业人员在选择市场价值时，还应该同时关注所选择的市场价值是体现哪个市场的市场价值。

当标的资产可以在多个市场上交易时，评估专业人员除需要在评估报告中恰当披露所选择的市场价值是哪个市场的市场价值，还应该说明选择该交易市场的市场价值的理由。

【例2-14】某企业准备以一台设备作为出资在中国大陆设立一家有限责任公司，需要将该设备进行评估，应该选择何种价值类型？

该案例是将标的资产用作出资，属于以非货币资产对外投资行为，出资视同交易，通常不设定特定的投资者，也就是没有考虑特定的买方或者卖方的特性，也没有考虑任何特定的交易附带条件，应该选择市场价值。另外，该案例是在中国大陆设立有限责任公司，这个"交易"应该视为在中国发生，因此，该市场价值应该设定为在中国大陆关税区的市场价值。

【例2-15】国内某上市公司计划并购一家国内的非公众公司，标的公司注册经营地在中国，按照我国法律、法规注册成立，并受我国法律、法规管辖，对该标的股权进行评估，需要选择何种价值类型？

该案例的评估目的是为某上市公司收购国内非公众公司股权提供价值参考，属于资产收购行为，由于没有提及需要考虑特定的买方或卖方的投资偏好或特定目标，因此应该选择市场价值。实务中，大多数服务于资产转让（收购）行为的资产评估也通常根据类似的委托交易条件，选择市场价值类型。同时，该项交易在中国发生，应该选择中国的市场，而标的公司是国内的一家非公众公司，其股权不能在证券交易市场转让，只能在中国一般的产权交易市场转让。因此，应该选择中国产权交易市场的市场价值。

【例2-16】国内某国有企业计划到加拿大收购一家当地的公众公司，标的公司是当地证券交易所上市的公司，现需要对该标的企业进行评估，选择何种价值类型？

该交易是国内的企业到加拿大收购当地公司的股权，也属于资产收购行为。同样，因为案例没有提及要考虑特定的买方与卖方的投资偏好或特定目标，也应该选择市场价值，同时这个交易应该受到加拿大法律、法规的管辖，应该选择加拿大的市场价值，并且这个市场价值应该是加拿大证券交易市场的市场价值，而不是一般产权交易市场的市场价值。

【例2-17】国内的A上市公司以发行股份购买资产的方式收购国内的B公司在开曼群岛注册的子公司X，现需要对X公司进行评估，应该如何选择价值类型？

国内上市的A公司采用发行股份购买资产的方式收购境外企业，实质是X公司的母公司（B公司）以X公司的股权向A上市公司增资。可视为B公司以非货币资产对外投资。由于该案例未说明需要考虑特定的市场参与者的投资偏好或特定目标，因此也应当选择市场价值，另外，B公司将其持有的X公司股权"拿到"国内来转让给A上市公司，这种交易目前要按照我国的法律法规进行。因此，评估时应该选择国内产权交易市场的市场价值。

【例 2-18】某国内企业计划收购一家总部在澳大利亚的 A 公司，应该如何选择价值类型？

A 公司有一家注册在美国的全资子公司（B 公司），在评估 A 公司价值时涉及评估 B 公司的股权价值，应该如何选择 B 公司价值所对应的市场？

基于与上述股权收购案例相同的理由，本案例也应当选择市场价值类型。下面需要进一步讨论的是如何选择该价值类型所对应的市场。

本案例要评估 B 公司的价值，但是标的资产（A 公司）是澳大利亚的公司，评估 A 公司时应该是选择 A 公司所在的澳大利亚市场；但是这并不一定代表评估 B 公司的市场价值时也一定要选择澳大利亚市场。因为 B 公司是在美国注册的公司，从理论上说，可以在美国市场转让其股权，也可以在澳大利亚市场转让其股权，并且这两种转让方式都存在可能性。因此，在评估 B 公司的市场价值时，应该选择 B 公司在美国市场和在澳大利亚市场中的最有利市场，也就是说，应该评估 B 公司在美国市场和澳大利亚市场中最有利市场的市场价值。

除了上面列举的非货币资产出资、资产转让（收购）、发行股份购买资产行为，公司制改建以及确定诉讼标的财产价值和财产价值损失的资产评估，通常可以选择市场价值类型。

设定抵（质）押权评估可以根据评估对象及其风险特点选择市场价值或市场价值扣减已知悉的优先受偿款等结论表现形式处置抵（质）押物、抵税财产和执行涉案财产评估，也可以根据评估对象特点和委托条件选择市场价值。确定计税价值和税基的评估应选择符合有关资产计税、课税和征税法律规定的价值类型，在很多情况下税收征管部门会要求使用市场价值。

财务报告目的公允价值计量、合并对价分摊评估，依据会计准则要求选择公允价值。

（二）投资价值类型的选择

如果评估专业人员在执行资产评估业务时，评估业务针对的是特定投资者或者某一类投资者，评估中还必须考虑某一类投资者或特定投资者自身的投资偏好或特定目标对交易价值的影响，通常需要考虑选择投资价值类型。

特定市场参与者的目标和偏好可能表现为其自身已拥有的资产与标的资产之间形成协同效应，可以获得超额收益；也可能体现为因自身偏好而可以接受的一般市场参与者无法接受的交易价值。尽管这两种情况都对应投资价值所述的情形，但是评估专业人员可以通过合理计量协同效应估算出第一种情况下的投资价值，却可能无法采用经济学的手段估算出第二种情况下的投资价值。

在评估实务中，评估专业人员在选择投资价值时通常需要说明选择的理由以及所考虑投资价值包含的与市场价值区别的要素，如发生协同效应的资产范围以及产生协同效应的种类，这是选择投资价值时必须详细披露的内容。

【例 2-19】甲企业拥有一座海滨酒店，乙企业拥有一个海滨浴场，两个企业位置相邻，现在甲企业要收购乙企业，应该如何选择价值类型？

本案例是股权收购经济行为，案例中海滨酒店与海滨浴场显然存在经营层面的协同，这种酒店＋浴场的经营模式显然更容易吸引顾客，因此，甲企业收购乙企业存在协同效应，并且这种协同应该属于经营协同。对于这种明显存在协同效应的评估，如果需要考虑协同效应对股权收购价值的影响应当选择投资价值。但在评估业务中是否要选择投资价值，评估专业人员需要与委托人协商明确具体委托诉求后才能确定。

【例2-20】某移动通信运营商计划收购一家互联网电商企业，如何选择价值类型？

移动通信运营商有大量的客户资源，可以将这些客户资源嫁接给电商企业，使得电商企业在短时间内快速集聚自己的客户资源，并且由于移动通信与电商之间没有相互竞争，移动通信企业将自身客户嫁接电商企业对自身经营一般没有影响，这是典型的客户资源协同效应。在该股权收购案例中，如果需要考虑这种协同效应对股权收购价值的影响，应当选择投资价值。但需要与委托人充分沟通，明确具体的委托诉求后才能确定。

（三）在用价值类型的选择

如果评估专业人员在执行资产评估业务时，评估对象是企业或者整体资产组中的要素资产，并且在评估业务执行过程中只需要考虑以这些资产未来经营收益的方式来确定资产的价值时，评估专业人员需要选择在用价值。

在用价值实际上并不是一种资产在市场上实际交易的价值，而是计量交易价值的一个方面。一项资产在市场上的实际交易价值一定是综合其在用价值和交换价值之后确定的。

（四）清算价值类型的选择

当评估对象面临被迫出售、快速变现或者评估对象具有潜在被迫出售、快速变现等情况时，评估专业人员通常应当选择清算价值作为评估结论的价值类型。

当选择清算价值时，评估对象一般都是处于强制清算过程中。所谓强制清算，是指该清算行为已经不在资产所有者控制之下进行，这种清算可能受法院或者法院指定的清算组控制，或者由债权人控制等，处理资产所需的时间较为紧迫。这种评估一般需要选择清算价值。

抵（质）押物、抵税财产和涉案财产处置等评估，也可以根据评估对象特点及委托条件选择清算价值。

（五）残余价值类型的选择

当评估对象无法或者不宜整体使用时，也就是其整体已经不具有使用价值，但是如果改变其计量单元，将计量单元缩小至零部件后，还可以具有使用价值时，评估专业人员通常应当考虑评估对象的拆零变现，并选择残余价值作为评估结论的价值类型。

比较典型的案例是国家规定的发电机组"上大压小"政策，即小规模的发电机组必须强制淘汰，因此对于将要淘汰的发电机组，从整体上看已经不具有再继续使用的价值，但是如果改变其计量单元，将评估对象，即一个发电机组拆分成一些零部件，则其零部件中可能存在可以继续使用的零部件，因此，这时评估专业人员可以选择残余价值类型对其进行评估。

【例2-21】某火力发电厂拥有一台10万千瓦的火力发电机组，按照国家有关产业政策，该火电厂需要关停，发电机组不能异地使用。现需要对该火电厂进行清算目的的评估，应该如何选择价值类型？

该火电机组不能续用，需要整体报废，但是该发电机组中部分设备或许还可以继续被利用，如变压器等，存在继续使用的价值，也就是说整体发电机组需要报废，但是部分部件还有使用价值，在这种情况下，可以选择残余价值类型。

资产评估的价值类型如图2-5所示。

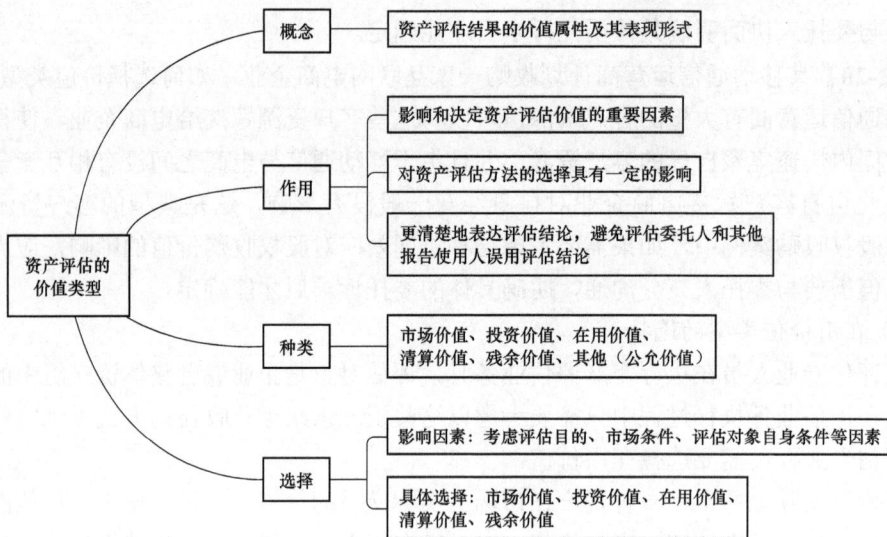

图 2-5 资产评估的价值类型

任务六 资产评估假设

一、资产评估假设的概念与作用

（一）资产评估假设的概念

资产评估假设是依据现有知识和有限事实，通过逻辑推理，对资产评估所依托的事实或前提条件作出的合乎情理的推断或假定。资产评估假设也是资产评估结论成立的前提条件。

由于人类认识客体的无限变化与认识主体有限能力的矛盾，人们需要依据已经掌握的数据资料对某一事物的某些特征或者全部事实作出合乎逻辑的推断。

资产评估业务实际上也是一种模拟市场交易以判断资产价值的行为。面对不断变化的市场环境，为了进行资产评估，评估专业人员需要把市场条件及影响资产价值的各种因素设定在某种状态下，以便对标的资产进行价值分析和判断。

（二）资产评估假设的作用

任何一门学科的建立都离不开假设前提，相应的理论体系和方法体系也都是建立在一系列假设前提基础之上的。资产评估作为一门学科，与其他学科一样，其理论体系和方法体系的确立也是建立在一系列假设基础上的。

资产的价值受到客观因素和主观因素的影响，有些因素的影响十分重要，还有一些因素的影响不是很重要。有些因素靠人们的认识能力是可以认识的，有些因素则暂时无法完全认识。因此，在实际操作中评估专业人员需要抓住影响资产价值的主要因素，有意识地忽略一些次要因素，这样可以"化繁为简"，在可以控制相关差异的前提下提高评估工作的效率。

评估假设实际发挥的正是这种"化繁为简"抓主要矛盾的作用，即将一项资产交易价格的主要影响因素从实际中抽象出来，研究这些因素对交易价格的影响，忽略一些不必要的因素，提高评估的效率。

二、常见的资产评估假设

资产评估所使用的评估假设涉及不同的方面，主要包括评估前提性假设、评估外部环境假设、评估具体假设。

评估前提性假设包括评估的交易及市场条件假设、评估对象存续或使用状态假设。交易及市场条件假设主要有交易假设、公开市场假设等。评估对象存续及使用状态方面的评估假设，针对企业等经营主体主要包括持续经营假设、清算假设等；针对单项资产主要包括原地使用假设、移地使用假设、最佳使用假设和现状利用假设等。

评估外部环境假设主要包括评估所依托的国家宏观环境、行业及地区环境条件假设。国家宏观环境假设主要包括有关宏观政治、经济、社会、法律、文化等环境条件变化趋势、稳定性，以及不可抗力影响等条件的假设，通常会涉及对汇率、利率、税赋、物价或通货膨胀等因素影响的判断。行业及地区环境假设主要包括有关产业政策、行业准入及竞争、行业规划等行业条件，以及受国家和行业条件影响的地区相关环境条件的假设。

评估具体假设是按照评估目的及评估操作要求针对评估对象的特点所具体使用的评估假设对于企业等经营主体可能涉及经营范围及方式、经营管理水平、会计政策、税赋基准及税率、补贴及优惠政策、企业守法合规、管理团队的稳定性及尽责履职、关联交易定价等方面的假设。对于单项资产则可能涉及评估对象的物理、法律、经济状况，未来的管理及运营等方面的假设。

以下主要对评估前提性假设的内涵及应用进行介绍，并结合示例介绍企业存续状态下部分具体评估假设的应用。

（一）常见的资产评估假设的内涵

1. 交易假设

交易假设是资产评估得以进行的一个最基本的前提假设，它是假定所有评估标的已经处在交易过程中，评估专业人员根据被评估资产的交易条件等模拟市场进行评估。为了发挥资产评估在资产实际交易之前为委托人提供资产价值参考的专业支持作用，同时又能够使资产评估得以进行，利用交易假设将被评估资产置于"交易"当中，模拟市场进行评估十分必要。

交易假设一方面为资产评估得以进行"创造"了条件，另一方面，它明确限定了资产评估的外部环境，即资产是被置于市场交易之中，资产评估不能脱离市场条件而孤立地进行。

2. 公开市场假设

公开市场假设是指资产可以在充分竞争的市场上自由买卖，其价格高低取决于一定市场的供给状况下独立的买卖双方对资产的价值判断。

公开市场假设是对拟进入的市场条件，以及资产在较为完善市场条件下接受何种影响的一种假定说明或限定。

所谓公开市场，是指一个有充分竞争性的市场。在这个市场中，买者和卖者地位平等，买卖双方都有获取足够市场信息的机会和时间，买卖双方的交易行为都是自愿的、理智的，而非在强制或受限制的条件下进行。买卖双方都能对资产的功能、用途及其交易价格等作出理智的判断。

公开市场假设就是假定较为完善的公开市场存在，被评估资产将要在这样一种公开市场上进行交易。事实上，现实中的市场条件未必真能达到上述公开市场的完善程度。当然，公开市场假设也是基于市场客观存在的现实，即以资产在市场上可以公开买卖这样一种客观事实为基础的。

公开市场假设旨在说明一种充分竞争的市场环境。在这种环境下，资产的交换价值受市场机制的制约并由市场行情决定，而不是由个别交易案例决定。

3. 持续经营假设

持续经营假设实际是一项针对经营主体（企业或业务资产组）的假设，该项假设一般不适用于单项资产。

持续经营假设是假设一个经营主体的经营活动可以连续下去，在未来可预测的时间内该主体的经营活动不会中止或终止。

假设一个经营主体是由部分资产和负债按照特定目的组成，并且需要完成某种功能，持续经营假设就是假设该经营主体在未来可预测的时间内继续按照这个特定目的，完成该特定功能。

该假设不但是一项评估假设，同时也是一项会计假设。企业会计之所以要对会计主体的持续经营作出假定，一个主要原因在于，如果缺乏这项假设，会计核算的许多原则，如权责发生制、划分收益性支出与资本性支出等将不能够应用；另一个原因是企业在持续经营状态下和处于清算状态时所采取的会计处理方式是不同的，如对固定资产在持续经营下可以采用实际成本法，在清算状态下则只能采取公允价值或可变现价值等。

对一个经营主体的评估，也需要对其未来的持续经营状况作出假设。因为经营主体是否可以持续经营，其价值表现是完全不一样的。

通常持续经营假设是采用收益法评估企业等经营主体价值的基础。

4. 有序清算假设

与持续经营假设相对应的假设就是不能持续经营。如果一个经营主体不能持续经营就需要清算这个经营主体，也就是需要使用清算假设。与清算有关的假设包括有序清算假设和强制清算假设。

所谓有序清算假设，就是经营主体在其所有者有序控制下实施清算，即清算在一个有计划、有秩序的前提下进行。

5. 强制清算假设

强制清算是经营主体的清算不在其所有者控制之下，而是在外部势力的控制下，按照法定的或者由控制人自主设定的程序进行，该清算经营主体的所有者无法干预。因此，所谓强制清算假设，是假设经营主体在外部力量控制下进行清算。

6. 原地使用假设

原地使用是指一项资产在原来的安装地继续被使用，其使用方式和目的可能不变，也可能会改变。例如，一台机床原来是用来加工汽车零部件的，现在该机床仍在原地继续被使用，但是已经改为加工摩托车零部件了。

原地使用的价值构成要素一般包括设备的购置价格、设备运输费、安装调试费等。

如果涉及使用方式及目的变化，还要根据委托条件确定是否考虑变更使用方式而发生的成本费用。

7. 移地使用假设

移地使用是指一项资产不在原来的安装地继续被使用，而是要被转移到另外一个地方继续使用，当然使用方式和目的可能会改变，也可能不改变。例如，一台二手机床要出售，购买方要将其移至另外一个地方重新安装使用，资产的这种使用状态就称为移地使用。

移地续用涉及设备的拆除、迁移和重新安装调试等环节。除了设备本体价值，还需要根据买卖双方约定的资产交割及费用承担条件，确定其价值要素是否还包括设备的拆除费用、运输到新地址的费用和重新安装调试的费用等。

8. 最高最佳使用假设

所谓最高最佳使用，是指一项资产在法律上允许、技术上可能、经济上可行的前提下，经过充分合理的论证，实现其最高价值的使用。

最高最佳使用通常是对一项存在多种不同用途或利用方式的资产进行评估时，选择最高最佳的用途或利用方式。

9. 现状利用假设

现状利用假设要求对一项资产按照其当前的利用状态及利用方式进行价值评估。当然，现状利用方式可能不是最高最佳使用方式。

（二）常见的资产评估假设的应用

1. 资产评估假设应用的基本要求

资产评估假设的选择、应用应该首先符合合理性、针对性和相关性要求。

（1）合理性。评估假设应该建立在合理的依据、逻辑及推断前提下，设定的假设有可靠的证据表明其很可能发生，或者虽然缺乏可靠证据，但也没有理由认为其明显不切合实际。假设不可能发生的情形是不合理的假设。

（2）针对性。评估假设应该针对某些特定问题。这些特定问题具有不确定性，这种不确定性，评估专业人员可能无法合理计量，需要通过假设忽略其对评估工作的影响。

（3）相关性。评估假设与评估项目实际情况相关，与评估结论形成过程相关。

2. 评估假设应用需要考虑的基本因素

（1）评估目的。评估目的规定着资产评估结论的具体用途，同时也在宏观上规范了被评估资产的作用空间。不同的评估目的，市场环境条件、交易方式、企业存续状态、资产使用状态等不同，评估报告的作用以及评估结论的使用方式也不同。例如，《人民法院委托司法执行财产处置资产评估指导意见》规定，执行人民法院委托司法执行财产处置资产评估业务，不应当考虑评估对象被查封以及原有的担保物权和其他优先受偿权情况对评估结论的影响，应当视为没有查封、未设立担保物权和其他优先受偿权的财产进行评估，并在资产评估报告的评估假设中予以说明。因此，评估假设应结合评估目的的设定。

（2）评估对象。单项资产评估假设适用资产使用状态假设；企业价值评估假设适用企业持续经营假设或者清算假设等。

（3）价值类型。不同的价值类型，对应的市场交易条件、资产使用等条件很可能存在差异。例如，使用投资价值类型评估并购标的企业价值，需要对企业并购方式和并购后措施及实施情况做出假设，作为估算协同效应价值的前提；使用清算价值类型评估企业清算的价值，需要对清算方式及条件作出假设，作为估算资产变现价值的前提。

3. 交易假设的应用

资产评估主要服务于资产交易，交易假设就是假定所有拟评估资产已经处在交易过程中。因此，交易假设是资产评估最基本的假设。

该假设适用于经济行为为交易和产权及经营主体变动性质或可视为这种性质的资产评估业务，对本章提及的常见经济行为的资产评估都可以使用该假设。

4. 公开市场假设的应用

公开市场假设的核心是资产的市场价值是由自由竞争的市场参与者自主决定，不是其他力量垄断或者强制决定的。只有满足公开市场假设，评估专业人员才有可能对资产的市场价值作出符合市场供需关系的分析、判断；如果不满足公开市场假设，通常这个市场可能是严格人为管制下的市场，或者是垄断条件下的市场，在这样的市场上，资产的交易价格是由管制者或者垄断者决定的，也就没有评估的必要。公开市场假设设定需要评估的资产是在一个具有自愿的买方和卖方的市场上交易。在这个市场上该项资产的交易是十分活跃的，资产交易没有套利空间，在不考虑交易相关税费的前提下，市场参与者购买一项资产的价格与卖出资产的价格是一致的。

公开市场假设是资产评估中的一个重要假设，其他假设都是以公开市场假设为基本参照的。公开市场假设也是资产评估中使用频率较高的一种假设，凡是能在公开市场上进行交易、用途较为广泛的或者通用性较好的资产，都可以考虑按公开市场假设前提进行评估。

在资产评估常见的经济行为中，以自愿公开交易或假定自愿公开交易为目的的资产评估，其评估对象的市场条件可以运用公开市场假设予以明确和设定。

5. 持续经营假设的应用

持续经营假设主要是针对经营主体，不是针对单项资产，这个经营主体可以是一个企业，也可以是一个业务资产组，当没有相反证据证明该经营主体不能满足持续经营的条件时，通常可以假设该经营主体持续经营，这里的相反证据是指那些表明相关主体很可能将结束经营的证据，如合同规定的经营期满、企业资不抵债而濒临破产等。

持续经营假设要求经营主体在其可以预见的未来不会停止经营，这种经营可以是在现状基础上的持续经营，也可以是按照未来可以合理预计状态下的持续经营。这两种状态有所不同，如果需要区分，评估专业人员可以增加限定为"现状持续经营"或者"预计状态持续经营"。

常见的经济行为中，绝大部分以企业或业务等经营主体权益为对象的均可采用持续经营假设。例如，企业增资扩股评估中评估对象的存续状态和作用空间可以用持续经营假设予以限定。股权转让（收购）评估业务，一般情况下需要考虑被评估企业基于现时状态的假设条件下的权益价值。如果需要考虑在收购交易完成后，实现了有关的协同效应后的权益价值，就不能采用"现状持续经营"假设，而应当以并购完成后的状态持续经营为假设条件，以便评估其投资价值。

在持续经营前提下，还可以根据评估目的和评估对象的特点，对企业未来持续经营的具体条件通过使用具体假设进行限定。

【例2-22】某工业生产企业的新投资项目尚未达产，评估时是否可以按照未来可以达产的方式进行评估？

如果企业已经制定有明确的达产投资计划、实施途径等充分可行的方案，并且该项目投资符合国家产业政策、投资来源已落实，收益预测时可以假设该企业按计划达产。

【例2-23】某企业享受所得税优惠政策，但享受年限短于评估收益年限，优惠政策到期后，是否可以假设延长优惠期？

企业优惠期满后有两种可能性：一种是继续享受优惠政策；另一种是优惠政策终止。当评估时，被评估企业满足享受税收优惠的条件且没有证据表明被评估企业未来会不满足这些条件，同时在收益预测时已经考虑了满足相关条件所涉及的相关支出，可以采用税收优惠在期满后继续延长的评估假设。

上述涉及项目达产和税收优惠的评估假设属于推测性假设。所谓推测性假设，是针对评估对象实体、法律、经济属性方面存在的不确定性，资产市场条件与趋势的外部环境存在的不确定性，选择最有可能发生或发生概率最大的情形作为评估前提，是较为常见的一种评估假设。

【例 2-24】 某药品生产企业产能充足，因行业竞争激烈、药品销售网络缺陷、销售模式不符合市场变化，历史经营状况不佳。在对企业股权转让评估时，是否可做出企业以后可以改进销售网络缺陷、优化销售模式等假设？

销售模式、销售渠道等属于企业重要的无形资产，也是影响企业价值评估结果的重要因素。如果可以自身完成这方面的改进，该企业将不再是原来的企业，因此，这种假设属于对企业现行营销条件及模式的重大改变，需要收集说服力强的证据审慎论证其可能性，否则，在企业股权转让评估时，一般不采用企业未来可以改变销售模式的假设。

诸如此类，要谨慎采用与历史状况相比发生重大改变的假设，例如，简单假设产品缺陷、成本持续增高的企业未来将改变现状；在企业未采取实质性措施的情况下，随意假设企业未来不再依赖当前构成严重依赖关系的客户或者供应商。

【例 2-25】 某企业集团计划将其一个全资子公司转让，需要对该子公司股权的市场价值进行评估，标的企业在历史经营中与集团之间存在关联交易，是否可以按照现状持续经营假设，完全参考其历史经营数据预测未来？

标的企业作为企业集团的一个子公司，其历史经营中与集团之间存在某些关联交易，或者是集团为了追求协同效应而有意安排的一些经营业务，一旦将其转让出该企业集团，这些关联交易或者有意安排的业务很可能都不再持续。因此，此时完全按照现状持续经营假设参考标的企业的历史数据预测未来，很可能不符合其未来实际情况，依据也不充分。

【例 2-26】 某加油站评估，是否可以假设未来油价不变？

采用评估假设假定产品价格不变显然是不合理的，不能采用该评估假设，由于加油站的油价是政府定价，并随国际原油的价格波动，很难合理预测，评估中可以预测加油站的单位毛利，并假设国家当前油品定价的原则未来不发生变化，这种假设是可以接受的。

【例 2-27】 某评估项目，评估按照企业提供的预测资料进行，并假设企业未来按照企业提出的计划如期实现，评估专业人员是否可以接受此类假设？

这一假设缺乏依据，评估专业人员不能接受该类假设。

类似的情况还包括假设企业未来应收账款全部可以按期回收，不会发生坏账；企业未来的原材料可以按照当前的价格足量按期采购等，这些假设都是不合理的。

【例 2-28】 某企业并购项目投资价值评估，并购企业制定了并购方案及并购整合措施，对并购标的公司的投资价值评估是否可以使用以下两个假设：①投资并购方案实现；②并购整合如期实现。

本案例是以并购完成后的状态持续经营为前提的投资价值评估案例，投资价值评估在很大程度上就是建立在预期投资目标和协同效应基础上的协同效应，通常需要通过量化投资方案来反映。而且，企业并购后一般需要经过并购整合期后才能进入协同效应发挥期，整合期的持续时间及其完成效果会影响企业协同效应贡献的价值。因此，评估专业人员在了解和分析了投资并购方案的合理性，与委托人充分协商基础上可以采用上述假设，但需要明确披露。

本案例采用的假设也是支持投资价值预测前提的特别假设。

6. 有序清算假设的应用

当经营主体出现相反证据证明其未来不能持续经营时，就需要进行清算。当不满足持续经营的原因是经营期限届满，或者协议终止经营等由经营主体的所有者自主决定的清算，则应该选择有序清算假设前提，因为这种清算是由经营主体所有者自主控制的清算。

7. 强制清算假设的应用

当经营主体不满足持续经营的原因是破产清算，这时的清算完全由债权人或法院指定的清算代理人控制，该经营主体的所有者完全无法控制。在这种情况下一般应该选择强制清算假设。

【例 2-29】某企业破产清算评估项目，清算组制订并经债权人会议表决通过清算方案，要求在限定时间内处置完可变现资产。对可变现资产评估，可否假设为强制清算？

本案例已经明确企业不再持续经营，并且相关清算是在债权人主导下进行，因此该清算是一个强制清算，可以采用强制清算假设。

如果企业的清算属于结业清算，清算过程完全掌握在企业的股东手中，资产变现有相对宽松的展示和讨价还价时间，则该清算属于有序清算，不能采用强制清算假设。

8. 原地使用假设的应用

原地使用假设是标的资产仍然在原安装地继续使用。能否在原地继续使用，会影响被评估资产的价值构成要素，进而影响到评估结果。对于需要较大数额的运输费和安装调试费，或者拆除迁移会明显降低其功能及价值的资产，如钢铁、化工等行业的设备等，采用原地使用假设进行评估有利于更好地体现其功能及价值。

【例 2-30】某企业拥有一条生产线，该生产线由若干台设备组成，现拟将该生产线转让给一家新公司。新公司将在原地继续使用该生产线，需要对其进行评估，如何选择评估假设和价值类型？

该案例是较为典型的选择原地使用假设的案例。根据介绍，本案例的评估目的是将生产线在原安装地继续使用为目的资产转让，因此，应该选择原地使用假设下的市场价值作为评估价值类型。

在常见经济行为中，符合经济行为完成后单项资产评估对象仍在原地继续使用条件的，通常可以使用原地使用假设。

9. 移地使用假设的应用

移地使用假设一般多用于评估可移动的资产，如企业停产搬迁或者进行搬迁补偿目的的评估。这时企业的设备一般都需要从原安装地拆除，搬迁到新地址后再安装调试，因此需要在评估中选择移地使用假设，并需要根据评估目的要求和买卖双方的约定，恰当处理相关拆除、运输以及再安装费用。

对无须在原安装地使用的设备的转让等评估，也可以采用移地使用假设，将设备本体及必要附件列入评估范围。评估范围是否考虑设备拆除、运输至交易场所等需要发生的费用，也应根据委托约定的交付条件予以明确。

【例 2-31】例 2-30 中，如果新公司将在一个新地址安装使用这条生产线，并且约定出资方负责将该生产线迁移到新地址并负责安装调试，这时如何选择评估假设和价值类型？

根据该案例的情况，需要选择移地使用假设下的市场价值。

【例 2-32】某企业因城市规划建设搬迁，涉及对企业资产补偿和收益损失补偿评估，对于搬迁资产的评估，如何设置资产评估的相关假设？

企业由于需要搬迁，因此全部资产不会在原地继续使用，需要移地使用，因此对于各单项资产的评估应该采用移地使用假设。

在搬迁评估中，评估专业人员需要关注相关拆除费用和运输费用是否在委托评估范围之内。本案例中，如果约定政府单独支付搬迁的拆除费用和运输费用，相关费用不在此次委托评估范围之内，评估专业人员仅需要评估无法搬迁资产的损失补偿费、可以搬迁资产在新址达到可使用状态的安装调试等费用，以及搬迁所产生的其他损失赔偿费；如果约定政府部门不单独支付搬迁的拆除费用和运输费用，而是将其计入整体损失补偿费用中，此次委托评估范围包括拆除费用和运输费用，则评估专业人员还需要在评估可以搬迁资产的补偿价值时考虑拆除费用和运输费用。

10. 最高最佳使用假设的应用

最高最佳使用假设多用于房地产评估，因为房屋和土地经常存在多种用途或利用方式，因此在评估其市场价值时要求进行最高最佳使用分析，按照最高最佳使用状态进行评估。根据最高最佳使用分析，适合某种房地产的最高最佳使用状态可能是改变用途、改变规模、更新改造、重新开发或维持现状，也可能是前述情形的若干组合。房地产的最高最佳使用必须是法律上允许、技术上可能、经济上可行，经过充分合理地论证的使用状态。

11. 现状利用假设的应用

现状利用假设，与最高最佳利用假设相对应，是指按照资产当前的利用状态评估其价值，而不管其现状利用是否为最高最佳。该假设一般在资产只能按照其现实使用状态评估时选用。

【例 2-33】某工业企业合法拥有的土地使用权，国有土地使用证载明用途为工业，最佳用途为商业，评估假设可否设定为商业用地用途？

对于该类问题需要分析，如果土地权利人无权改变土地用途，则只能按照现状利用假设评估；如果土地权利人有权利通过履行规定的程序改变土地用途，且能够提供支持按商业用途评估的规划资料，则可以在考虑支付必要变更成本的前提下使用最佳用途评估。由于实际变更用途时自然资源管理部门还需要依据经备案的土地估价结果核定土地使用权人应补交的地价款，这很可能会与资产评估时采用的变更成本存在差异，资产评估专业人员还应当对此在评估报告中做出必要的提示。

针对资产状态的假设一般会对被评估资产的价值产生影响，因此，评估专业人员需要在评估报告中对所采用的假设进行必要的披露。

资产评估假设如图 2-6 所示。

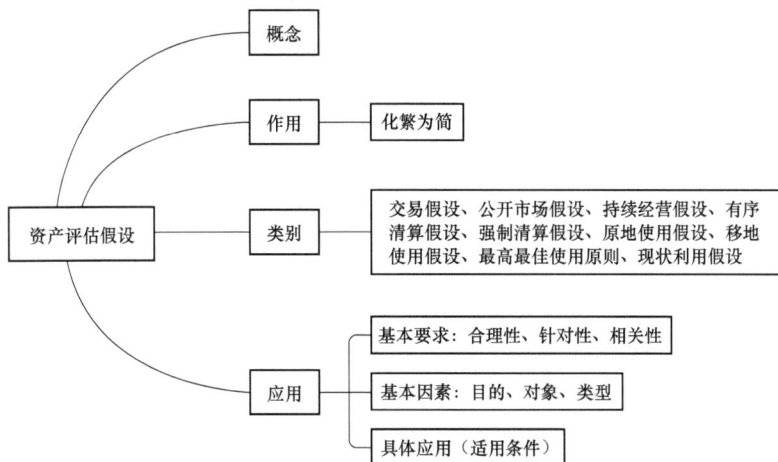

图 2-6　资产评估假设

本 章 总 结

本章介绍了资产评估基本要素的内涵、作用、不同要素之间的区别与联系，主要包括资产评估的相关当事人、评估目的、评估对象、评估基准日与报告日、价值类型及评估假设等。这些事项是资产评估专业人员确定资产评估程序、选择评估方法、形成及编制评估报告的基础，通过案例分析可以更好地理解不同要素的具体应用。

练习题

一、单选题

1. 下列关于评估委托人说法正确的是（   ）。
   A. 委托人只能是一个
   B. 委托人不可能是多个法人
   C. 委托人只能是法人
   D. 委托人不一定是法人，也可能是自然人

2. 下列关于产权持有人的描述错误的是（   ）。
   A. 产权持有人与委托人不一定是同一主体
   B. 当评估对象为股权或所有者权益时，"产权持有人"是指股权或所有者权益的拥有者
   C. 涉及国有资产的评估，评估委托人一般不是产权持有人
   D. 产权持有人是指评估对象的产权持有人

3. 关于资产评估报告日，下列说法不正确的是（   ）。
   A. 资产评估报告日是资产评估结论对应的时间基准
   B. 资产评估报告日通常为评估结论形成的日期
   C. 评估报告日后，评估机构不再负有对被评估资产重大变化进行了解和披露的义务
   D. 在评估基准日到评估报告日之间，如果被评估资产发生重大变化，评估机构负有了解和披露这些变化以及可能对评估结论产生影响的义务

4. 评估专业人员执行资产评估业务,选择和使用价值类型,不需要考虑的因素是（   ）。
   A. 评估目的   B. 市场条件
   C. 评估方法   D. 价值类型与评估假设的相关性

5. 下列关于清算价值和市场价值的说法中，不正确的是（   ）。
   A. 清算价值是指在评估对象处于被迫出售、快速变现等非正常市场条件下的价值估计数额
   B. 清算价值是一个资产拥有者需要变现资产的价值，是一个退出价，不是购买资产的进入价
   C. 市场价值没有规定必须是退出价
   D. 清算价值的退出是正常的退出

6. 资产评估得以进行的一个最基本的前提假设是（   ）。
　　A．交易假设　　　　　　　　　　B．持续经营假设
　　C．货币计量假设　　　　　　　　D．移地使用假设

7. 某企业因城市建设规划搬迁，对计划搬迁的十条大型生产线分别进行评估，评估时使用的假设为（   ）。
　　A．原地使用假设　　　　　　　　B．移地使用假设
　　C．最高最佳使用假设　　　　　　D．持续经营假设

8. 下列各项资产评估假设中，多用于房地产评估的是（   ）。
　　A．强制清算假设　　　　　　　　B．最高最佳使用假设
　　C．有序清算假设　　　　　　　　D．移地使用假设

9. 资产评估得以进行的一个最基本的前提假设是（   ）。
　　A．交易假设　　　　　　　　　　B．公开市场假设
　　C．特别假设　　　　　　　　　　D．市场有效假设

10. 影响因素具有客观性，不会受到个别市场参与者个人因素的影响的价值类型是（   ）。
　　A．投资价值　　　　　　　　　　B．在用价值
　　C．清算价值　　　　　　　　　　D．市场价值

11. 资产评估结论对应的时间基准是（   ），评估委托人需要选择一个恰当的资产时点价值，有效地服务于评估目的。
　　A．审计截止日　　　　　　　　　B．资产评估报告日
　　C．评估结论形成的日期　　　　　D．资产评估基准日

12. 评估结论表达的是评估对象截至评估基准日现实状态，在评估基准日市场条件下，以评估基准日货币币值计量的价值，这样的评估是（   ）。
　　A．预测性评估　　　　　　　　　B．追溯性评估
　　C．现时性评估　　　　　　　　　D．时效性评估

13. 下列关于评估对象及范围的说法中不正确的是（   ）。
　　A．对抵（质）押物价值动态管理的资产评估，可以根据抵（质）押物类型、分布和价值变化特点和委托约定选定典型抵（质）押物作为评估对象
　　B．对于上市公司等可以通过公开市场的股票价值确定公司股权价值的，可以只评估被购买资产的价值
　　C．债权转股权的评估对象为被转股企业股东权益
　　D．债权转股权的评估范围为拟转股债权和拟转股企业的全部资产及负债

14. 下列有关资产评估范围的说法中，不正确的是（   ）。
　　A．资产评估范围是对评估对象所进行的详细描述
　　B．资产评估范围是资产评估专业人员根据评估目的界定的对象资产边界
　　C．当企业价值评估的评估对象是企业股权时，评估范围是被评估企业的全部资产
　　D．评估对象能够便于报告的使用人更加清晰地理解评估对象

15. 以下机构或个人中，不能成为资产评估报告使用人的是（   ）。
　　A．委托人

    B．资产评估委托合同中约定的其他资产评估报告使用人

    C．法律、行政法规规定的资产评估报告使用人

    D．未有明确约定或规定的其他任何机构和个人

16．下列选项中，不属于资产评估相关当事人的是（　　）。

    A．委托人　　　　　　　　　　B．资产评估机构

    C．资产评估专业人员　　　　　D．被评估单位的基层员工

17．甲评估机构接受委托对某一涉及诉讼的标的财产进行评估，确定其财产价值，通常可以选择使用的价值类型是（　　）。

    A．公允价值　　　　　　　　　B．投资价值

    C．市场价值　　　　　　　　　D．在用价值

18．整体企业是由一个或多个资产组合构成的。整体企业或资产组合的评估对象通常指其（　　）。

    A．权益　　　　B．资产　　　　C．负债　　　　D．利润

二、多选题

1．清算价值的特点主要包括（　　）。

    A．该价值是退出价

    B．这个退出是受外力胁迫情况的退出，而非正常的退出

    C．这个退出是正常的退出，是企业自愿的退出

    D．退出是在正常市场条件下进行的

    E．清算价值是购买资产的进入价

2．评估对象为企业的可用于出资的资产时，下列各项中属于评估范围的有（　　）。

    A．商誉　　　　B．存货　　　　C．房地产　　　　D．设备

    E．专利权

3．不同评估目的的选择，可能影响的方面有（　　）。

    A．评估对象的确定

    B．评估所服务经济行为的要求

    C．评估范围的界定

    D．价值类型的选择

    E．潜在交易市场的确定

4．关于评估报告使用人，以下表述中正确的有（　　）。

    A．评估告使用人可以是具体的单位或个人

    B．评估报告使用人可以是某一类的使用人

    C．评估报告使用人可以是委托人指定的代理人（律师等）或合作伙伴

    D．资产评估委托合同应当明确资产评估报告使用人

    E．当使用人的具体名称无法确定时，无须明确评估报告使用人

5．资产评估行业对拟上市和已上市公司的资产评估业务，主要包括服务于（　　）等经济行为。

    A．公司制改建　　　　　　　　B．财务报表真实性

    C．证券发行　　　　　　　　　D．并购重组

E．资产转让

6．某评估专业人员在对评估资产进行资产减值测试时，通常涉及的价值包括（　　）。

A．公允价值
B．投资价值

C．市场价值
D．在用价值

E．清算价值

7．关于评估报告使用人，以下表述中正确的有（　　）。

A．评估报告使用人可以是具体的单位或个人

B．评估报告使用人可以是某一类的使用人

C．评估报告使用人可以是委托人指定的代理人（律师等）或合作伙伴

D．资产评估委托合同应当明确资产评估报告使用人

E．当使用人的具体名称无法确定时，无须明确评估报告使用人

8．资产评估行业对拟上市和已上市公司的资产评估业务，主要包括服务于（　　）等经济行为。

A．公司制改建
B．财务报表真实性

C．证券发行
D．并购重组

E．资产转让

9．资产评估的相关当事人包括（　　）。

A．委托人
B．评估机构

C．产权持有人（或被评估单位）
D．评估报告使用人

E．注册会计师

10．下列关于评估目的的说法错误的是（　　）。

A．法定业务的评估目的确定可以经过委托人与评估机构协商确定

B．确定评估目的是评估机构的责任

C．评估目的是委托人对资产评估结果的具体用途

D．非法定业务评估目的可以由委托人确定，或者经过委托人与评估机构协商确定

E．评估目的可以分为法定评估目的和非法定评估目的

11．资产评估假设的选择、应用首先考虑的要求包括（　　）。

A．合理性
B．针对性

C．公平性
D．公正性

E．相关性

三、综合题

1．甲公司因资产重组，拟将锻压车间的一台设备出售，现委托乙评估机构对该设备的价值进行评估，评估基准日为2019年12月31日。设备的资料如下：

设备名称：双盘摩擦压力机；

规格型号：J53-300；

制造厂家：丙机械厂；

启用日期：2014年；

原价：100000元；

税法规定折旧年限：10年；

已用年限：5 年；

尚可使用年限：6 年。

乙评估机构经过分析，工作人员对该设备评估时选择的价值类型有四种不同的意见：

A 评估师认为应该选择清算价值；B 评估师认为应该选择市场价值；C 评估师认为应该选择残余价值；D 评估师认为应该选择在用价值。

请回答下列问题：

（1）哪位评估师的说法正确，为什么？

（2）根据第一问的结果，说明该种价值类型有什么特点？

（3）价值类型在资产评估中有哪些作用？

2. 某连锁商城一直被视为 A 省零售业的创新者。早在 20 世纪 80 年代，该商城成为第一家使用商店商标的零售商，其咖啡商品一律以"伴你活力一整天"的品牌售出，其茶叶是以商店商标出售的。在促销方面，该商城于 20 世纪 90 年代首创消费者优待基金以鼓励忠诚的顾客重复购买，2006 年该公司成为第一个赞助无线电节目的食品零售商。该商城旗下有众多的连锁店，2019 年旗下的甲、乙两个连锁商店停业准备评估，甲商店是因为经营期限届满，并且不再准备续约，而乙商店是因为经营不善破产。评估专业人员将对这两个连锁商店进行评估。

请回答下列问题：

（1）甲、乙两个商店是否适用于持续经营假设，为什么？

（2）甲商店适用于哪种评估假设，为什么？

（3）乙商店适用于哪种评估假设，为什么？

3. 2018 年 6 月，A 公司拟将其拥有的某厂房转让给 B 公司，委托 C 评估机构进行了评估。评估报告载明的评估委托人是 A 公司，报告使用人为 A 公司和 B 公司，评估目的是为 A 公司和 B 公司之间的交易确定厂房的价值。在上述经济行为实施过程中，出现一家 D 公司因业务拓展，也想购买该厂房，并借用了评估机构 C 出具的评估报告。但是在资产评估委托合同上没有约定 D 公司为评估报告使用人，国家法律、法规也没有明确规定应当将 D 公司作为评估报告的使用人。

（1）何谓"评估报告使用人"，"评估报告使用人"的范围包括什么？

（2）如果 D 公司在使用资产评估报告的过程中出了任何纰漏，资产评估机构 C 需要对此承担责任吗，为什么？

项目三

资产评估程序概述

📖 **知识目标**

（1）了解资产评估基本程序的内涵与意义；

（2）掌握资产评估业务基本事项具体内容；

（3）熟悉资产评估基本程序。

💬 **能力目标**

（1）能够根据实际需要签订资产评估业务约定书；

（2）能够按照评估程序要求开展评估任务；

（3）能够选择合适的方法与手段完成现场调查作业。

👆 **素质目标**

具有良好的职业道德和敬业精神，培养团队协作、吃苦耐劳的优良品质。

资产评估程序概述如图 3-1 所示。

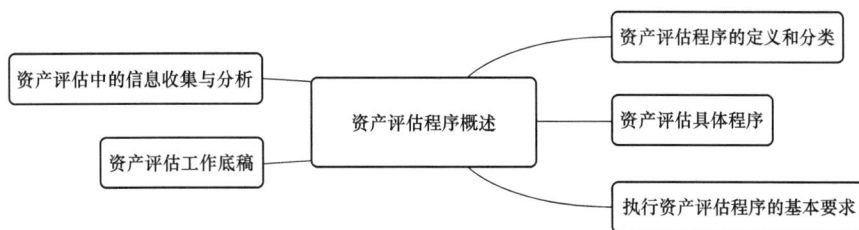

图 3-1 资产评估程序概述

任务一 资产评估程序的定义和分类

一、资产评估程序的定义

资产评估程序是指资产评估师执行资产评估业务所履行的系统性工作步骤。资产评估程序由具体的工作步骤组成，不同的资产评估业务由于评估对象、评估目的、资产评估资料收集情况等相关条件的差异，资产评估师可能需要执行不同的资产评估具体程序或工作步骤，但由于资产评估业务的共性，各种资产类型、各种评估目的资产评估业务的基本程序是相同或相通的。资产评估程序是规范评估执业行为、提高评估服务质量的重要保障。通过对资产评估基本程序的总结和规范，可以有效地指导资产评估师开展各种类型的资产评估业务，为评估技术操作的正确开展打下坚实基础，为资产评估师在评估业务组织过程中提供基础指导，从而为业务质量提供基础保证。

二、资产评估程序的分类

资产评估程序有狭义和广义之分。资产评估是一种基于委托合同基础上的专业服务，从狭义的角度，资产评估程序开始于资产评估机构和人员接受委托，终止于向委托人或相关当事人提交资产评估报告书。从广义的角度看，资产评估程序开始于承接资产评估业务前的明确资产评估基本事项环节，终止于资产评估报告书提交后的资产评估文件归档管理。《资产评估准则——基本准则》及《资产评估准则——评估程序》是从广义的角度来进行规范的。

资产评估通常包括以下基本评估程序：①明确资产评估业务基本事项；②签订资产评估业务约定书；③编制资产评估计划；④现场调查；⑤收集资产评估资料；⑥评定估算；⑦编制和提交资产评估报告；⑧资产评估工作底稿归档。

三、资产评估的程序

（一）拟定资产评估工作方案

该工作方案在评估工作的组织基础上，对后续整个评估工作做总体规划和设计，包括对评估的技术路线和具体方法的设计与选择，确定评估所需资料及其收集方法、评估工作的时间和费用预算、评估工作步骤、评估人员安排与协调评估工作进度安排等。

（二）收集与资产评估有关的资料

本阶段的主要工作任务在于收集整理与被评估资产及其价值有关的信息资料，为了解评估对象、明确资产价值影响因素、建立评估假设、定位价值类型、选择评估方法等，需要收集与整理资料主要包括：

（1）基础资料。基础资料是指与资产评估有关的通用性或共用性很高的资料，具体包括：①与资产评估有关的法律制度文件（如《国有资产评估管理办法》《资产评估基本准则》、各项资产评估具体准则及指导性意见等）；②与资产评估有关的国民经济综合性指标（如国民经济发展速度、规模指标，国民经济各部门的发展速度和规模指标，地区国民经济发展速度和规模指标等）；③价格资料（如现行市场交易价格、物价变动指数、通货膨胀率、银行利率、外汇汇率等）。

（2）专项资料。专项资料是指主要满足于某一部门或行业资产评估所需的主要数据、指标等，通常包括：①反映部门或行业的主要技术定额指标（如单位产品原材料消耗量、工时定额、能耗定额等）；②反映部门或行业的主要财务指标（如行业平均利润率、行业平均资金收益率等）；③反映待估资产的存量及现状的资料（如资产的权属证明、完好程度、成新率、资产的原始价值、已提折旧、资产清册、设备档案、重要设备运行记录和大修理、改造记录等）；④反映企业概况的资料（如企业创建及扩建的时间、分设合并情况、近年的经营状况及变动趋势等）。

（三）清查核实和现场勘查待评估资产

该阶段的核心任务在于确定被评估资产的存在性、合法性和完整性以及账表核对。清查核实的内容主要是各待估资产是否客观存在，以及它们的权属状况和技术状态。对于建筑物、机器设备、存货等有形资产尚需进行现场勘查，以确定其成新率、最新状况、质量等技术参数。资产清查的常用方法主要有全面清查法，分类清查法、重点清查法、技术推算盘点法、现场勘查盘点法、账目核对法和函调询问法等。在资产清查工作中，评估人员要根据实际情况采用不同的方法，为资产的评定估算做好充分的准备。

（四）建立资产评估的假设条件、确定价值类型

该阶段的任务在于根据资产评估的目的、资产状态、市场状态、该项资产评估业务的假设条件以及待评估资产的价值类型，为后续分析确定适用的评估方法的选择和设计提供依据。

（五）选择评估方法进行估算

选择评估方法进行估算是资产评估的中心环节和关键阶段。核心任务在于综合考虑资产评估目的、评估对象特点、市场状态及资料充裕程度等因素，恰当选择并正确运用评估方法，以揭示资产的客观价值。

（六）编写并提交资产评估报告

资产评估程序定义和分类如图 3-2 所示。

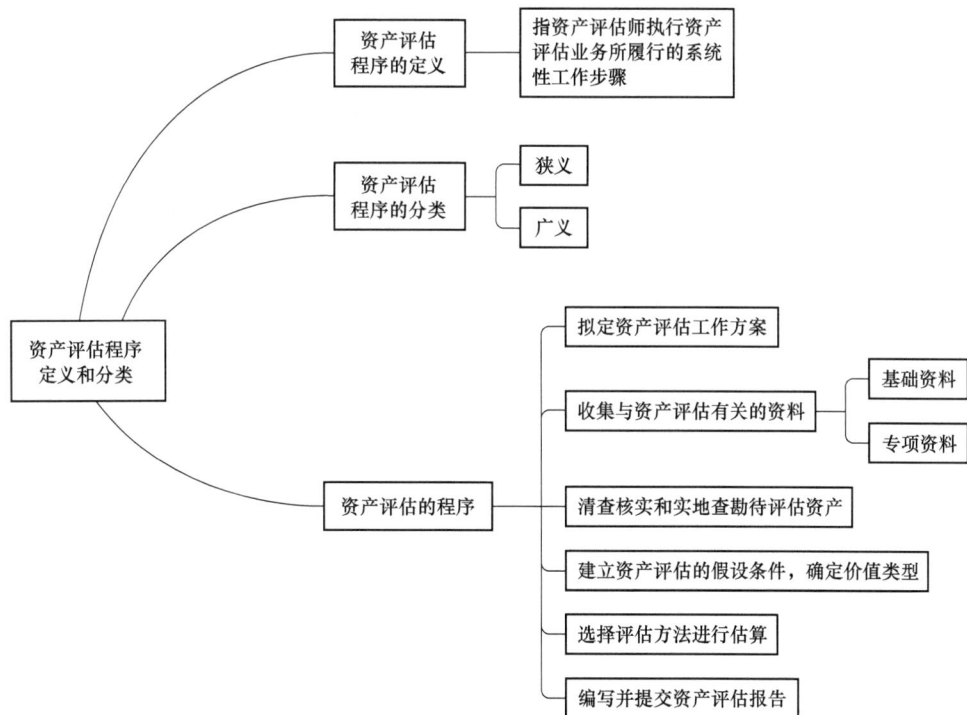

图 3-2　资产评估程序定义和分类

【小测试】资产评估机构及其资产评估专业人员可以随意减少资产评估基本程序。（   ）

任务二   资产评估具体程序和基本要求

一、资产评估具体程序

（一）明确资产评估业务基本事项

明确资产评估业务基本事项是资产评估程序的第一个环节，包括在签订资产评估业务约定书以前所进行的一系列基础性工作，其对资产评估项目风险评价、项目承接与否以及资产评估项目的顺利实施具有重要意义。由于资产评估专业服务的特殊性，资产评估程序甚至在资产评估机构接受业务委托前就已经开始。资产评估机构和资产评估师在接受资产评估业务委托之前，应当采取与委托人等相关当事人讨论、阅读基础资料、进行必要初步调查等方式，与委托人等相关当事人共同明确以下资产评估业务基本事项。

1. 委托方和相关当事方基本状况

资产评估师应当了解委托方基本状况、产权持有者等相关当事方的基本状况。在不同的资产评估项目中，相关当事方有所不同，主要包括产权持有者、资产评估报告使用方、其他利益关联方等。委托人与相关当事方之间的关系也应当作为重要基础资料予以充分了解，这对于全面理解评估目的、相关经济行为以及防范恶意委托等十分重要。在可能的情况下，资产评估师还应要求委托人明确资产评估报告的使用人或使用人范围，以及资产评估报告的使用方式。明确资产评估报告使用人范围不但有利于资产评估机构和资产评估师更好地根据使用人的需求提供良好服务，同时也有利于降低评估风险。

2. 资产评估目的

资产评估师应当与委托方就资产评估目的达成明确、清晰的共识，并尽可能细化资产评估目的，说明资产评估业务的具体目的和用途，避免仅仅笼统地列出通用资产评估目的简单做法。

知识灯塔

> ➤ 评估发现价值，诚信铸就行业——评估精神（中国资产评估协会网站）。
> ➤ 《大学》揭示了以格物、致知、诚意、正心、修身为体，以齐家、治国、平天下为用的体用合一之悟道境界；指明了学者应以追求学问之融会贯通为本，并应将所悟至善之道一以贯之于经世济民之中。

3. 评估对象基本状况

资产评估师应当了解评估对象及其权益基本状况，包括其法律、经济和物理状况，如资产类型、规格型号、结构、数量、购置（生产）年代、生产（工艺）流程、地理位置、使用状况，企业名称、住所、注册资本、所属行业、在行业中的地位和影响、经营范围、财务和经营状况等。资产评估师应当特别了解有关评估对象权利受限状况。

4. 价值类型及定义

资产评估师应当在明确资产评估目的的基础上，恰当确定价值类型，确定所选择的价值类型适用于资产评估目的，并就所选择价值类型的定义与委托方进行沟通，避免出现歧义、误导。

5. 资产评估基准日

资产评估师应当通过与委托方的沟通，了解并明确资产评估基准日，资产评估基准日是评估业务中极为重要的基础，也是时点原则在评估实务中的具体体现。资产评估基准日的选择应当有利于资产评估结论，有效地服务于资产评估目的，减少和避免不必要的资产评估基准日期后事项。资产评估师应当根据专业知识和经验，建议委托方根据评估目的、资产和市场的变化情况等因素合理选择评估基准日。

6. 资产评估限制条件和重要假设

评估机构和资产评估师应当在承接评估业务前，充分了解所有对资产评估业务可能构成影响的限制条件和重要假设，以便进行必要的风险评价，并更好地为客户服务。

7. 其他需要明确的重要事项

根据具体评估业务的不同，资产评估师应当在了解上述基本事项的基础上，了解其他对评估业务的执行可能具有影响的相关事项。

（二）签订资产评估业务约定书

资产评估业务约定书是资产评估机构与委托人共同签订的，确认资产评估业务的委托与受托关系，明确委托目的、被评估资产范围及双方权利义务等相关重要事项的合同。

根据我国资产评估行业的现行规定，资产评估师承办资产评估业务，应当由其所在地资产评估机构统一受理，并由评估机构与委托人签订书面资产评估业务约定书，资产评估师不得以个人名义签订资产评估业务约定书。

根据《资产评估机构审批和监督管理办法》（财政部令第64号）规定，评估机构应当在决定承接评估业务后与委托方签订业务约定书。业务约定书应当由评估机构的法定代表人或者合伙人签字并加盖评估机构公章。有限责任公司制评估机构的法定代表人可以授权首席资产评估师或者其他持有资产评估师证书的副总经理以上管理人员在业务约定书上签字。评估机构可以授权分支机构与委托方签订业务约定书，该业务约定书应当由分支机构负责人签字并加盖分支机构公章。资产评估业务约定书应当内容全面、具体，含义清晰准确，符合国家法律、法规和资产评估行业的管理规定，具体包括以下基本内容：①资产评估机构和委托方名称、住所；②资产评估目的；③资产评估对象和评估范围；④资产评估基准日；⑤出具资产评估报告的时间要求；⑥资产评估报告使用范围；⑦资产评估收费；⑧双方的权利、义务及违约责任；⑨签约时间；⑩双方认为应当约定的其他重要事项。

知识灯塔

思政线：
➤ 科学的思维习惯、团队协作的精神、法律法规意识、职业准则和职业道德。
➤ 严谨、规范的评估流程，脚踏现场勘查、吃苦耐劳的精神，中华优秀传统文化。
思政面：
能够按照评估程序模拟具体评估工作，并以客观、严谨、认真的态度来完成工作任务。

（三）编制资产评估计划

为高效完成资产评估业务，资产评估师应当编制资产评估计划，对资产评估过程中的每个工作步骤以及时间和人力进行规划和安排。资产评估计划是资产评估师为执行资产评估业务拟定的资产评估工作思路和实施方案，对合理安排工作量、工作进度、专业人员调配以及按时完成资产评估业务具有重要意义。由于资产评估项目千差万别，资产评估计划也不尽相同，其详略程度取决于资产评估业务的规模和复杂程度。资产评估师应当根据所承接的具体资产评估项目情况，编制合理的资产评估计划，并根据执行资产评估业务过程中的具体情况，及时修改、补充资产评估计划。

资产评估计划应当涵盖资产评估工作的全过程，评估人员在资产评估计划编制过程中应当同委托人等就相关问题进行洽谈，以便于资产评估计划的实施，并报经资产评估机构相关负责人审核批准。编制资产评估工作计划应当重点考虑以下因素：①资产评估目的、资产评估对象状况；②资产评估业务风险、资产评估项目的规模和复杂程度；③评估对象的性质、行业特点、发展趋势；④资产评估项目所涉及资产的结构、类别、数量及分布状况；⑤相关资料收集状况；⑥委托人或资产占有方过去委托资产评估的经历、诚信状况及提供资料的可靠性、完整性和相关性；⑦资产评估人员的专业胜任能力、经验及专业、助理人员配备情况。

【知识链接】

评估机构应当根据业务风险对评估业务进行分类，分类时应当考虑下列因素：①来自委托方和相关当事方的风险；②来自评估对象的风险；③来自评估机构及人员的风险；④评估报告使用不当的风险。

（四）现场调查

调查研究是从实际出发的中心一环，是尊重客观规律、发挥主观能动性的典型形式，"没有调查，没有发言权"。资产评估师执行资产评估业务，应当对评估对象进行必要的勘查，包括对不动产和其他实物资产进行必要的现场勘查，对企业价值、股权和无形资产等非实物性资产进行评估时，也应当根据评估对象的具体情况进行必要的现场调查。进行资产勘查和现场调查工作不仅仅是基于资产评估人员勤勉尽责义务的要求，同时也是资产评估程序和操作的必经环节，有利于资产评估机构和人员全面、客观地了解评估对象，核实委托方和产权持有者提供资料的可靠性，并通过在资产勘查和现场调查过程中发现的问题、线索，有针对性地开展资料收集、分析工作。由于各类资产差别很大以及评估目的不同的原因，不同项目中对评估对象进行资产勘查或现场调查的具体方式和程度也不尽相同。资产评估师应当根据评估项目的具体情况，确定合理的资产勘查或现场调查方式，并与委托方或资产占有方进行沟通，确保资产勘查或现场调查工作的顺利进行。

评估报告应当对履行现场调查的情况予以说明，如果未实施必要的现场调查，应说明具体原因及其对评估结论可能产生的影响。在具体的评估实践中，资产评估师往往会遇到由于客观且不可控的原因，在不违背评估准则基本要求的前提下，采用不同于评估准则规定的程序和方法的情况，对此，资产评估师应当在特别事项说明中加以列示。例如，某评估机构根据委托方的委托，对某一货轮进行抵押评估，但该货轮目前正在外国，要半年以后才回国。因此，该评估机构资产评估师由于客观原因无法完全按照评估程序准则中的要求到现场进行勘查，而是通过传真、快递、网络通信等其他介质收集到该货轮的年检资料、照片、保险情况、有关港口进出口的记录、船体鉴定报告、航海日志等情况，并结合其近年来航行情况出具了评估报告。

（五）收集资产评估资料

在上述几个环节的基础上，资产评估师应当根据资产评估项目的具体情况收集资产评估相关资料。资料收集工作是资产评估业务质量的重要保证，也是进行分析、判断进而形成评估结论的基础。由于资产评估的专业性和评估对象的广泛性，不同的项目、不同的评估目的、不同的资产类型对评估资料有着不同的需求。另外，由于评估对象及其所在行业的市场状况、信息化和公开化程度差别较大，相关资料的可获取程度也不同。因此，资产评估师的执业能力在一定程度上就体现在其收集、占有与所执行项目相关信息资料的能力上。资产评估师在日常工作中就应当注重收集信息资料及其来源，并根据所承接项目的情况确定收集资料的深度和广度，现场勘查占有资料尽可能全面、详细，并采取必要措施确定资料来源的可靠性。

资产评估师应当通过与委托人、资产占有方沟通并指导其对评估对象进行清查等方式，对评估对象或资产占有单位资料进行了解，并对委托人和资产占有方提供的资料进行必要的核实。同时资产评估师也应当主动收集与资产评估业务相关的评估对象资料及其他资产评估资料。根据资产评估项目的进展情况，资产评估师应当及时补充收集所需要的资料。

（六）评定估算

资产评估师在占有相关资产评估资料的基础上，进入评定估算环节，其主要包括：分析资产评估资料，恰当选择资产评估方法，运用资产评估方法形成初步资产评估结论，综合分析确定资产评估结论，资产评估机构内部复核等具体工作步骤。

资产评估师应当对所收集的资产评估资料进行充分分析，确定其可靠性、相关性、可比性，摒弃不可靠、不相关的信息，对不可比信息进行必要分析调整，在此基础上恰当选择资产评估方法，并根据业务需要及时补充收集相关信息。

（七）编制和提交资产评估报告

资产评估报告是对资产的客观价值提出的公正性文件，是评估机构对包括评估过程、评估方法、评估结论、相关说明等在内的整个评估工作进行全面、系统地总结。资产评估报告要做到内容完整、分析透彻、推理严密、评价得当，格式规范和语言简洁。资产评估师在执行必要的资产评估程序、形成资产评估结论后，应当按有关资产评估报告的准则与规范编制资产评估报告。

资产评估师应当以恰当的方式将资产评估报告提交给委托人。在提交正式资产评估报告之前，可以与委托人等进行必要的沟通，听取委托人、资产占有方等对资产评估结论的反馈意见，并引导委托人、产权持有者、资产评估报告使用者等合理理解资产评估结论。

（八）资产评估工作底稿归档

资产评估师在向委托人提交资产评估报告书后，应当及时将资产评估工作底稿归档。将这一环节列为资产评估基本程序之一，充分体现了资产评估服务的专业性和特殊性，其不仅有利于评估机构应对今后可能出现的资产评估项目检查和法律诉讼，也有利于资产评估师总结、完善和提高资产评估业务水平。

资产评估师应当将在资产评估工作中形成的、与资产评估业务相关的有保存价值的各种文字、图表、音像等资料及时予以归档，并按国家有关规定对资产评估工作档案进行保存、使用和销毁。

二、执行资产评估程序的基本要求

鉴于资产评估程序的重要性，资产评估师在执行资产评估程序环节中应当符合以下要求：

（1）资产评估师应当在国家和资产评估行业规定的范围内，建立、健全资产评估程序制度。由于不同资产评估师的专业胜任能力、经验各自不同，所承接的主要业务范围和执业风险也各有不同，各资产评估机构应当结合本机构实际情况，在资产评估基本程序的基础上进行细化等必要调整，形成本机构资产评估程序制度，并在资产评估执业过程中切实履行、不断完善。

（2）资产评估师执行资产评估业务，应当根据具体资产评估项目的情况和资产评估程序制度，确定并履行适当的资产评估程序，不得随意简化或删减资产评估程序。资产评估师应当且仅当在执行必要资产评估程序后，形成和出具资产评估报告书。

（3）资产评估机构应当建立相关工作制度，指导和监督资产评估项目经办人员及助理人员实施资产评估程序。

（4）如果由于资产评估项目的特殊性，资产评估师无法或没有履行资产评估程序中的某个基本环节（如在损害赔偿评估业务中评估对象已经毁失，无法进行必要的现场勘查），或受到限制无法实施完整的资产评估程序，资产评估师应当考虑这种状况是否会影响到资产评估结论的合理性，并在资产评估报告书中明确披露这种状况及其对资产评估结论可能造成的影响，必要时应当拒绝接受委托或终止资产评估工作。

（5）资产评估师应当将资产评估程序的组织实施情况记录于工作底稿，并将主要资产评估程序执行情况在资产评估报告书中予以披露。

【案例分析】

违反资产评估程序准则第 17 条中"资产评估师应当根据资产评估业务具体情况对收集的评估资料进行分析、归纳和整理，形成评定估算和编制资产评估报告的依据。"的案例。

本准则条款的内涵是资产评估师对在现场调查获取的委托人提供的资料和自行搜集的资料必须进行必要的核查验证，分析其可靠性、适用性，最终形成支持评估结论的工作底稿。

被惩处案件违规案例：

（1）未对收集的工作底稿进行整理以形成评估依据：底稿显示对四川××有限公司预收东莞××进出口贸易有限公司的预付账款的询证函回函金额与发函不一致，资产评估机构未关注及实施进一步的复核程序。

（2）未对收集的工作底稿进行分析：评估师未关注评估工作底稿中记账凭证与对账单发票金额不符的情况。评估工作底稿中收录的相关记账凭证显示，被评估单位应付北京××信息技术有限公司分成款 2638940.27 元，即主营业务成本为 2638940.27 元。但是，所附的增值税发票及相关对账单显示，相关分成款应为 2622530.78 元。而且 2015 年 6 月对账单中被评估单位和北京××信息技术有限公司之间的分成比例与《北京××信息技术有限公司与被评估单位之海外独占使用权协议》中约定的分成比例不一致。

（3）未对收集的工作底稿进行分析以形成评估依据：未关注现金盘点数与账面数不一致的情形。底稿中附有两份《库存现金盘点核对表》，盘点日期分别为 2015 年 7 月 25 日和 2015 年 10 月 23 日，实有现金盘点数分别为 23623.08 元和 72605.81 元，评估价值按账面价值确定为 3384.08 元。针对上述现金盘点数与账面数不一致的情形，未见评估机构实施核查程序的记录。

【例 3-1】违反资产评估程序准则第 19 条中，"注册资产评估师应当通过询问、函证、核对、监盘、勘查、检查等方式进行调查，获取评估业务需要的基础资料，了解评估对象现状，关注评估对象法律权属。"的案例。

本准则条款的内涵是资产评估师在执行过程中必须履行必要的程序进行现场调查，以了解评估对象的法律、物理、技术和经济状况，并将相应的调查工作记录作为工作底稿留存，现场调查的手段包括不限于询问、函证、核对、监盘、勘查、检查。

被惩处案件违规案例：

（1）往来款未实施函证评估程序：评估说明中称，针对大额应收账款、其他应收账款，评估人员执行了"询问有关财务人员或向债务人发函询证"程序；针对预付账款，评估人员执行了"对大额的款项进行了函证"程序，但评估底稿中未见询问有关财务人员或评估人员进行函证的记录，评估底稿中的询证函大部分是引用被评估单位审计机构或其他评估机构的函证回函，且引用回函未取得被评估单位审计机构或其他评估机构的盖章确认。

（2）实物资产勘查程序不到位：进行现场勘查时，仅对部分农业耕地进行了勘查，未对农地中的园地、林地和渠道用地进行勘查，也未记录现场勘查对象的抽样标准。

（3）实物资产未实施勘查程序：母公司工作底稿中，现金、存货和固定资产盘点表中仅有公司及审计机构相关人员的签字，未见资产评估机构参与的记录。

思　考　题

评估程度准则违规分析

为什么资产评估师违反资产评估程序准则最多的条款是第 19 条、第 24 条、第 26 条呢？原因是这三个条款内容基本涵盖了资产评估业务操作的主要内容，第 19 条强调的是资产评估师履行现场调查程序必须遵守的调查手段；第 24 条强调的是资产评估师对收集的资料履行核查验证程序、分析资料对评估结论的支持性；第 26 条强调的是资产评估师评估测算的过程要反映评估结论的计算结果。

资产评估师违反评估程序准则最多的三个条款的情形主要有：①评估程序履行不到位，如往来款、银行存款未履行函证程序而直接引用审计函证结果；②评估说明描述的履行程序与实际工作底稿不一致；③现场勘查程序履行不到位；④评估基准日后期后重要事项未进行关注，尤其是对评估结论存在重大影响的事项；⑤评估测算表中的数据与从企业取得的工作底稿信息不符，无法支持评估结论；⑥评估测算模型错误，导致重大计算错误；⑦评估计算公式错误，导致重大计算错误。

资产评估具体程序和基本要求如图 3-3 所示。

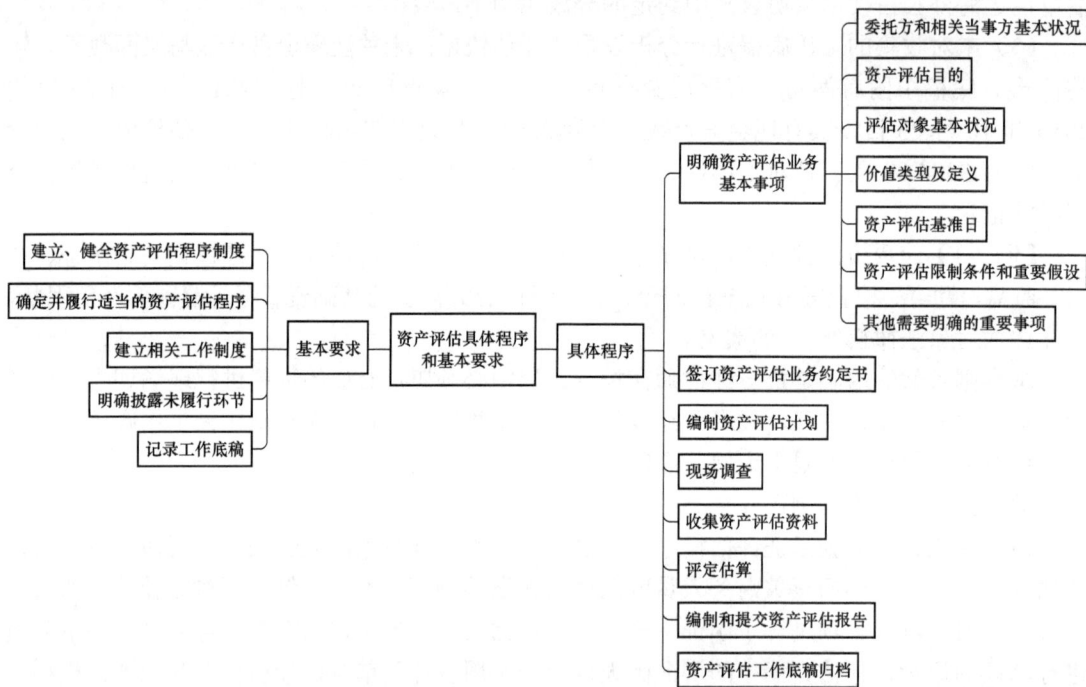

图 3-3　资产评估具体程序和基本要求

任务三　资产评估中的信息收集与分析

从资产评估的过程来看，资产评估实际上就是对被评估资产的信息进行收集、分析判断并作出披露的过程。对资产评估加以严格的程序要求，其目的也是要保证信息收集、分析的充分性和合理性。因此，资产评估师应当了解信息的收集渠道、收集方法以及信息分析处理方法，并能熟练加以运用，以避免对资产评估的程序控制流于形式。

一、执行资产评估业务过程中需要收集的信息

资产评估师应当独立获取评估所依据的信息，并确定信息来源是可靠的和适当的。资产评估师在执行业务过程中，需要收集包括委托方在内的各方人士所提供的信息资料，但不能随意地采用那些不具有可靠来源和明显不合理的信息资料。资产评估师在评估过程中所依据的所有信息，应当是资产评估师本人在其力所能及的条件下认为是可靠的和适当的，同时为达到这种确信程度而采取的必要措施应当是行业内所公认的。

资产评估师在资产评估过程中，应当考虑下列相关信息：

（1）有关资产权利的法律文件或其他证明资料。

（2）资产的性质、目前和历史状况信息。

（3）有关资产的剩余经济寿命和法定寿命信息。

（4）有关资产的使用范围和获利能力信息。

（5）资产以往的评估及交易情况信息。

（6）资产转让的可行性信息。

（7）类似资产的市场价格信息。

（8）卖方承诺的保证、赔偿及其他附加条件。

（9）可能影响资产价值的宏观经济前景信息。

（10）可能影响资产价值的行业状况及前景信息。

（11）可能影响资产价值的企业状况及前景信息。

（12）其他相关信息。

二、执行资产评估业务过程中信息的来源

在执行资产评估业务过程中，资产评估师所依据的信息通常由产权持有者内部的资料信息和外部的资料信息构成。

（一）收集资产所有者或占有者内部的信息资料

产权持有者的内部信息资料通常是与被评估的目标资产直接相关的信息。这些内部信息主要包括公司历史沿革、组织结构、宣传手册及目录、关键人员、客户及供应商基数、合同义务、有关目标资产的历史经营情况及其未来发展前景的信息数据（如财务报告等）。一般情况下，分析人员应收集的信息资料还包括目标资产的相关文件，如产权证明、技术说明等，使资产达到目前状态（截至评估基准日）所花费的所有成本，涉及目标资产及类似资产的交易，作为现行企业经营一部分的资产的未来应用及效用。此外，资产的预期剩余使用寿命也是评估的重要组成部分，因此还应收集资产的预期剩余使用寿命的信息，以及法律、合同、物理、功能、技术、经济等影响因素的信息。

资产评估师通常应事先编制常见的评估资料需求表，由产权持有者根据需求表提供这些信息。产权持有者可能并不拥有现成的信息资料，则需要资产评估师在产权持有者的协助下进行调查才能取得。

（二）收集资产所有者或占有者外部的信息资料

在资产评估中，应注重获得外部信息并加以应用。这些外部信息一般包括行业资料、技术发展趋势、宏观经济及人口统计资料、市场交易定价资料等。这些外部资料一般来源于公开市场和公共信息领域，有的来自市场，有的来自政府，也包括来自媒体、行业协会的信息等。

1. 市场信息

公开市场是资产评估师获取信息资料的最主要来源，市场信息具有公开性、直接性等特点，同时直接获得的市场信息也可能存在未充分反映交易内容和条件的问题，因此对市场信息的收集应当尽可能全面，并进行必要的分析调整。

资产评估师应当掌握必要的市场信息渠道，在日常工作中收集必要的市场信息，并根据具体评估业务的需要，及时获得与评估业务相关的市场信息。

2. 政府部门

许多有关企业的信息可通过查看各级政府部门的资料获取，例如，各级工商行政管理部门都保存了注册公司的基本登记信息。政府部门的资料包括有关产业的统计数据，这些数据对资产评估师分析行业及产业状况非常重要，其包括详尽的库存情况、生产情况、需求情况等。政府部门的资料一般比较正式，具有较高的权威性和可信度，但在时效性等方面也可能存在问题。

3. 证券交易机构

有关上市公司的资料可在证券交易所查询。公开上市公司都必须向监管部门和有关证券交易所提交年度报告和中期报告，并予以公告。上市公司的这些公开信息要接受审计师审计，反映的情况相对而言较为可靠，资产评估师查询收集这些信息也较为方便。利用这些信息，资产评估师不仅可以了解资产所有者的状况，也可以了解其竞争对手的状况及其所处行业的情况。对于未上市公司，也可从上市公司中挑选可比对象作为目标公司的参照物，进行类比分析，了解相关状况。

4. 媒体

媒体一般包括新闻媒介、专业杂志等。新闻媒介的信息不仅包含了原始信息，并且通常都有一些分析，有助于资产评估师加深对所需信息的理解，并能节约分析时间。但应注意新闻媒介在报道一些产业、公司和政府机构时往往带有一定的倾向性，资产评估师要注意对信息进行鉴别。对资产评估来说，权威的专业杂志具有重要价值，这些刊物上发表的文章专业性突出，披露的信息也更详细，分析也较有深度。

5. 行业协会或管理机构及其出版物

行业协会及其出版物也是资产评估信息的重要来源。通常可从行业协会得到有关产业结构与发展情况、市场竞争情况等信息，还能咨询到有关专家的意见。行业协会一般都出版该行业的专业刊物和书籍，这些出版物是了解该行业情况的重要资料来源，如我国的证券交易机构出版的行业分析报告等。

6. 学术出版物

已出版的有关资产评估和经济分析的文章，可以通过标准索引进行查询，这些标准索引可以从绝大部分的公共和学术图书馆中找到，还可查询学术和行业出版的文章资料，通过相关的和专业的书籍，收集有关的信息资料。利用国外的信息资料一定要谨慎，要研究适用条件并做出适当的调整才能加以利用。随着我国市场经济的建立，这方面的专业网站、学术论文、书籍、杂志、资产评估协会等相关资料也在增多，应当注意收集。

三、资产评估过程中信息的初步处理

由于资产评估中需要收集的信息量大、面广，评估人员应对收集的相关信息进行必要的分析，做到去伪存真、去粗取精。

（一）资产信息资料的分析

资产信息资料的分析，是指对资产信息资料的合理性和可靠性的识别。由于收集资料的方法多种多样，收集上来的资料难免存在失真情况，对于失真的资产信息资料要及时鉴别并剔除。另外，对所收集的数据是否具有合理性、相关性也需要进行分析，以提高评估所依据的资产信息的可靠性。资产信息资料的分析，通常可通过确定信息源的可靠性和资料本身的可靠性来解决。信息源的可靠性可通过对如下因素的考察进行判断：①该渠道过去提供的信息的质量；②该渠道提供信息的动因；③该渠道是否被通常认为是该种信息的合理提供者；④该渠道的可信度。

信息资料本身的可靠性可通过参考其他来源查证，必要时也可以进行适当的调查验证。实践中常采用电话询问查证和扩大调查范围的做法。

根据信息的准确度和信息源的可靠性，可将收集的信息"定级"，这种"定级"不仅能帮助评估人员分析所收集的信息，而且还能帮助评估人员掌握各种信息源的概况。评估人员把对信息源的可靠性评价积累下来，对以后收集信息十分有用。通常信息源的可靠性可分为：①完全可靠；②通常可靠；③比较可靠；④通常不可靠；⑤不可靠；⑥无法评价可靠性。信息本身的准确度可分为：①经其他渠道证实；②很可能是真实的；③可能是真实的；④真实性值得怀疑；⑤很不可能；⑥无法评价真实性。

（二）资产信息资料的筛选与调整

在对资产信息资料鉴定的基础上，要对资产信息资料进行筛选、整理和分类。一般可将鉴定后的资产信息资料按两种标准进行分类。

1. 按可用性原则分类

（1）可用性资产信息资料。其是指在某一具体评估项目中可以作为评估依据的资产信息资料。

（2）有参考价值的资产信息资料。其是指资产信息资料中与评估项目有联系的部分。

（3）不可用信息资料。其是指在某一个具体的评估项目中，与此项评估业务没有直接联系或根本无用的资产信息资料。

2. 按信息来源分类

（1）一级信息。一级信息是从信息源来的未经处理的事实。这些信息是没有经过变动、调整或根据有关人员的观点选择处理过的。公司的年度报告、证券交易所的报告或其他出版物通常被认为是一级信息，此外，评估人员直接观察到的信息、政府资料也可视为一级信息。一级信息的可靠性高，是评估人员分析的最重要资料。

（2）二级信息。二级信息提供的是变动过的信息。二级信息比一级信息更容易找到，包括报纸、杂志、行业协会出版物、有关公司的学术论文和分析员的报告等提供的信息。二级信息是更大的信息源中有选择地加工过的，或按一定思想倾向改动过的信息，具有重点突出、容易理解的特点。如证券分析师的投资分析报告等，可帮助评估人员更全面地了解目标公司及其所处产业的状况。对于这类信息，评估人员应进行去伪存真和去粗取精的分析。

四、评估过程中常用的逻辑分析方法

（一）比较

比较就是对照各个事物，以确定其间差异点和共同点的逻辑方法。事物间的差异性和同一性是进行比较的客观基础。比较是人类认识客观事物、提示客观事物发展变化规律的一种基本方法。在资产评估中，比较分析法是一种应用十分广泛的方法，如市场法就是一种通过比较分析确定资产价值的方法。通过对不同来源的信息应用比较分析，还可鉴定其可靠性和准确性。

比较通常有时间上的比较和空间上的比较两种类型。时间上的比较是一种纵向比较，即将同一事物在不同时期的某一（或某些）指标如资产的性能、成本等进行对比，以动态地认识和把握该事物发展变化的历史、现状和趋势；空间上的比较是一种横向比较，即将某一时期不同国家、不同地区、不同企业的同类事物进行对比，找出差距，判明优劣。在实际评估中，时间上和空间上的比较往往是彼此结合的。在比较时，需要注意以下几点：

（1）要注意可比性。所谓可比性，是指进行比较的各个对象必须具有共同的基础。它包括时间上的可比性、空间上的可比性和内容上的可比性。时间上的可比性是指所比较的对象应当是同期的；空间上的可比性是指在比较时要注意国家、地区、行业等的差异；内容上的可比性是指在比较时要注意所比较的对象内容范畴的一致性。

（2）要注意比较方式的选择。不同的比较方式会产生不同的结果，并可用于不同的目的。例如，时间上的比较可反映某一事物的动态变化趋势，可用于预测未来；空间上的比较可以找到不同比较对象之间的水平和差距。

（3）要注意比较内容的深度。在比较时，应注意不要被所比较对象的表面现象所迷惑，而应该了解决定其价值的本质特征。

（二）分析与综合

1. 分析

分析就是把客观事物整体按照研究目的的需要分解为各个要素及其关系，并根据事物之间或事物内部各要素之间的特定关系，通过由此及彼、由表及里地研究，以正确认识事物的一种逻辑方法。在分析某一事物时，常常要将事物逻辑地分解为各个要素，只有通过分解，才能找到这些要素并通过研究找出这些要素中影响客观事物发展变化的主要要素或关键要素。例如，对于不同行业的企业，有些行业的企业业绩受技术进步的影响较大，而有些行业的企业业绩受营销能力的影响较大。

分析的基本步骤是：

第一步，明确分析的目的；

第二步，将事物整体分解为若干个相对独立的要素；

第三步，分别考察和研究各个事物以及构成事物整体的各个要素的特点；

第四步，探明各个事物以及构成事物整体的各个要素之间的相互关系，进而研究这些关系的性质、表现形式、在事物发展变化中的地位和作用等。

2. 综合

综合是同分析相对立的一种方法，它是将与研究对象有关的各个要素联系起来考虑，以从错综复杂的现象中探索它们之间的相互关系，并从整体的角度把握事物的本质和规律的一种逻辑方法。

综合是将研究对象的各个要素之间的认识统一为整体的认识，从而把握事物的本质和规律，它是按照各个要素在研究对象内部的有机联系从总体上去把握事物。综合的基本步骤是：

第一步，明确综合的目的；

第二步，把握被分析出来的研究对象的各个要素；

第三步，确定各个要素的有机联系形式；

第四步，从事物整体的角度把握事物的本质和规律，从而获得新的认识结论。

在资产评估中，综合分析是一种行之有效的方法。它将各种来源、内容各异的分散信息按特定的目的汇集、整理、归纳和提炼，从而形成系统、全面的认识。例如，影响一项资产价值的因素多种多样，评估人员通常需要收集大量的关于目标资产的信息资料，包括它的技术性能、市场前景、相关技术发展状况、所属企业经营历史与现状等。评估人员需要对这些大量的信息资料做出综合的考虑，才能准确把握目标资产的价值。

（三）推理

推理是由一个或几个已知的判断推出一个新判断的思维形式。具体来讲，就是在掌握一定的已知事实、数据或因素相关性的基础上，通过因果关系或其他相关关系依次、逐步地推论，最终得出新结论的一种逻辑方法。任何推理都包含三个要素：①前提，即推理所依据的一个或几个判断；②结论，即由已知判断推出的新判断；③推理过程，即由前提到结论的逻辑关系形式。

在推理时，要想获得正确的结论，必须注意两点：①推理的前提必须是准确无误的；②推理的过程必须是合乎逻辑思维规律的。推理是一种重要的逻辑方法，在信息分析与预测中有着广泛的应用。例如，通过对某些已知事实或数据及其相关性的严密推理，可以获得一些未知的事实或数据，如科技发展的动向、技术优势和缺陷、市场机会和威胁等；通过对科技、技术经济、市场等的历史、现状的逐步推理，可以顺势推测出其未来发展的趋势。常用的推理方法见表 3-1。

资产评估中的信息收集与分析如图 3-4 所示。

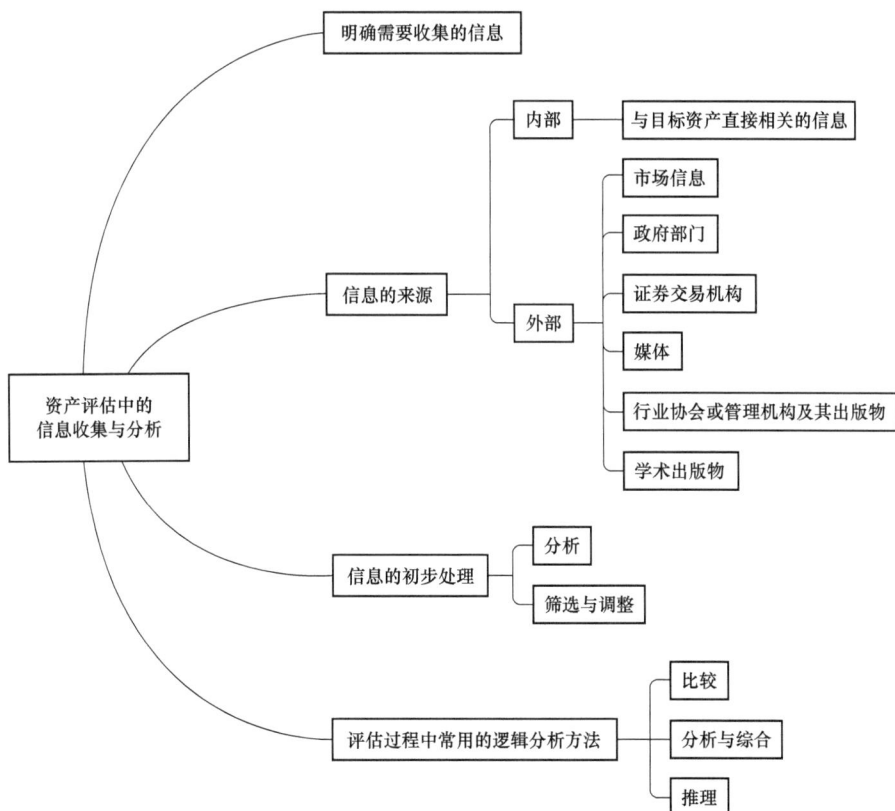

图 3-4 资产评估中的信息收集与分析

表 3-1 资产评估常用的推理方法

方法	方法描述
演绎推理	演绎推理是借助于一个共同的概念把两个直言判断联系起来，从而推出一个新结论的推理，是由一般到个别的推理方法。它以普遍性的事实或数据为前提，通过一定程式的严密推论，最后得出新的、个别的结论，因而是一种典型的必然性推理。这种推理只要前提准确无误，推理过程严格合乎逻辑，所推出的结论必然是正确的和可信的
归纳推理	归纳推理是由个别到一般的推理，即由关于特殊对象的知识得出一般性的知识。在信息分析与预测中，简单枚举归纳推理是常见的一种推理形式。它是根据一类事物对象中部分对象具有（不具有）某种性质并且未遇到相反情况，从而推出该类对象都具有（不具有）这种属性的推理，最后得出这类事物的所有对象具有此种情况的归纳推理
类比推理	类比推理是根据两个或两类事物在某些属性上有相同或相似之处，而且已知其中一个事物具有某种属性，由此推知另一个事物也可能具有这种属性的推理。在科学研究中，类比推理是提出假说的重要途径

任务四 资产评估工作底稿

一、资产评估工作底稿的特点

资产评估工作底稿是指资产评估师执行评估业务形成的，反映评估程序实施情况、支持评估结论的工作记录和相关资料。与注册会计师审计相比，资产评估工作底稿具有以下特点：

（1）创造过程而非验证过程。资产评估是一种创造过程，从单一资产来看，记录了资产的原来价值、原来面貌，并重新计算、分析新的价值，得出新的结果。

（2）多专业和多工种配合。资产评估包括了审计技术在内的不止一种专业技术的工作，相对应地，这些专业工作的人员是多方面的，甚至可能是来自外聘的专家和人员。

（3）材料复杂。资产评估所需的材料要远比审计所需的材料庞大，审计所需的材料是用来求证其结果的真实性；而资产评估所需的材料中，有些直接就能构成结果。

二、资产评估工作底稿的种类

资产评估工作底稿的基本内容包括：①资产占有单位名称；②评估对象名称；③评估基准日；④评估程序、过程记录；⑤评估标识及其说明；⑥索引号及页次；⑦编制者姓名及编制日期；⑧复核者姓名及复核日期；⑨评估结果；⑩其他应说明事项。

资产评估工作底稿一般分为管理类工作底稿和操作类工作底稿两类。

（一）管理类工作底稿

管理类工作底稿是指资产评估师在执行评估业务过程中，为承接、计划、控制和管理评估业务所形成的工作记录及相关资料。通常包括：①项目洽谈记录（评估业务基本事项的记录）；②评估业务约定书；③评估计划实施情况；④评估委托人及资产占有单位基本情况的调查、记录和资料，资产规模及主要资产状况；⑤评估结果汇总表；⑥评估报告；⑦有关部门的审核意见；⑧评估机构内部的审核意见。

（二）操作类工作底稿

操作类工作底稿是指资产评估师在履行现场调查、收集评估资料和评定估算程序时所形成的工作记录及相关资料。操作类工作底稿有不同的分类方式，按照评估方法分为市场法、收益法、成本法；按照评估内容分为现场调查、收集资料、评定估算；按照来源分为资产评估师自制，委托方、相关当事方提供。

操作类工作底稿的内容有：①被评估资产范围内各类资产或负债的汇总表；②客户所申报的资产明细表；③评估人员用于勘测和计算的评估明细表；④各类专项调查记录；⑤资产产权归属证明文件或使用权证明文件；⑥价格信息、市场调研记录；⑦分析计算说明、假设说明和重要事项说明；⑧被评估单位的整体分析资料；⑨有关原始凭证，包括会计报表、盘点表、对账单、平面图、鉴定证书、决算资料、重要资产购置发票、重要合同、重要设备运行记录和大修理、改造记录等；⑩现场核实资产的工作记录；⑪委托单位及资产占有单位的反馈意见及相应记录；⑫资产评估工作小结。

操作类工作底稿的具体内容包括：

（1）现场调查记录与相关资料，诸如：①委托方提供的资产评估申报资料；②现场勘查记录；③函证记录；④主要或重要资产的权属证明材料；⑤与评估相关的财务、审计等资料。

（2）收集的评估资料，诸如：①市场调查及数据分析资料；②相关的历史和预测资料；③询价记录；④其他专家鉴定及专业人士报告；⑤委托方及相关当事方提供的说明、证明和承诺；⑥评定估算过程记录；⑦重要参数的选取和形成过程记录；⑧价值分析、计算、判断过程记录；⑨评估结论形成过程记录。

三、资产评估工作底稿的复核

资产评估工作底稿的三级审核的复核记录一般通过"资产评估复核记录表"进行。复核中应注意的问题包括：①各类资产的评估方法选择是否适当；②是否存在漏项或重复评估现象；③检查评估明细表及进行增减值分析；④同类资产多人介入的评估取值的一致性；⑤关注敏感问题、风险的控制。

（一）项目负责人

项目负责人应在评估现场就以下内容进行复核和自查：①是否对企业的经营状况进行了了解，对评估风险是否有了正确的评价；②评估的程序是否按计划要求进行，如未执行，是否有充分理由；③评估过程是否记录在工作底稿中（现场勘查记录等）；④是否取得充分的评估依据（询价记录、市场调查记录）；⑤评估表格勾稽关系是否正确；⑥对存货是否进行过抽查核对，是否对往来款进行过函证；⑦审查评估说明与表格是否符合规定要求；⑧是否已就评估结果与委托单位交换过意见，结论如何；⑨原始资料（报表、明细表、承诺函）是否充分，客户是否盖章。

经过以上审核后项目负责人即可起草评估报告书。

（二）各部门经理

部门经理应对项目负责人复核过的底稿进行重点审核。审核内容如下：

（1）评估计划是否经过核准，并按要求执行。

（2）对该评估报告进行详细复核，具体包括：涉及该专业部门的评估方法是否正确；重大事项是否进行过披露；表格与报告数字是否正确。

（3）各项内容是否完整，有无遗漏、缺陷事项。

（4）对企业的期后事项或有负债等重大事项，是否加以披露。

（5）整体报告的内容、格式，是否符合国家的有关规定。

（三）法人（或总经理）

对项目负责人、部门经理审核过的工作底稿，进行重点复核。诸如：①复审评估计划是否已经过核准，重大问题请示报告是否完备，并经逐级审批；②重大问题的处理结果是否恰当；③分析判断评估结果是否恰当；④是否有工作小结；⑤以应有的职业谨慎，考虑对重大事项的处理、评估结论与评估说明文字表达是否符合国家的现行规定，并最终签署报告。

四、工作底稿的介质形式与保管

随着计算机等电子设备在评估业务中的使用，电子介质形式的工作底稿在工作底稿中所占比例日益增大，尤其在评定估算程序中，大量的计算过程均以电子文件的形式存在。电子介质形式的工作底稿具有易于保存、调取方便、节省空间等优势，但是同时也存在着易于修改、难以保证真实性等问题。因此，对于工作底稿准则是否应当承认电子介质形式的工作底稿，存在一定的争议。

《资产评估准则——工作底稿》规定，工作底稿的形式可以以纸质、电子或其他介质形式存在。对于电子或其他介质的业务档案，评估机构应采取适当措施保证信息的完整性和有效性。

对于评估项目中一些重要的工作底稿，应当同时形成纸质档案，包括评估业务执行过程中的重大问题处理记录，对评估结论有重大影响的现场勘查记录、询价记录和评定估算过程记录等。

近年来，在评估相关经济案件中，工作底稿等评估业务档案在证明资产评估师履行评估程序，支持评估结论等方面发挥了重要作用。为规范评估机构保管评估业务档案行为，《资产评估准则——工作底稿》规定，评估业务档案自评估报告日起至少保存 10 年。《中华人民共和国资产评估法》第二十九条规定："评估档案的保存期限不少于十五年，属于法定评估业务的，保存期限不少于三十年。"评估档案保存期限的延长，意味着评估执业风险的增加及监管力度的进一步加大，也意味着评估机构档案管理成本的进一步增加。

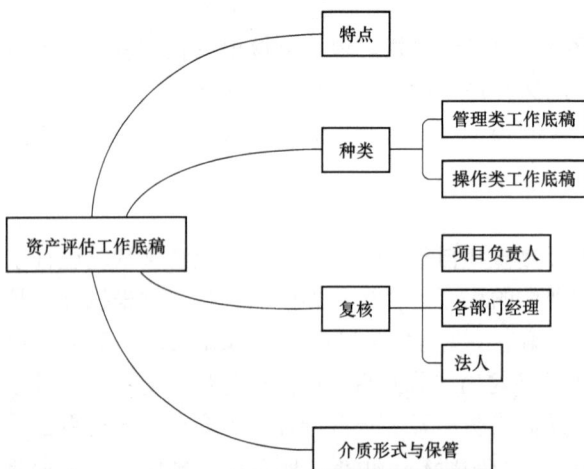

图 3-5 资产评估工作底稿

资产评估工作底稿如图 3-5 所示。

本 章 总 结

本章主要介绍了资产评估基本程序及其主要内容、资产评估业务基本事项的内容及要求、资产评估程序履行目的、资产评估计划的主要内容及调整、现场调查的内容、手段与方式等。

练　习　题

一、单选题

1．明确资产评估业务基本事项后，决定是否承接业务，不需要对（　　）进行评价。

A．资产评估机构和评估专业人员的专业胜任能力

B．资产评估机构和评估专业人员的独立性

C．业务风险

D．业务收费

2．业务委托人与评估对象的产权持有人不是同一主体，下列表述不恰当的是（　　）。

A．了解委托人与相关当事方的关系非常必要

B．委托环节重点提出产权持有者配合问题，以引起委托人的重视并明确责任

C．一般应事先通知产权持有人、资产管理者或征得资产管理者的同意，这往往是执行评估业务的先决条件

D．委托人事先通知产权持有人征得同意后，可保证评估程序的执行

3．下列关于资产评估计划调整表述错误的是（　　）。

A．前期资料搜集不齐、现场调查受限或委托人提供资料不真实，可能导致评估计划调整

B．评估工作本身遇到了障碍，可能导致评估计划调整，包括操作层面或技术层面的

C．由于委托人经济行为涉及的评估对象、评估范围、评估基准日发生变化而导致的评估计划的调整

D．需要调整评估计划的，资产评估专业人员应尽快调整并按流程报项目合伙人审批，一般无须考虑与委托人、其他相关当事人进行沟通

4．下列关于评估现场调查表述不正确的是（　　）。

A．是了解资产状况的重要方法，是其他方法不能替代的

B．包括了解评估对象的现状和关注评估对象法律权属两项内容

C．核实评估对象的真实性和完整性，包括资产物理意义上和资产功能上的完整性

D．资产的法律权属，包括所有权、使用权及其他财产权利

5．下列关于评估对象的法律权属表述不正确的是（　　）。

A．从某种意义上讲，对资产的评估也就是对资产权利的评估

B．资产的权属状态不同，资产的价值通常也不相同

C．现场调查时，应当取得评估对象的权属证明，对取得的权属证明进行核查验证

D．核查验证包括与原件核对和向有关登记管理机构查阅

6．关于抽样调查表述不正确的是（　　）。

A．资产项数庞大，可以采用抽样调查方式进行现场调查

B．抽样调查的基本方法包括简单随机抽样、分层抽样、系统抽样、整群抽样、不等概率抽样、多阶段抽样、重点项目抽样等

C．抽样调查实施阶段开始就要考虑到抽样风险，要保证由抽样调查形成的调查结论合理、能够基本反映资产的实际状况，抽样误差要适度

D．抽样调查的理由要形成评估底稿

7. 关于现场调查工作受限的表述不正确的是（　　）。

A. 如果无法采用替代措施对评估对象进行勘查核实或者即使履行替代程序，也无法保证评估结论的合理性，评估机构应当终止执行评估业务

B. 如果通过实施替代程序，不会导致评估结论的合理性受到较大影响时，可以继续执行评估业务，但是需要在评估报告中以恰当方式说明所采用程序的合理性及其对评估结论合理性的影响

C. 现场调查程序受到了限制资产评估专业人员应当在不违背资产评估准则基本要求前提下，采取必要的替代程序，并保证程序和方法的合理性

D. 判断是否继续执行或终止评估业务：一是所受限制是否对评估结论造成重大影响；二是能否采取必要措施弥补不能实施调查程序的缺失

8. 下列关于收集整理评估资料表述不正确的是（　　）。

A. 评估资料分为权属证明、财务会计信息和其他评估资料

B. 权属证明、财务会计信息主要在现场调查程序取得其他评估资料主要在收集评估资料程序取得

C. 政府部门的资料在时效性方面可能存在问题

D. 媒体通常披露一些原始信息和分析信息，有助于评估人员加深对所需信息的理解，并能节约分析时间。相关信息可直接引用

9. 下列关于资产评估委托合同的说法中，错误的是（　　）。

A. 订立资产评估委托合同后需要对约定事项作出补充的，可以签署补充合同或重新订立合同，或者采取法律允许的其他方式作出补充

B. 资产评估委托合同应当由资产评估机构的法定代表人签名，不得授权他人签名

C. 承接资产评估业务需订立资产评估委托合同，或以符合法律规定的其他形式建立资产评估业务委托关系

D. 资产评估机构在法定情形下可以拒绝履行或单方面解除资产评估委托合同

10. 资产评估专业人员在承接资产评估业务时，应当按准则规定进行综合分析与评价的事项中，一般不包括（　　）。

A. 独立性分析与评价　　　　　　B. 评估方法实用性分析与评价
C. 专业胜任能力分析与评价　　　D. 业务风险分析与评价

二、多选题

1. 明确资产评估业务基本事项包括（　　）。

A. 委托方和相关当事方基本状况　　B. 资产评估目的、对象、范围、基准日
C. 资产评估报告使用范围　　　　　D. 价值类型
E. 评估当事人提供的承诺函

2. 评估机构洽谈人员应（　　）。

A. 与委托人沟通，了解拟委托评估的评估对象和评估范围

B. 根据对评估目的的理解，结合资产评估准则，选择恰当的价值类型

C. 告知委托人拟设定哪种价值类型，具体定义是什么，其基于哪些可能存在的各种明显或隐含的假设及前提

D. 与委托人就评估报告的使用范围加以明确

E．对评估对象和评估范围予以界定，然后由项目执行人员了解评估对象的基本情况

3．评估机构洽谈人员提示委托人选取评估基准日时重点考虑以下因素（　　）。

A．有利于评估结论有效服务于评估目的

B．有利于现场调查、评估资料收集等工作的开展

C．企业价值评估业务中评估基准日尽可能选择会计期末

D．委托人针对该项目的特别要求

E．法律、法规有专门规定的，从其规定

4．资产评估报告提交时间受多方面因素的限制与约束，如（　　）。

A．预计的评估工作量

B．委托人和相关当事方的配合力度

C．评估所依据和引用的专业或单项资产评估报告（专项审计报告、土地估价报告、矿业权评估报告等）的出具时间

D．与委托人约定提交报告的时间和方式（当面提交或邮寄）

E．评估专业人员的理论知识及实践经验

5．（　　）就具体评估对象所对应的评估范围明细清单进行确认。

A．委托人　　　　　　　　　　B．经委托人授权的产权持有人

C．经委托人授权的被评估企业　　D．经委托人授权的报告使用人

E．资产评估机构及其资产评估专业人员

6．资产评估的业务风险主要有来自（　　）。

A．委托人和产权持有人和其他相关当事人的风险

B．评估对象的风险

C．评估报告使用中的风险

D．来自资产评估机构及其人员的风险

E．国有资产管理部门行政压力的风险

7．评估机构在法定情形下可以拒绝履行或单方解除资产评估委托合同，包括（　　）。

A．委托人和相关当事人如果拒绝提供或者不如实提供开展资产评估业务所需的权属证明、财务会计信息或其他相关资料的

B．委托人要求出具虚假资产评估报告或者有其他非法干预评估结论情形的

C．当评估程序所受限制对与评估目的相对应的评估结论构成重大影响时

D．委托人提前终止资产评估业务、解除资产评估委托合同

E．因委托人或相关当事人原因导致资产评估程序受限，资产评估机构无法履行资产评估

8．委托合同，在相关限制无法排除时资产评估机构单方解除资产评估委托合同对评估资料核查验证表述正确的有（　　）。

A．核查验证的方式通常包括观察、询问、书面审查、现场勘查调查、查询、函证、复核等

B．各类资产的权属证明核查验证方法基本相同

C．财务会计信息通常由委托人、产权持有人及相关当事人提供，对此类资料，主要采用询问、书面审查、现场勘查调查、查询、函证、复核等方式进行核查验证

D. 对于通过公开市场获取的询价资料、交易案例等资料，可以通过现场勘查调查、查询、多渠道复核等方式进行核查验证

E. 对于政府部门发布的文件核查检验的重点通常是其时效性；对于企业提供的盈利预测资料，核查验证的重点应是其可实现性

9. 资产评估专业人员在引用其他类别评估报告之前，应当完成的工作包括（　　　）。

A. 引用单项资产评估报告应当与委托人事先约定

B. 获取正式出具的单项资产评估报告，全面理解单项资产评估报告以及相关附件，并核实单项资产评估机构资质

C. 核实报告性质、评估目的、评估基准日、评估结论使用有效期与资产评估报告的一致性，如不一致，不得引用

D. 引用单项资产评估报告可以视重要程度及匹配度情况不作为报告附件

E. 对于需要进行备案审核的单项资产评估报告，资产评估专业人员需要检查拟引用单项资产评估报告的相关备案审核文件，分析其可能对拟引用单项资产评估报告评估结论产生的影响

10. 评定估算形成结论程序主要包括（　　　）。

A. 收集整理评估资料

B. 恰当选择评估方法

C. 形成初步评估结论

D. 综合分析确定资产评估结论等具体工作

E. 编制、审核和出具资产评估报告

三、综合题

1. 甲公司与乙公司存在业务上的往来，并形成了负债，由于甲公司经营不善，无力偿还债务，双方经过协商，以甲公司位于北京中关村的一处建筑面积 3200 平方米的物业偿债，委托资产评估公司对上述房产进行以资抵债评估。在此项业务中评估人员应如何履行系统性的工作步骤？

2. 某生产设备系 2007 年 5 月从英国 W 公司引进。账面价值 6753 万元人民币，生产能力为 15 万吨/年，公司改制需对此设备进行评估，评估基准日为 2017 年 9 月 5 日。经调查了解，市场同类设备的合同价（到岸价）是 750 万美元，生产能力为 19 万吨/年。银行财务费率 0.7%，外贸手续费率为 1.3%，海关监管费率为 0.4%，国内运杂费率为 0.9%，安装调试费率为 5%，其他费率为 1.2%。设备从订购到安装完毕投入使用需半年，银行贷款利率 5.8%，美元兑人民币的汇率为 1:6.285。经专业人员对该设备运行情况检测，运行状态良好，设备运转率在 90%以上，属完好设备，尚可使用 15 年。如何对该机器设备进行评估和鉴定？

3. 资产评估公司接受甲公司委托对其 10 台设备进行评估双方约定 2018 年 5 月 6 日提交资产评估报告。订立资产评估委托合同后执行资产评估程序，发现前期了解及收集的资料存在误差，遂对资产评估计划进行了调整，为保持独立性，评估公司未将计划的调整告知甲公司现场调查时发现有 3 台机器因诉讼保全无法实施现场调查，评估公司评估风险后终止了评估业务。问：

（1）指出上述描述中的不恰当之处，并说明理由。

（2）说明现场调查受限原因及处理方法。

（3）简要举例说明资产评估计划调整的原因。

4．资产评估机构接受委托对甲公司股权收购涉及的乙船舶公司的股东全部权益价值进行评估。

（1）因为是长期合作客户及出于效率的考虑，评估对象和评估范围由评估机构确定；

（2）现场调查程序因未提前通知乙公司，其工作人员拒绝配合，后经甲公司协调，评估工作得以进行；

（3）因船舶公司资产特殊性评估过程中引用了审计报告但评估报告中未进行说明；

（4）评估机构将报告初稿与甲公司沟通后提交最终报告；

（5）资产评估专业人员通常应当在资产评估提交日后 90 日内，整理工作底稿并与其他相关资料形成评估档案，交由所在资产评估机构妥善管理。

指出上述描述中的不恰当之处，并说明理由。

项目四

资产评估方法

知识目标

（1）了解资产评估基本方法；

（2）掌握资金时间价值基本内容；

（3）掌握收益法、市场法、成本法的应用前提与具体公式；

（4）熟悉应用不同方法。

能力目标

（1）能够根据评估项目要求选择合适的方法；

（2）能够应用方法评估具体资产的价值。

素质目标

诚实守信的职业道德，社会主义核心价值观的培养。

资产评估方法如图 4-1 所示。

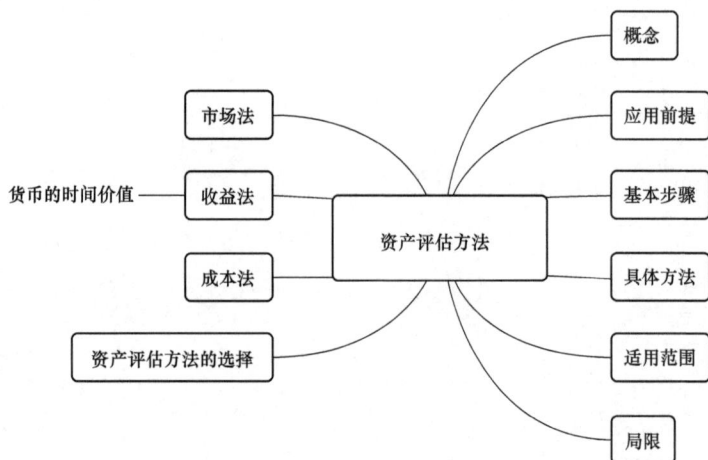

图 4-1　资产评估方法

资产评估是复合型应用学科，资产评估方法是指评定估算资产价值的途径和手段，是在多种学科的技术方法基础上，按照资产评估自身的运作规律和行业特点形成的一整套方法体系，主要包括市场法、收益法和成本法三种基本方法及其衍生方法。

任务一　市　　场　　法

一、市场法的概念

市场法也称比较法、市场比较法，是指通过将评估对象与可比参照物进行比较，以可比参照物的市场价格为基础确定评估对象价值的评估方法的总称。

市场法是资产评估中若干评估思路的一种，也是实现该评估技术思路的若干评估技术方法的集合。市场法包括多种具体方法。例如，企业价值评估中的交易案例比较法和上市公司比较法，单项资产评估中的直接比较法和间接比较法等。

市场法是根据替代原理，采用比较或类比的思路及方法估测资产价值的评估技术方法。因为任何一个正常的投资者在购置某项资产时，所愿意支付的价格不会高于市场上具有相同效用的替代品的现行市价。市场法要求充分利用类似资产成交价格信息，并以此为基础判断和估测评估对象的价值；运用市场法评估资产的价值，直观明了，较容易被资产评估业务各当事人理解和接受。因此，市场法是资产评估中常用的评估方法之一。

二、市场法的应用前提

应用市场法进行资产评估需要满足两个基本的前提条件：一是评估对象的可比参照物具有公开的市场以及活跃的交易；二是有关交易的必要信息可以获得。

所谓公开的市场是指一个充分竞争的市场，市场上有自愿的买者和卖者，在交易信息充分交换，或者交易信息公开的前提下，有相对充裕的时间，买卖双方进行平等交易，排除了个别交易的偶然性，市场成交价格基本上可以反映市场行情，在公开市场中的交易行为越活跃，与评估对象相同或相类似的资产价格越容易获得，按市场行情估测评估对象价值，评估结果会更贴近市场，更容易被资产交易各方接受。

三、市场法的基本步骤及可比因素

（一）市场法的基本步骤

1. 选择参照物

不论评估对象是单项资产还是整体资产，运用市场法评估时都首先需要选择参照物，对参照物的选取关键是资产的可比性问题，包括功能、市场条件及成交时间等。另外，与评估对象相同或相类似的参照物越多，越能够充分和全面反映资产的市场价值。按市场行情估测评估对象价值，评估结果会更贴近市场，评估中对参照物的数量要求是不可避免的。评估实践中，评估专业人员通常是在众多与评估对象相似的交易实例中选择具有可比性的交易实例作为比较、测算的参照物。运用市场法评估资产价值时，参照物成交价高低会影响评估对象的评估值。而参照物成交价又不仅仅是参照物自身功能的市场表现，它还受买卖双方交易地位、交易动机、交易时限等因素的影响。为了避免某个参照物个别交易中的特殊因素和偶然因素对成交价及评估值的影响，运用市场法评估资产时应尽可能选择多个参照物。

知识灯塔

替代原则，市场参照物的选取，从数量上和质量上都要符合要求，做到客观、实事求是，不能以偏概全。

2. 在评估对象与参照物之间选择比较因素

资产评估中，需要对搜集到的信息资料进行筛选，确定具有可比性的交易实例作为与评估对象对比分析、评估量化的参照物。从理论上讲，影响资产价值的基本因素大致相同，如资产性质、功能、规模、市场条件等。但具体到每一种资产时，影响资产价值的因素又各有侧重。例如，影响房地产价值的主要因素是地理位置、环境状况等因素；而技术水平则在机器设备评估中起主导作用；收入状况、盈利水平、企业规模等因素在企业价值评估中相对更突出。所以，运用市场法时应根据不同种类资产价值形成的特点和影响价值的主要因素，选择对资产价值形成影响较大的因素作为对比指标，形成综合反映参照物与评估对象之间价值对照关系的比较参数体系，从多方面形成对比，使影响价值的主要因素能够得以全面反映。

3. 指标对比和量化差异

根据前面所选定的对比指标体系，评估专业人员在参照物及评估对象之间进行参数指标的比较，并将两者的差异进行量化。对比主要体现在交易价格的真实性、正常交易情形、参照物与评估对象可替代性的差异等方面。例如，在不动产评估中要求参照物与评估对象应在同一供需圈内、处于相同区域或近邻地区等，但其交易情形、交易时间、建筑特征等方面可能存在差异；在机器设备评估中尽管要求资产功能指标，包括规格型号、出厂日期等相同或相似，但在生产能力、产品质量以及在资产运营过程中的能耗、料耗和工耗等方面可能有不同程度的差异；在企业价值评估中虽然要求参照物与评估对象在所属行业、生产规模、收益水平、市场定位、增长速度、企业组织形式、资信程度等方面相同或相似，但企业所在地区经济环境、产品结构、资产配置、销售渠道等方面可能存在差异。运用市场法的一个重要环节就是将参照物与评估对象对比指标之间的上述差异数量化和货币化。

4. 分析确定已经量化的对比指标之间的差异

市场法以参照物的成交价格作为评定、估算评估对象价值的基础，对所选定的对比参数体系中的各差异因素进行分析比较，通过多形式的量化途径，形成对价值的调整结果。在实际操作中，评估专业人员将已经量化的参照物与评估对象之间的对比指标差异对参照物的价格进行调整，得到评估对象的初步评估结果。

5. 综合分析确定评估结果

运用市场法进行评估时，如果选择多个参照物，对参照物进行指标对比和差异量化后，对应各参照物，会形成多个初步评估结果。但是，对于一项资产，通常应以一个结果来进行表示，最终的评估结果为一个确定数值，这就需要评估专业人员对若干评估初步结果进行综合分析，以确定最终的评估值。确定最终的评估值，主要取决于评估专业人员对参照物的把握和对评估对象的认识。如果参照物与评估对象可比性都很好，评估过程中没有明显的遗漏或疏忽，评估专业人员可以采用算术平均法或加权平均法等方法将初步结果转换成最终评估结果。

（二）市场法的可比因素

1. 运用市场法评估单项资产

运用市场法评估单项资产应考虑的可比因素主要有：

（1）资产的功能。资产的功能是资产使用价值的主体。是影响资产价值的重要因素之一。资产评估强调资产的使用价值或功能，并不是从纯粹抽象意义上去讲，而是从资产的功能并结合社会需求，从资产实际发挥效用的角度来考虑。也就是说，在社会需要的前提下，资产的功能越好，其价值越高，反之亦然。

（2）资产的实体特征和质量。资产的实体特征主要是指资产的外观、结构、役龄和规格型号等。资产的质量主要是指资本身的建造或制造工艺水平以及使用状态。

（3）市场条件。其主要是要考虑参照物成交时与评估时的市场条件及供求关系的变化情形。市场条件包含宏观的经济政策、金融政策、行业经济状况、产品竞争情况等。供求关系是市场特征之一。在一般情形下，市场供不应求时，价格偏高；供过于求时，价格偏低市场条件方面的差异对资产价值的影响应引起评估专业人员足够的关注。

（4）交易条件。交易条件主要包括交易批量、交易动机、交易时间等。交易批量不同，交易对象的价格就可能不同。交易动机也对资产交易价格有影响，在不同时间交易，资产的交易价格也会有差别。

以上各因素是运用市场法经常涉及的一些可比性因素。在具体运用市场法进行评估时，评估专业人员还要视评估对象的具体情形考虑其具体的可比因素，如房地产评估中的区位因素，机器设备评估中的制造厂家、资产规格型号等。

2. 运用市场法评估企业价值

运用市场法评估企业价值时，评估专业人员应当重点考虑所选取参照企业的可比性。企业可比性可以通过以下两个标准来判断：

（1）行业标准。处于同一行业的企业具有一定的可比性。在确认被评估企业所属行业时，评估专业人员可以参考国民经济行业分类、证监会上市公司行业分类、国际通用的标准行业代码等。但需要注意的是，在依照行业标准时，评估专业人员应当尽量选取与被评估企业在主营业务收入结构、利润结构、经营模式等方面相似的参照物。

（2）财务标准，评估专业人员需要通过必要的分析从业务类型及资本构成、财务指标等方面进行比较，以此体现被评估企业和可比案例之间的风险和成长差异。

除此之外，评估专业人员还应当考虑股权评估交易的背景、交易日期、交易价格、收购股权的比例、影响交易价格的其他重要交易条款等。

四、市场法常用的具体评估方法

市场法中的具体方法可以根据不同的划分标准进行分类，这些分类并不是严格意义上的方法分类，大多是尊重某种习惯的分类。分类的目的仅仅是为了叙述的便利和便于学习。按照参照物与评估对象的相近相似程度，市场法中的具体方法可以分为直接比较法和间接比较法两大类，如图4-2所示。

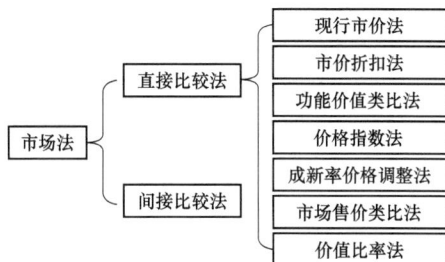

图4-2 市场法具体方法

直接比较法是指利用参照物的交易价格，将被评估资产的某一或若干特征与参照物的同一及若干特征直接进行比较，得到两者的特征修正系数或特征差额，在参照物资产交易价格的基础上进行修正从而得到被评估资产价值的方法。

基本计算公式为：

被评估资产价值＝参照物成交价格×修正系数1×修正系数2×…×修正系数n

被评估资产价值＝参照物成交价格±特征差额1±特征差额2±…±特征差额n

直接比较法直观简洁、便于操作，但通常对参照物与评估对象之间的可比性要求较高。参照物与评估对象要达到相同或基本相同的程度，或参照物与评估对象的差异主要体现在某几项明显的因素上，如新旧程度、交易时间、功能、交易条件等。根据存在差异因素的不同，直接比较法的具体技术方法也不相同。

间接比较法是利用资产的国家标准、行业标准或市场标准（标准可以是综合标准，也可以是分项标准）作为基准，分别将评估对象和参照物整体或分项对比打分从而得到评估对象和参照物各自的分值。再利用参照物的市场交易价格以及评估对象的分值与参照物的分值的比值（系数）求得评估对象价值的一类评估方法。该方法并不要求参照物与评估对象必须一样或者基本一样，只要参照物与评估对象在大的方面基本相同或相似，通过评估对象和参照物与国家、行业或市场标准的对比分析，掌握参照物与评估对象之间的差异，在参照物成交价格的基础上调整估算评估对象的价值。

由于间接比较法需要利用国家、行业或市场标准，应用起来有较多的局限，在资产评估实践中应用并不广泛。

当参照物与评估对象的差异仅仅体现在某一基本特征上的时候，直接比较法会演变成以下具体评估方法，如现行市价法、市价折扣法、功能价值类比法、价格指数法和成新率价格调整法等。本节重点介绍直接比较法的具体方法。

（一）现行市价法

当评估对象本身具有现行市场价格或与评估对象基本相同的参照物具有现行市场价格的时候，可以直接利用评估对象或参照物在评估基准日的现行市场价格作为评估对象的评估价值。例如，可上市流通的股票和债券可按其在评估基准日的收盘价作为评估价值；企业拥有的原材料、备品备件、批量生产的设备、汽车等可按同品牌、同型号、同规格、同厂家、同批量的设备、汽车等的现行市场价格作为评估价值。现行市价法是以成交价格为标准的，有的资产在市场交易过程中，报价或目录价与实际成交价之间会因交易对象、交易批量等原因存在差异。在运用现行市价法时要注意，评估对象或参照物在评估基准日的现行市场价格要与评估对象的价值内涵相同。

（二）市价折扣法

市价折扣法是以参照物成交价格为基础，考虑到评估对象在销售条件、销售时限或销售数量等方面的差异，按照评估专业人员的经验或有关部门的规定，设定一个价格折扣率来估算评估对象价值的方法。其计算公式为：

资产评估价值＝参照物成交价格×（1－价格折扣率）

此方法一般只适用于评估对象与参照物之间仅存在交易条件方面差异的情形。

下面的例子仅仅在于说明评估方法本身的应用，并不是严格意义上的实践运用。

【例4-1】评估某快速变现资产，在评估基准日与其完全相同的参照物正常变现价为10万元，经资产评估师综合分析，认为快速变现的折扣率应为40%，因此，确定该快速变现资产的评估价值为6万元。

$$资产评估价值＝10×（1－40\%）＝6（万元）$$

（三）功能价值类比法

功能价值类比法（也称类比估价法）是以参照物的成交价格为基础，考虑参照物与评估对象之间的功能差异进行调整来估算评估对象价值的方法。根据资产的功能与其价值之间的关系可分为线性关系和指数关系两种情形。

（1）资产评估价值与其功能呈线性关系的情形，通常被称作生产能力比例法。其计算公式为：

$$资产评估价值＝参照物成交价格×\frac{评估对象生产能力}{参照物生产能力}$$

当然，功能价值类比法不仅仅表现在资产的生产能力这一项指标上，还可以通过对参照物与评估对象的其他功能指标的对比，利用参照物成交价格推算出评估对象价值。

【例 4-2】评估对象年生产能力为 90 吨，参照资产的年生产能力为 120 吨，评估基准日参照资产的市场价格为 10 万元，由此确定评估对象的评估价值为 7.5 万元。

$$资产评估价值＝10×90÷120＝7.5（万元）$$

（2）资产价值与其功能呈指数关系的情形，通常被称作规模经济效益指数法。其计算公式为：

$$资产评估价值＝参照物成交价格×\left(\frac{评估对象生产能力}{参照物生产能力}\right)^{x}$$

式中　x——功能价值指数。

【例 4-3】评估对象年生产能力为 90 吨，参照资产的年生产能力为 120 吨，评估基准日参照资产的市场价格为 10 万元，该类资产的功能价值指数为 0.7，由此确定评估对象的评估价值为 8.18 万元。

$$资产评估价值＝10×（90÷120）^{0.7}＝8.18（万元）$$

（四）价格指数法

价格指数法（也称物价指数法）是基于参照物的成交时间与评估对象的评估基准日之间的时间间隔引起的价格变动对资产价值的影响，以参照物成交价格为基础，利用价格变动指数（或价格指数）调整参照物成交价，从而得到评估对象价值的方法。

（1）评估对象价值第一种计算公式为：

$$资产评估价值＝参照物成交价格×（1＋价格变动指数）$$

1）运用定基价格变动指数修正。如果能够获得参照物和评估对象的定基价格变动指数，价格指数法的公式为：

$$资产评估价值＝参照物成交价格×\frac{1＋评估基准日同类资产定基价格变动指数}{1＋参照物交易日同类资产定基价格变动指数}$$

2）运用环比价格变动指数修正。如果能够获得参照物和评估对象的环比价格变动指数。价格指数法的公式为：

$$资产评估价值＝（1＋a_1）×（1＋a_2）×（1＋a_3）×\cdots×（1＋a_n）×100\%$$

式中　a_n——第 n 年环比价格变动指数，$n＝1，2，3，\cdots，n$。

【例 4-4】与评估对象完全相同的参照资产 6 个月前的正常成交价格为 10 万元，半年间该类资产的价格上升了 5%，则评估对象的评估价值为：

$$资产评估价值＝10×（1＋5\%）＝10.5（万元）$$

【例 4-5】被评估房地产于 2016 年 6 月 30 日进行评估，该类房地产 2016 年上半年各月月末的价格同 2015 年年底相比，分别上涨了 2.5%、5.7%、6.8%、7.3%、9.6%和 10.5%，其中参照房地产在 2016 年 3 月底的正常成交价格为 3800 元/平方米，则被评估房地产于 2016 年 6 月 30 日的价值为：

$$资产评估价值＝3800×（1＋10.5\%）÷（1＋6.8\%）＝3932（元/平方米）$$

（2）评估对象价值第二种计算公式为：

$$资产评估价值＝参照物成交价格×价格指数$$

1）运用定基指数修正。如果能够获得参照物和评估对象的定基价格指数，价格指数法的数学式可以概括为：

$$资产评估价值＝参照物资产交易价格×\frac{评估基准日资产定基价格指南}{参照物交易日资产定基价格指数}$$

【小测试】被评估资产年生产能力为 90 吨，参照资产的年生产能力为 120 吨，评估基准日参照资产的市场价格为 10 万元，请确定被评估资产的价值。

2）运用环比指数修正。如果能够获得参照物和评估对象的环比价格指数，价格指数法的数学式可以概括为：

$$资产评估价值＝参照物成交价格×（1＋a_1）×（1＋a_2）×（1＋a_3）×\cdots×（1＋a_n）×100\%$$

式中　a_n——第 n 年环比价格变动指数，$n=1，2，3，\cdots，n$。

价格指数法一般只运用于评估对象与参照物之间仅有时间因素存在差异的情形，且时间差异不能过长。

【例 4-6】已知某参照物资产在 2017 年 1 月初的正常交易价格为 300 万元，该种资产已不再生产，但该类资产的价格变化情形如下：2017 年 1~5 月的环比价格指数分别为 103.6%、98.3%、103.5%和 104.7%。评估对象于 2017 年 5 月初的评估价值为：

$$资产评估价值＝300×103.6\%×98.3\%×103.5\%×104.7\%＝331.1（万元）$$

（五）成新率价格调整法

成新率价格调整法是以参照物的成交价格为基础，考虑参照物与评估对象新旧程度上的差异，通过成新率调整估算出评估对象的价值，其计算公式为：

$$资产的成新率＝\frac{资产的尚可使用年限}{资产的已使用年限＋资产的尚可使用年限}$$

$$资产评估价值＝参照物资产交易价格×\frac{被评估资产成新率}{参照物成新率}$$

此方法一般只运用于评估对象与参照物之间仅有成新程度差异的情形。当然，此方法略加改造也可以作为计算评估对象与参照物成新程度差异调整率和差异调整值的方法。

（六）市场售价类比法

市场售价类比法是以参照物的成交价格为基础，考虑参照物与评估对象在功能、市场条件和销售时间等方面的差异，通过对比分析和量化差异，调整估算出评估对象价值的一种方法。其计算公式为：

资产评估价值＝参照物售价＋功能差异值＋时间差异值＋…＋交易情形差异值

资产评估价值＝参照物售价×功能价值修正系数×交易时间修正系数×…×交易情形修正系数

当参照物与评估对象的差异不仅仅体现在某一特征上的时候，上述评估方法，如现行市价法、市价折扣法、功能价值类比法、价格指数法和成新率价格调整法等的运用就可以演变成参照物与评估对象各个特征修正系数的计算，如交易情形修正系数$\left(\dfrac{正常交易情形}{参照物交易情形}\right)$、功能价值修正系数$\left(\dfrac{评估对象生产能力}{参照物生产能力}\right)$、交易时间修正系数$\left(\dfrac{被评估资产的定基价格指数}{参照物的定基价格指数}\right)$和成新程度修正系数$\left(\dfrac{被评估资产成新率}{参照物成新率}\right)$等。

（七）价值比率法

价值比率法，是指利用参照物的市场交易价格，其与交易某一经济参数或经济指标相比较形成的价值比率作为乘数或倍数，乘以评估对象的同一类经济参数或经济指标，从而得到评估对象价值的一种具体评估方法。价值比率法中的价值比率种类非常多，包括盈利类指标的价值比率，如息税前收益价值比率、税后现金流量价值比率和每股收益价值比率，即市盈率（price-to-earnings ratio，P/E ratio）等；收入类指标的价值比率，如销售收入价值比率，即市销率（price-to-sales ratio，P/S ratio）；资产类指标的价值比率，如净资产价值比率、总资产价值比率等；其他类指标的价值比率，如成本市价比率、矿山可开采储量价值比率等。

价值比率法通常被用作评估企业价值。由于企业存在规模、营利能力等方面的差异，因此为了增强可比性，就需要采用某种可比的"价值联系"将被评估企业与可比企业的价值联系起来。这种联系通常可以用价值比率来反映，对其进行调整，得到被评估企业的价值比率。根据所选取的可比参照物不同，分为"上市公司比较法"和"交易案例比较法"。上市公司比较法是指获取并分析可比上市公司的经营和财务数据，计算适当的价值比率，在与被评估企业比较分析的基础上，确定被评估企业价值的具体方法。上市公司比较法中的可比企业应当是公开市场上正常交易的上市公司。交易案例比较法是指获取并分析可比企业的买卖、收购及合并案例资料，计算适当的价值比率，在与被评估企业比较分析的基础上，确定被评估企业价值的具体方法，运用交易案例比较法时，应当考虑被评估企业与交易案例的差异因素对价值的影响。

无论采用上述哪种方法计算企业价值，都应当对以下关键点进行把握：

（1）可比参照物相关数据信息来源及可靠性。市场法评估主要依赖对比参照物的数据来确定被评估企业的价值。因此，前者的数据是否真实可靠就显得尤为重要。这不仅需要保证数据的真实性，同时也要保证所获得数据的途径是合法的、有效的。

（2）可比参照物与可比标准的确定。

1）分析可比参照物是否可比时，需要考虑企业生产的产品或提供的服务是否相同、相似，或者企业的产品或服务是否都受相同的经济因素影响。

2）被评估企业与可比企业的规模和获利能力是否相似，在这里，并不一定要求两者完全相同，但是，由于企业规模与生产能力之间并非呈现完美的线性关系，通常存在"规模效应"，所以如果企业规模差异太大，其获利能力可能失去可比性。因此，应当选取规模较为相似的企业进行比较。

3）未来成长性相同或相似。从本质上来说，企业当前的价值来源于其未来的获利能力。成长性差异较大的公司，通常所处的生命周期不同，对于当前时点的可比性就存在较大差异。因而，评估专业人员在选取可比公司时将这一点纳入考虑范围之内，有助于提升其可比性。

（3）可比参照物的数量选择。从理论上分析，我们所选取的可比参照物应当与被评估企业情形相似。因此，所选取的可比参照物数量并不一定要求多，而是要求具有较高的可比性。选用上市公司作为可比参照物时，得益于数据公开且易得，因此在选取时，灵活性和可选择的范围比较大。资产评估专业人员要斟酌可比性，设置较为严格的可比标准，选择最为可比的企业或企业组合。但是，如果选用交易案例，则其数据的完整性和可靠性可能会受到限制。因此，为了避免个别企业数据的特殊性，且这种特殊性无法从公开市场中获得，可以选用更多的交易案例来中和这种特殊性。所以，在运用交易案例比较法时，可以尽量选择多个可比实例。

（4）价值比率的选取。由于价值比率在可比企业与被评估企业的价值之间建立了一座桥梁，而这座桥梁是否能更好地反映价值就成为选取价值比率的关键。通常情形下，评估专业人员需要考虑以下因素：①亏损企业一般不采用与净利润相关的价值乘数；②可比参照物与被评估企业的资本结构存在较大差异，则不宜选择部分投资口径的价值乘数；③轻资产企业不宜选择与资产规模相关的价值乘数，应当考虑与收益口径相关的指标；④对于成本和利润较为稳定的企业，可以采用收益口径的价值乘数进行评估；⑤可比参照物与被评估企业的税收政策不一致，偏向于采用与税前收益相关的指标，从而避免了由于税收不一致而导致的价值差异性。

尽管价值比率有很多种，但在评估实务中，最常用的有市销率、市净率（price-to-book ratio，P/B ratio）和市盈率。

下面介绍两种简单的价值比率及其相应的具体评估方法。

（1）成本市价法。成本市价法是以评估对象的现行合理成本为基础，利用参照物的成本市价比率来估算评估对象价值的方法。其计算公式为：

$$资产评估价值＝参照物成交价×\frac{评估对象现行合理成本}{参照物现行合理成本}$$

【例 4-7】评估基准日某设备的成本市价率为 150%，已知被估全新设备的现行合理成本为 20 万元，则其评估价值为 30 万元。

$$资产评估价值＝20×150\%＝30（万元）$$

（2）市盈率倍数法。市盈率倍数法主要适用于企业价值的评估。市盈率倍数法是以参照物（企业）的市盈率作为乘数（倍数），以此乘数与被评估企业相同口径的收益额相乘估算被评估企业价值的方法。其计算公式为：

$$企业评估价值＝被评估企业相同口径收益额×参照物（企业）市盈率$$

【知识链接】

市盈率也称"本益比""股价收益比率"或"市价盈利比率（简称市盈率）"。市盈率是指股票价格除以每股收益（每股收益）的比率，或以公司市值除以年度股东应占溢利。

【例 4-8】 某被估企业的年净利润为 1000 万元，评估基准日资本市场上同类企业平均市盈率为 20 倍，则：

$$该企业的评估价值＝1000×20＝20000（万元）$$

直接比较法具有适用性强、应用广泛的特点。虽然比较直观、简单明了，但此方法强调参照对象与评估对象之间的可比性，影响评估对象价值的因素较多，如可能同时有时间因素、价格因素、功能因素、交易条件等因素存在。另外，该法对信息资料的数量和质量要求较高，而且要求评估专业人员要有较丰富的评估经验、市场阅历和评估技巧。因为，直接比较法可能要对参照物与评估对象的若干可比因素进行对比分析和差异调整。没有足够的数据资料以及对资产功能、市场行情的充分了解和把握，很难准确地评定估算出评估对象的价值。

在上述各种具体评估方法中，许多具体评估方法既适用于直接评估单项资产的价值，也适用于在市场法中估测评估标的与参照物之间某一种差异的调整系数或调整值。在市场经济条件下，单项资产和整体资产都可以作为交易对象进入市场流通，不论是单项资产还是整体资产的交易实例都可以为运用市场法进行资产评估提供可参照的评估依据。当然，上述具体方法只是市场法中一些经常使用的方法，市场法中的具体方法还有许多，在此不一一赘述。

五、市场法的适用范围与局限

（一）市场法的适用范围

市场法通常被用于评估具有活跃公开市场且具有可比成交案例的资产，比如二手机器设备和房地产以及部分软件著作权等。通常二手设备市场可以成为机器设备评估的重要参照物选取市场；房地产评估则更多地选取其所在区域范围内的类似资产。

市场法被用于评估整体资产价值时，通常是用来评估企业价值。其中，最常用的是价值比率法，以参照企业的价值比率作为调整手段，以此比率与被评估企业的相关的财务指标（如利润、息税前利润、销售收入）相乘估算被评估企业价值。

除了经常使用的市盈率外，用来评估企业价值的乘数还有很多种类。在实务中，评估专业人员通常根据被评估企业自身和所在行业特征综合判断采用一种或几种价值比率进行评估。

（二）市场法的局限

市场法作为目前资产评估的重要方法之一，有其重要的意义和优势。它是相对来说具有客观性的方法，也比较容易被交易双方所理解和接受。因而，它是资产评估三种方法中较为有效、可理解、客观的方法。市场法不仅被用于设备、房地产等单项资产的评估，还被用于企业整体资产评估中。

然而，我国市场对诸如企业价值等资产的认知和反映仍会受到非理性因素的影响，评估专业人员在使用市场法进行资产评估的过程中就需要特别关注可比案例和评估对象在风险、收益方面的差异，深刻把握当前市场价格和资产价值之间的差异性，避免用价格取代价值；在充分分析市场认知与价值内在差异性的基础上，合理调整价值乘数等相关因子，得到评估对象的评估价值。

直接比较法总结见表 4-1，市场法总结如图 4-3 所示。

表 4-1 直接比较法总结

序号	具体方法	依据	适用范围	公式
1	现行市价法	参照物成交价格	价值内涵相同	资产评估价值＝参照物成交价格
2	市价折扣法	参照物成交价格	交易条件差异	资产评估价值＝参照物成交价格×（1－价格折扣率）
3	功能价值类比法	生产能力比例法（线性关系）	功能差异	资产评估价值＝参照物成交价格× $\dfrac{评估对象生产能力}{参照物生产能力}$
		规模经济效益指数法（指数关系）		资产评估价值＝参照物成交价格× $\left(\dfrac{评估对象生产能力}{参照物生产能力}\right)^{x}$
4	价格指数法	定基价格指数	时间间隔	资产评估价值＝参照物资产交易价格× $\dfrac{评估基准日资产定基价格指数}{参照物交易日资产定基价格指数}$
				资产评估价值＝参照物资产交易价格× $\dfrac{1＋评估基准日资产定基价格变动指数}{1＋参照物交易日资产定基价格变动指数}$
		环比价格指数		资产评估价值＝参照物资产交易价格×参照物交易日至评估基准日各期环比价格指数乘积
				资产评估价值＝参照物资产交易价格×参照物交易日至评估基准日各期（1＋环比价格变动指数）乘积
5	成新率价格调整法	参照物成交价格	新旧程度差异	资产评估价值＝参照物成交价格× $\dfrac{评估对象成新率}{参照物成新率}$
6	市场售价类比法	参照物成交价格	功能、市场条件和销售时间差异	资产评估价值＝参照物售价＋功能差异值＋时间差异值＋…＋交易情况差异值
				资产评估价值＝参照物售价×功能差异修正系数×时间差异修正系数×…×交易情形修正系数
7	价值比率法 1）上市公司比较法； 2）交易案例比较法	—	价值比率（经济参数或经济指标）	资产评估价值＝ $\dfrac{价值（权益价值、企业价值）}{参数（净利润、收入）}$
		成本市价法	利用参照物成本市价比率计算	资产评估价值＝参照物成交价× $\dfrac{评估对象现行合理成本}{参照物现行合理成本}$
				资产评估价值＝合理成本×成本市价率
		市盈率倍数法	企业价值的评估	资产评估价值＝收益额（净利润）×参照物（企业）市盈率

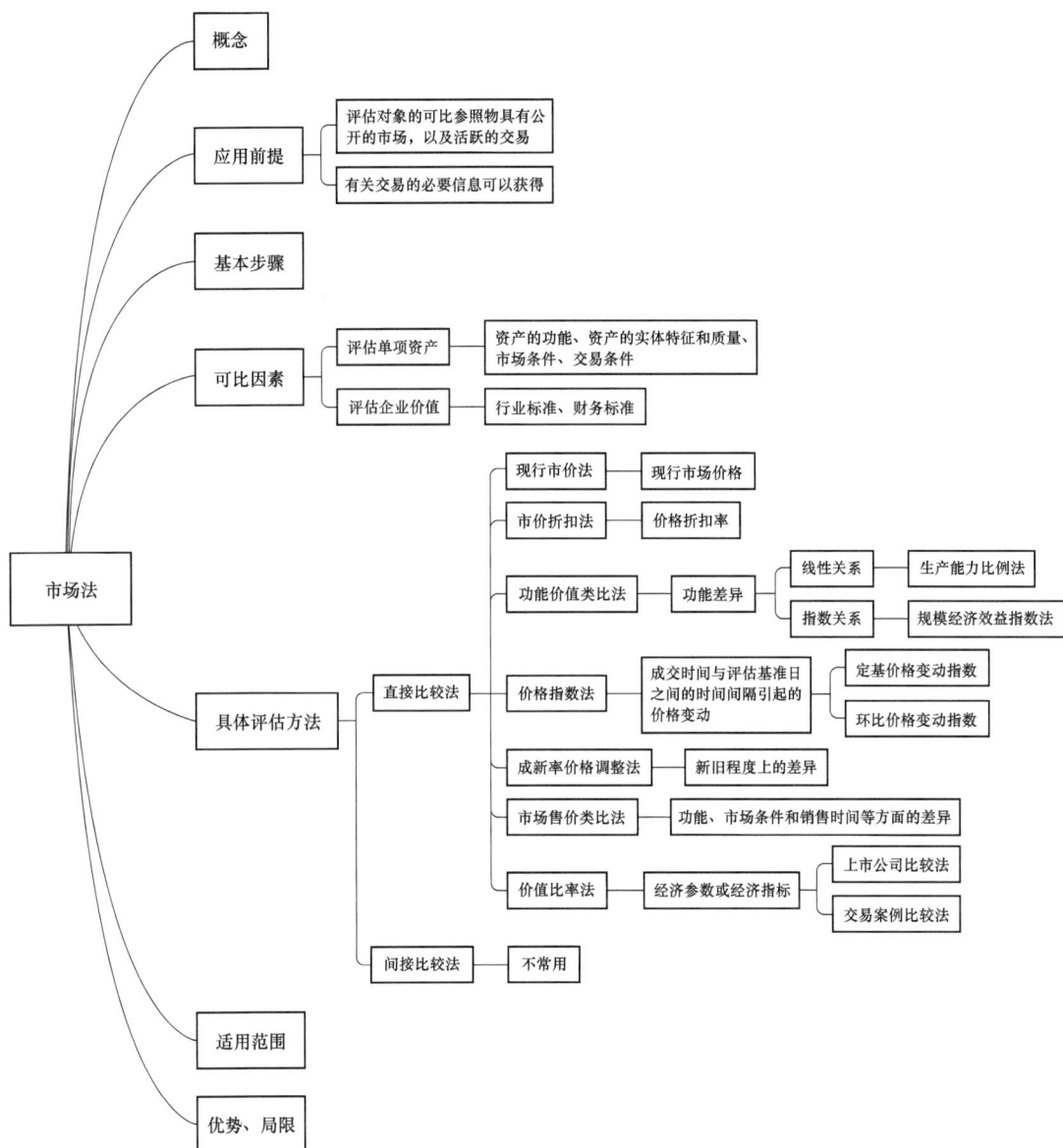

图 4-3 市场法总结

市场法
- 概念
- 应用前提
  - 评估对象的可比参照物具有公开的市场，以及活跃的交易
  - 有关交易的必要信息可以获得
- 基本步骤
- 可比因素
  - 评估单项资产 —— 资产的功能、资产的实体特征和质量、市场条件、交易条件
  - 评估企业价值 —— 行业标准、财务标准
- 具体评估方法
  - 直接比较法
    - 现行市价法 —— 现行市场价格
    - 市价折扣法 —— 价格折扣率
    - 功能价值类比法 —— 功能差异
      - 线性关系 —— 生产能力比例法
      - 指数关系 —— 规模经济效益指数法
    - 价格指数法 —— 成交时间与评估基准日之间的时间间隔引起的价格变动
      - 定基价格变动指数
      - 环比价格变动指数
    - 成新率价格调整法 —— 新旧程度上的差异
    - 市场售价类比法 —— 功能、市场条件和销售时间等方面的差异
    - 价值比率法 —— 经济参数或经济指标
      - 上市公司比较法
      - 交易案例比较法
  - 间接比较法 —— 不常用
- 适用范围
- 优势、局限

任务二 收　益　法

一、货币时间价值

（一）货币时间价值

收益法的基本思路是货币时间价值理论的重要应用之一。货币时间价值，是指一定量货币资本在不同时点上的价值量差额。货币的时间价值来源于货币进入社会再生产过程后的价值增值。通常情况下，它是指没有风险也没有通货膨胀情况下的社会平均资金利润率，是利润平均化规律发生作用的结果。根据货币时间价值理论，可以将某一时点的货币价值金额折

算为其他时点的价值金额。

货币时间价值通常分为终值与现值。终值是现在一定量的货币折算到未来某一时点的本利和，通常记作 F。现值是指未来某一时点上一定量的货币折算到现在所对应的金额，通常记作 P。现值和终值是一定量货币在前后两个不同时点上对应的价值。现实生活中计算利息时所称本金和本利和的概念相当于货币时间价值理论中的现值和终值，利率（用 r 表示）可视为货币时间价值的一种具体表现；现值和终值对应的时点之间可以划分为几期（$n \geqslant 1$），相当于计息期。

单利和复利是计息的两种不同方式。单利是指按照固定的本金计算利息，是计算利息的一种方法。按照单利计算的方法，只有本金在贷款期限中获得利息，不管时间多长，所生利息均不加入本金重复计算利息。复利是指不仅对本金计算利息，还对前期所产生的利息也计算利息的一种计息方式。

一般情况下，根据收付金额、收付时点、收付期限的不同，可以分为复利终值和现值、普通年金终值和现值、预付年金终值和现值、递延年金终值和现值、永续年金现值等几种类型。以下几种类型实则为复利终值和现值的衍生类型：

（1）复利终值和现值。复利计息方法是指每经过一个计息期，就要将该期所派生的利息加入本金再计算利息，逐期滚动计算，俗称"利滚利"。这里所说的计息期，是指相邻两次计息的间隔，如年、月、日等。除非特别说明，计息期一般为 1 年。

1）复利终值。复利终值指一定量的货币按复利计算的若干期后的本利总和。复利终值的计算公式如下：

$$F = P(1+r)^n$$

式中 $(1+r)^n$——复利终值系数，一般记作 $(F/P, r, n)$。

【例 4-9】甲将 100 元存入银行，复利年利率为 2%，求 5 年后的终值。

$$F = P(1+r)^n = 100 \times (1+2\%)^5 = 110.41（元）$$

2）复利现值。复利现值是指未来某期的一定量的货币按复利贴现至现在的价值。复利现值的计算公式如下：

$$P = \frac{F}{(1+r)^n}$$

式中 $\dfrac{1}{(1+r)^n}$——复利现值系数，一般记作 $(P/F, r, n)$。

【例 4-10】甲为了 5 年后能从银行取出 100 元，在复利年利率为 2% 的情况下，求当前存入金额。

$$P = \frac{F}{(1+r)^n} = \frac{100}{(1+2\%)^5} = 90.57（元）$$

（2）年金终值和年金现值。年金是指间隔期相等的系列等额收付款。年金包括普通年金（后付年金）、预付年金（先付年金）、递延年金、永续年金。普通年金是年金最基本的形式，它是指从第一期起，在一定时期内每期期末等额收付的系列款项，又称为后付年金。预付年金是指从第一期起，在一定时期内每期期初等额收付的系列款项，又称先付年金。预付年金与普通年金的区别仅在于收付款时间的不同，普通年金发生在期末，而预付年金发生在期初。递延年金是指隔若干期后才开始发生的系列等额收付款项。永续年金是指无限期收付的年金，即一系列没有到期日的现金流。在年金中，系列等额收付的间隔期间只需要满足"相等"的条件即可，间隔期间可以不是一年，例如每季末等额支付的债务利息也是年金。

年金总结见表 4-2。

表 4-2 年 金 总 结

年金类项	内容
普通年金（后付年金）	从第一期起，在一定时期内每期期末等额收付的系列款项
预付年金（先付年金）	从第一期起，在一定时期内每期期初等额收付的系列款项
递延年金	隔若干期后才开始发生的系列等额收付款项
永续年金	无限期收付的年金，即一系列没有到期日的现金流

1）年金终值。

a. 普通年金终值。普通年金终值是指普通年金最后一次收付时点的本利和，它是每次收付款项的复利终值之和。普通年金终值的计算实际上就是已知年金州，求终值 F。

根据复利终值的方法，计算年金终值的公式为：

$$F = A \frac{(1+r)^n - 1}{i}$$

式中　$\dfrac{(1+r)^n - 1}{i}$ ——年金终值系数，记作 $(F/A，r，n)$。

b. 预付年金终值。预付年金终值是指一定时期内每期期初等额收付的系列款项的终值，预付年金终值的计算公式为：

$$F_A = A(1+r) \sum_{i=1}^{n} (1+r)^{-1}$$

$$= A \frac{(1+r)^n - 1}{r} (1+r)$$

式中　$\dfrac{(1+r)^n - 1}{r}(1+r)$ ——预付年金终值系数，记作 $[(F/A，i，n+i) - 1]$，是即付年金终值系数。

2）年金现值。

a. 普通年金现值。普通年金现值是指普通年金折算到第一期期初的现值之和，根据复利现值的方法计算年金现值的公式为：

$$P = A \times \frac{1 - (1+r)^{-n}}{r}$$

式中　$\dfrac{1 - (1+r)^{-n}}{r}$ ——年金现值系数，记作 $(P/A，r，n)$。

【例 4-11】某投资项目于 2019 年初动工，假设当年投产，从投产之日起每年末可得收益 40000 元。假设年利率为 6%，计算预期 10 年收益的现值。

$$P_A = A \sum_{i=1}^{n} \frac{1}{(1+r)}$$

$$= 40000 \times \frac{1 - (1+6\%)^{-10}}{6\%}$$

$$= 294404 (元)$$

b．预付年金现值。预付年金现值是指将预付年金折算到第一期期初的现值之和，预付年金现值的计算公式如下：

$$P=A \times \frac{1-(1+r)^{-n}}{r}(1+r)$$

c．递延年金现值。递延年金现值是指对递延年金按照复利计息方式折算的现时价值，递延年金现值的计算方法有三种。

计算方法一：先将递延年金视为几期普通年金，求出递延期期末的普通年金现值，然后再折算到现在，即第0期价值。

$$P_A=A\ (P/A,\ r,\ n)(P/F,\ r,\ m)$$

式中　m——递延期；

　　n——连续收支期数，即年金期。

计算方法二：先计算$m+n$期年金现值，再减去m期年金现值。

$$P_A=A\ [(P/A,\ r,\ m+n)\ -\ (P/A,\ r,\ m)]$$

计算方法三：先求递延年金终值，再折现为现值。

$$P_A=A\ (F/A,\ r,\ n)(P/F,\ r,\ m+n)$$

【例4-12】某企业向银行借入一笔款项，银行贷款的年利率为10%，每年复利一次。银行规定前10年不用还本付息，但从第11年至第20年每年年末偿还本息5000元。

用两种方法计算这笔款项的现值。

计算方法一：

$$P_A=A\ (P/A,\ 10\%,\ 10)\ (P/F,\ 10\%,\ 10)$$
$$=5000 \times 6.1446 \times 0.3855=11800（元）（百位取整）$$

计算方法二：

$$P_A=A\ [(P/A,\ 10\%,\ 20)\ -\ (P/A,\ 10\%,\ 10)]$$
$$=5000 \times（8.5136-6.1446）$$
$$=11800（元）（百位取整）$$

d．永续年金现值。永续年金现值可以看成是一个n无穷大时普通年金的现值，永续年金现值计算如下：

$$P_A(n \to \infty)=A\frac{1-(1+r)^n}{r}=A/r$$

【例4-13】甲欲投资购买一项资产，预计该项资产每年可以为甲带来20000元的收益，且可以永续收益。问甲最多可以花费多少钱购买该项资产？

$$P_A=A/r=20000 \div 2\%=1000000（元）$$

（3）年偿债基金的计算。年偿债基金是指为了在约定的未来某一时点清偿某笔债务或积累一定数额的资金而必须分次等额形成的存款准备金，也就是使年金终值达到既定金额的年金数额（即已知终值F，求年金A）。在普通年金终值公式中解出A，这个A就是年偿债基金。

$$A=F_A\frac{r}{(1+r)^n-1}$$

式中　$\dfrac{r}{(1+r)^n-1}$——偿债基金系数，记作$(A/F,\ r,\ n)$。

（4）年资本回收额的计算。年资本回收额是指在约定年限内每期等额回收初始投入资本的金额。年资本回收额的计算实际上是已知普通年金现值 P，求年金 A。

$$A = P_A \frac{r}{1-(1+r)^n}$$

式中 $\dfrac{r}{1-(1+r)^n}$ ——资本回收系数，记作 $(A/P, r, n)$。

货币的时间价值总结如图 4-4 所示，年金公式总结见表 4-3。

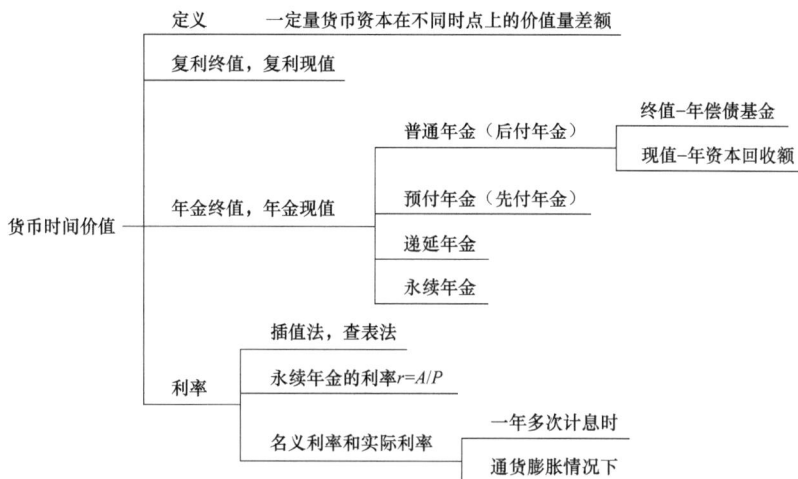

图 4-4 货币的时间价值总结

表 4-3 　　　　　　　　年 金 公 式 总 结

项目	公式	系数符号	系数名称
复利终值	$F = P(1+r)^n$	$(F/P, r, n)$	复利终值系数
复利现值	$P = F(1+r)^{-n}$	$(P/F, r, n)$	复利现值系数
普通年金终值	$F = A[(1+r)^n - 1]/r$	$(F/A, r, n)$	普通年金终值系数
偿债基金	$A = F \cdot r/[(1+r)^n - 1]$	$(A/F, r, n)$	偿债基金系数
普通年金现值	$P = A[1-(1+r)^{-n}]/r$	$(P/A, r, n)$	普通年金现值系数
投资回收额	$A = P \cdot r/[1-(1+r)^{-n}]$	$(A/P, r, n)$	投资回收系数
预付年金	预付年金现值＝$(1+r)$×普通年金的现值； 预付年金现值系数＝$(1+r)$×普通年金的现值系数，即： 普通年金现值系数期数减 1，系数加 1		
	预付年金终值＝$(1+r)$×普通年金的终值； 预付年金终值系数＝$(1+r)$×普通年金终值系数，即： 普通年金终值系数期数加 1，系数减 1		
递延年金	$P_A = A(P/A, r, n)(P/F, r, m)$； $P_A = A[(P/A, r, m+n) - (P/A, r, m)]$ m：递延期，n：连续收支期数		
互为倒数	复利终值系数与复利现值系数； 偿债基金系数与年金终值系数； 投资回收系数与年金现值系数		

（二）收益法的概念

收益法是指通过将评估对象的预期收益资本化或者折现，来确定其价值的各种评估方法的总称，公式为：

$$P = \sum_{t=1}^{n} \frac{R_t}{(+r)^t}$$

式中　　P——评估价值；

　　　　R_t——未来第 t 年的预期效益；

　　　　r——折现率；

　　　　n——收益年限；

　　　　t——年序号。

该评估技术思路认为，任何一个理智的投资者在购置或投资某一资产时，所愿意支付或投资的货币数额不会高于所购置或投资的资产在未来能给其带来的回报，即收益额。收益法利用投资回报和收益折现等技术手段，把评估对象的预期获利能力和获利风险作为两个相辅相成的关键指标来估测评估对象的价值。根据评估对象的预期收益来评估其价值，容易被资产评估业务各方所接受。所以，收益法是资产评估中常用的评估方法之一。

知识灯塔

➢ 人无远虑，必有近忧。
　　　　　　　　　　——孔子
➢ 君子务知大者、远者，小人务知小者、近者。
　　　　　　　　　　——左丘明

二、收益法的应用前提

收益法涉及三个基本要素：①评估对象的预期收益；②折现率或资本化率；③评估对象取得预期收益的持续时间。因此，能否清晰地把握上述三要素就成为能否运用收益法的应用前提。从这个意义上来讲，应用收益法必须具备的前提条件是：①评估对象的未来收益可以合理预期并用货币计量；②预期收益所对应的风险能够度量；③收益期限能够确定或者合理预期。

评估对象上述前提条件表明，首先，评估对象的预期收益必须能被较为合理地估测，这就要求评估对象与其经营收益之间存在着可预测的关系；同时，影响资产预期收益的主要因素，主观因素和客观因素应比较明确，评估专业人员可以据此分析和测算出评估对象的预期收益。其次，评估对象所具有的行业风险、地区风险及企业风险是可以比较和测算的，这是测算折现率或资本化率的基本参数之一。评估对象所处的行业不同、地区不同和企业差别都会不同程度地体现在资产拥有者的获利风险上。对于投资者来说，风险大的投资，要求的回报率就高；投资风险小，其回报率也可能会相应降低。最后，评估对象获利期限的长短，即评估对象的寿命，也是影响其价值和评估值的重要因素之一。

三、收益法的基本步骤和基本参数

（一）收益法的基本步骤

从收益法的概念可以看到，资产未来的预期收益和风险的量化是收益法应用的主要工作。因此，采用收益法进行评估，其基本步骤如下：

（1）搜集或验证与评估对象未来预期收益有关的数据资料，包括资产配置、生产能力、资金条件、经营前景、产品结构、销售状况、历史和未来的财务状况、市场形势与产品竞争、行业水平、所在地区收益状况以及经营风险等；

（2）分析测算评估对象的未来预期收益；

（3）分析测算评估对象预期收益持续的时间；

（4）分析测算折现率或资本化；

（5）用折现率或资本化率将评估对象的未来预期收益折算成现值；

（6）分析确定评估结果。

（二）收益法的主要参数

运用收益法进行评估涉及许多经济技术参数，其中最主要的参数有三个：收益额、折现率和收益期限。

1. 收益额

（1）含义：根据投资回报的原理，资产在正常情形下所能得到的归其产权主体的所得额。

（2）特点：①收益额是资产未来预期收益额，而不是资产的历史收益额或现实收益额；②用于资产评估的收益额通常是资产的客观收益，而不一定是资产的实际收益。

（3）类型：净利润、净现金流量和利润总额。资产种类不同，收益额表现形式不同，企业的收益额通常表现为净利润或净现金流量，房地产则通常表现为净收益等。

（4）净利润与净现金流量的关系。

1）相同点：都属于税后净收益，都是资产持有者的收益，在收益法中被普遍采用。

2）差异：确定的原则不同，净利润是按权责发生制确定的，净现金流量是按收付实现制确定的。

净现金流量＝净利润＋折旧－追加投资（包含资本性支出和营运资金追加投资）

净现金流量更适宜作为预期收益指标，有两点优势：

1）净现金流量能够更准确地反映资产的预期收益。净现金流量包含了计算净利润时扣除的折旧或摊销等非现金性支出，反映了当期企业可自由支配的实际现金净流量。

2）净现金流量体现了资金的时间价值，是动态指标。净利润没有考虑现金流入流出的时间差异。

在评估实务操作中，资产评估采用的是自由现金流量。

（5）预测资产未来收益的方法见表4-4。

表4-4 预测资产未来收益的方法

方法	内　容
时间序列法	含义：建立资产以往收益的时间序列方程，然后假定该时间序列将会持续。时间序列方程是根据历史数据，用回归分析的统计方法获得的。 适用性：如果在评估基准日之前，资产的收益随着时间的推移，呈现出平稳增长趋势，同时预计在评估基准日之后这一增长趋势仍将保持
因素分析法	含义：间接预测收益的方法。首先确定影响一项资产收入和支出的具体因素；然后建立收益与这些因素之间的数量关系，同时对这些因素未来可能的变动趋势进行预测；最后估算出基于这些因素的未来收益水平。 特点：比较难操作，要求对收入和支出背后的原因作深入分析；但适用面比较广，预测结果具有一定的客观性，广泛采用

2. 折现率

从本质上讲，折现率是一种期望投资报酬率。折现率由无风险报酬率和风险报酬率组成。

无风险报酬率，又称安全利率，是指没有投资限制和障碍，任何投资者都可以投资并能够获得的投资报酬率。在具体实践中，无风险报酬率可以参照同期政府债券收益率。

风险报酬率是对风险投资的一种补偿，在数量上是指超过无风险报酬率之上的那部分投资回报率。在资产评估中，因资产的行业分布、种类、市场条件等的不同，其折现率也不相同。

确定折现率的方法：加和法、资本资产定价模型、资本成本加权法和市场法等。本节重点讲解加和法。

加和法是以折现率包含无风险报酬率与风险报酬率两部分为计算基础的，通过分别求取每一部分的数值，然后相加即得到折现率。

无风险报酬率的确定比较容易，政府债券收益率常被用来测量无风险收益率。通常认为政府短期债券（如3个月期限的政府债券）是最没有风险的投资对象，但由于评估通常涉及基于长期收益趋势的资产，选择长期债券利率作为无风险报酬率更为合适。因此，资产评估时最好选用较长期的政府债券收益率（1年或1年以上）作为基本收益率。实务中具体采用的政府债券收益期间，应当与评估对象的预期收益期间相匹配。

折现率的风险报酬率部分反映两种风险：一是市场风险；二是与特定的评估对象或企业相联系的风险。表4-5以企业为例列出了风险报酬率确定过程中需考虑的主要因素。

表4-5　　　　　　　　　　风险报酬率相关因素

序号	与市场相关的风险	与评估对象相联系的风险
1	行业的总体状况	产品或服务的类型
2	宏观经济状况	企业规模
3	资本市场状况	财务状况
4	地区经济状况	管理水平
5	市场竞争状况	资产状况
6	法律或法规约束	收益数量及质量
7	国家产业政策	区位

考虑表4-5中的因素后就会发现，风险报酬率的量化实际上是相当困难的，且对于每一个潜在的投资者而言都会有所不同，在评估实践中风险报酬率的确定方法有多种，需根据评估对象的具体状况选择。

3. 收益期限

收益期限是指资产具有获利能力并产生资产净收益的持续时间。通常以年为时间单位。它由评估专业人员根据评估对象自身效能、资产未来的获利能力、资产损耗情形及相关条件以及有关法律、法规、契约、合同等加以确定。收益期分为有限期和无限期（永续）。

如无特殊情形，资产使用比较正常且没有对资产的使用年限进行限定，或者这种限定是可以解除的，并可以通过延续方式永续使用，则可假定收益期为无限期。如果资产的收益期限受到法律、合同等规定的限制，则应以法律或合同规定的年限作为收益期。例如，在对中外合资经营企业进行评估而确定其收益期时，应以中外合资双方共同签订的合同中规定的期限作为企业整体资产收益期。当资产没有规定收益期限的，也可按其正常的经济寿命确定收益期，即资产能够给其拥有者带来最大收益的年限。当继续持有资产对拥有者不再有利时，从经济上讲该资产的寿命也就结束了。

四、收益法中的主要技术方法

收益法实际上是在预期收益还原思路下若干具体方法的集合。收益法中的具体方法可以分为若干类：①针对评估对象未来预期收益有无限期的情形划分，可分为有限期和无限期的评估方法；②针对评估对象预期收益额的情形划分，又可分为等额收益评估方法、非等额收益评估方法等。为了便于学习收益法中的具体方法，下面先对这些具体方法中所用的字符含义作统一的定义：

P ——评估值；

i ——年序号；

P_n ——未来第 n 年的预计变现值；

R_i ——未来第 i 年的预期收益；

r ——折现率或资本化率；

n ——收益年期；

t ——收益年期；

A ——年金。

（一）净收益不变

（1）在收益永续、各因素不变的条件下，其计算公式为：

$$P = A/r$$

成立条件：①净收益每年不变；②资本化率固定且大于零；③收益年期无限。

【例 4-14】 被评估资产为一未公开的食品配方。预计在未来无限年期其所产生的年收益为 100 万元，资本化率为 10%。则该食品配方的价值为：

$$P = A/r = 100/10\% = 1000（万元）$$

（2）在收益年期有限，折现率大于 0 的条件下，其计算公式为：

$$P = \frac{A}{r}\left[1 - \frac{1}{(1+r)^n}\right] = A \times \frac{1-(1+r)^{-n}}{r}$$

这是一个在评估实务中经常运用的计算公式。其成立条件是：①净收益每年不变；②折现率固定且大于 0；③收益年期有限为 n。

【例 4-15】 评估对象为某一服装品牌的特许经营权。根据许可方与被许可方所签订的合同，在评估基准日，该品牌的尚可使用年限为 5 年。根据以往的经营数据和市场对该品牌的认可程度，预计其未来年收益将会维持在 200 万元。折现率假定为 15%，则该品牌的特许经营权价值为：

$$P = \frac{A}{r}\left[1 - \frac{1}{(1+r)^n}\right]$$

$$= \frac{200}{15\%}\left[1 - \frac{1}{(1+15\%)^5}\right]$$

$$= 670.43(万元)$$

（3）在收益年期有限，折现率等于 0 的条件下，其计算公式为：

$$P = A \cdot n$$

其成立条件是：①净收益每年不变；②收益年期有限为 n；③折现率为零。

（二）净收益在若干年后保持不变

（1）无限年期收益，其基本公式为：

$$P = \sum_{i=1}^{n} \frac{R_i}{(1+r)^i} + \frac{A}{r(1+r)^n}$$

成立条件：①净收益在 n 年（含第 n 年）以前有变化；②净收益在 n 年（不含第 n 年）以后保持不变；③收益年期无限；④r 大于零。

（2）有限年期收益，其计算公式为：

$$P = \sum_{i=1}^{t} \frac{R_i}{(1+r)^t} + \frac{A}{r(1+r)^t}\left[1 - \frac{1}{(1+r)^{n-t}}\right]$$

其成立条件是：①净收益在 t 年（含第 t 年）以前有变化；②净收益在 t 年（不含第 t 年）以后保持不变；③收益年期有限为 n；④r 大于零。

净收益 A 的收益年期是 $n-t$ 而不是 n。

【例 4-16】某收益性资产预计未来 5 年的收益额分别是 12 万元、15 万元、13 万元、11 万元和 14 万元。假定从第 6 年开始，以后各年收益均为 14 万元，确定的折现率和资本化率均为 10%。确定该收益性资产在持续经营下和 50 年收益的评估值。

（1）持续经营条件下的评估过程：

1）确定未来 5 年收益额的现值。

$$现值总额 = \frac{12}{1+10\%} + \frac{15}{(1+10\%)^2} + \frac{13}{(1+10\%)^3} + \frac{11}{(1+10\%)^4} + \frac{14}{(1+10\%)^5}$$

$$= 12 \times 0.9091 + 15 \times 0.8264 + 13 \times 0.7513 + 11 \times 0.6830 + 14 \times 0.6209$$

$$= 49.2777(万元)$$

2）将第 6 年以后的收益进行资本化处理，即：

$$14/10\% = 140（万元）$$

3）确定该企业评估值。

$$企业评估价值 = 49.2777 + 140 \times 0.6209 = 136.20（万元）$$

（2）50 年的收益价值评估过程：

$$评估价值 = \frac{12}{1+10\%} + \frac{15}{(1+10\%)^2} + \frac{13}{(1+10\%)^3} + \frac{11}{(1+10\%)^4} + \frac{14}{(1+10\%)^5}$$

$$+ \frac{14}{10\% \times (1+10\%)^5}\times\left[1 - \frac{1}{(1+10\%)^{50-5}}\right]$$

$$= 49.2777 + 140 \times 0.6209 \times (1 - 0.0137)$$

$$= 49.2777 + 85.7351$$

$$= 135.01(万元)$$

五、收益法的适用范围与局限

（一）收益法的适用范围

1. 单项资产评估

单项资产评估内容见表4-6。

表4-6　　　　　　　　　　　　　单项资产评估内容

无形资产	专利及专有技术、商标、著作权、客户关系、特许经营权等
房地产	具有收益性的房产类别，比如商铺、酒店、写字楼等
机器设备	可出租的机器设备或可独立产生现金流的生产线、成套设备
其他资产	如非上市交易的股票、债券、长期应收款、长期股权投资、投资性房地产等

2. 整体资产评估（企业价值评估）

企业价值评估是整体资产评估的代表。

（1）收益法与其他评估方法相比更能体现企业存在和运营的本质特征。

（2）评估专业人员依据收益口径的不同，选择不同的收益法具体方法进行评估。常见的方法有股利折现模型、现金流折现模型、经济利润模型，分别对应的收益口径为股利、自由现金流量以及经济利润。

（3）轻资产类型的企业价值评估，收益法比资产基础法更适用。

（4）注意收益与折现率的口径一致。

收益额和折现率的对比见表4-7。

表4-7　　　　　　　　　　　　　收益额和折现率的对比

类型	预期收益额	折现率
股权收益	净利润、净现金流量（股权自由现金流量）	股权投资回报率
股权与债权收益的综合	息前净利润、息前净现金流量或企业自由现金流	加权平均资本成本模型获得折现率

用于企业评估的收益额可以有不同的口径，如净利润、净现金流量（股权自由现金流量）、息前净利润、息前净现金流量（企业自由现金流量）等。而折现率作为一种价值比率，要注意其计算口径。有些折现率是从股权投资回报率的角度考虑，有些折现率既考虑了股权投资的回报率同时又考虑了债权投资的凹报率。净利润、净现金流量（股权自由现金流量）是股权收益形式，因此只能用股权投资回报率作为折现率。而息前净利润、息前净现金流量或企业自由现金流量等是股权与债权收益的综合形式，因此，只能运用股权与债权综合投资回报率，即只能运用通过加权平均资本成本模型获得的折现率。评估专业人员在运用收益法评估资产价值时，必须注意收益额与计算折现率所使用的收益额之间口径上的匹配和协调，以保证评估结果合理且有意义。

对于轻资产类型的企业价值评估，收益法具有很强的适用性。与传统生产性企业相比，轻资产企业所拥有的固定资产、有形资产较少，其获利的主要来源是无法体现在企业财务报表中的大量无形资产。

（二）收益法的局限

收益法是从资产的获利能力角度来确定资产的价值，较适宜于那些形成资产的成本费用与其获利能力不对称，成本费用无法或难以准确计算，存在无形资产以及具有收益能力的资产，例如企业价值、无形资产、资源性资产等的价值评估。

但是收益法也具有一定的局限性。首先，收益法的应用需具备一定的前提条件，对于没有收益或收益无法用货币计量以及风险报酬率无法计算的资产，该方法将无法使用；其次，收益法的操作含有较大成分的主观性，如对未来收益的预测、对风险报酬率的确定等，从而使评估结果较难把握。

收益法总结如图 4-5 所示。

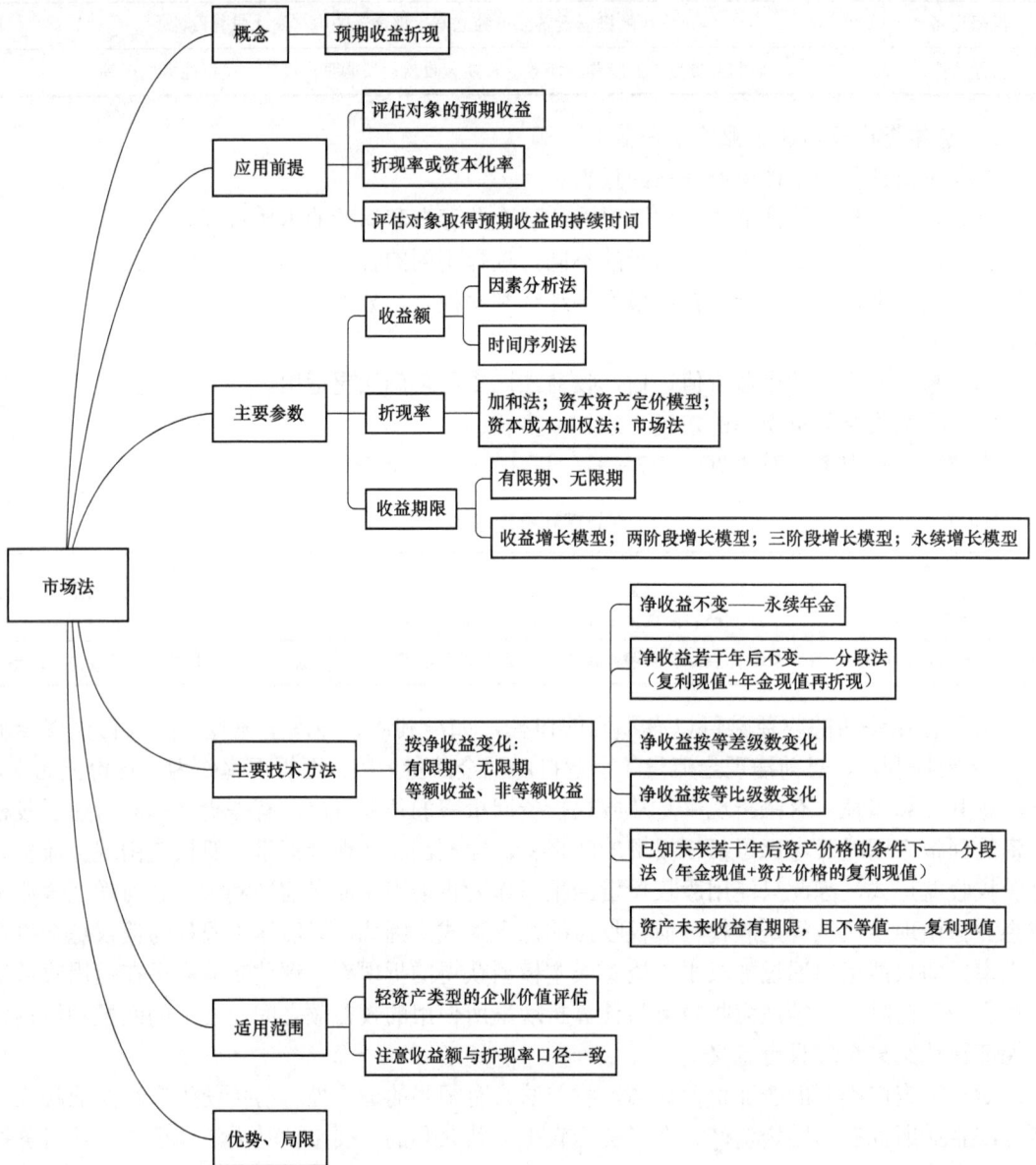

图 4-5　收益法总结

任务三 成 本 法

一、成本法的概念

成本法也是资产评估的基本方法之一。成本法是指按照重建或者重置被评估对象的思路，将重建或者重置成本作为确定评估对象价值的基础，扣除相关贬值，以此确定评估对象价值的评估方法的总称。从被评估资产重建或重置的角度考虑是成本法的基本思路，因为在条件允许的情形下，任何潜在的投资者在决定投资某项资产时，所愿意支付的价格不会超过该项资产的现行购建成本。如果该投资对象并非全新，投资者所愿支付的价格会在投资对象全新的现行购建成本的基础上再扣除各种贬值。上述评估思路可用公式表述为：

$$评估价值＝重置成本－实体性贬值－功能性贬值－经济性贬值$$

成本法是以评估对象的重置成本为基础的评估方法。由于评估对象再取得成本的有关数据和信息来源较广泛，并且资产的重置成本与资产的现行市价及收益现值也存在着内在联系和替代关系，因此，成本法也是一种被广泛应用的评估方法。成本法包括多种具体方法，如复原重置成本法、更新重置成本法、成本加和法（也称资产基础法）等。

资产的价值是一个变量，影响资产价值量变化的因素，除了市场价格以外，还有因使用磨损和自然力作用而产生的实体性损耗，因技术进步而产生的功能性损耗，因资产外部环境因素变化而产生的经济性损耗。因此，成本法除计算按照全新状态重新购建的全部支出及必要合理的利润外，对于损耗造成的价值损失也是一并计算的。这里需要特别提示的是，资产的损耗不同于会计规定的折旧。资产评估中的损耗，是根据重置成本对资产的实际价值损耗的计量，反映资产价值的现实损失额。会计上的折旧是依照会计核算要求和会计准则来反映的原始成本分摊，是根据历史成本对资产的原始价值损耗的计量，不一定能够准确反映资产价值变化的现实状况。

二、成本法的应用前提

成本法从再取得资产的角度反映资产价值，即通过资产的重置成本扣减各种贬值来反映资产价值。只有当评估对象处于继续使用状态下，再取得评估对象的全部费用才能构成其价值的内容。资产的继续使用不仅仅是一个物理上的概念，还包含着有效使用资产的经济意义，只有当资产能够继续使用并且在持续使用中为潜在所有者或控制者带来经济利益时，资产的重置成本才能为潜在投资者和市场所承认和接受。从这个意义上讲，成本法主要适用于继续使用前提下的资产评估。对于非继续使用前提下的资产，如果运用成本法进行评估，需对成本法的基本要素做必要的调整。从相对准确合理、减少风险和提高评估效率的角度，把继续使用作为运用成本法的前提是有积极意义的。

采用成本法评估资产的前提条件是：

（1）评估对象能正常使用或者在用。即评估对象处于持续使用状态或被假定处于继续使用状态，持续使用假设又分为现状续用、转用续用和移地续用假设。

（2）评估对象能够通过重置途径获得。否则，从重置或者重建的角度计算其成本就不具有理论上和现实上的意义。

（3）评估对象的重置成本以及相关贬值能够合理估算。如果被评估对象运用成本法评估时还应注意以下事项：

一是形成资产价值的耗费是必需的，耗费是形成资产价值的基础，但耗费包括有效耗费和无效耗费，采用成本法评估资产，首先要确定这些耗费是必需的，而且应体现社会或行业平均水平，而不应是某项资产的个别成本耗费。

二是最佳使用和快速变现情形。最佳使用是指市场参与者实现一项资产的价值最大化时该资产的用途。如果一项资产在法律允许、经济可行、技术可实现的条件下，有多种使用方式的选择，通常要求采用能使其价值最大化的用途。快速变现假设通常被用于由法院或者债权人等强制要求的情形。在这种情形下，资产变现的时间有限，因此，与正常的市场状况相比，快速变现前提下的资产价值通常较低。在实务中，对该前提下的资产进行评估通常会将正常市场条件下的资产价值乘以快速变现折扣比例，得到评估对象的价值。

三、成本法的基本步骤和基本参数

（一）成本法的基本步骤

资产评估专业人员运用成本法对评估对象进行评估时，应当遵循以下步骤：

（1）确定评估对象，并估算重置成本。

（2）确定评估对象的使用年限。

（3）测算评估对象的各项损耗或贬值额。

（4）测算评估对象的价值。

（二）成本法的主要参数

就一般意义上讲，成本法的运用涉及四个基本要素，即资产的重置成本、资产的实体性贬值、资产的功能性贬值和资产的经济性贬值。在评估实践中，或者说在具体运用成本法评估资产的项目中，不是所有的评估项目都一定存在三种贬值，这需要根据评估项目的具体情形来定就成本法理论而言，上述四个参数都可能存在。

1. 资产的重置成本

简单地说，资产的重置成本就是资产的现行再取得成本。重置成本的构成要素一般包括建造或者购置评估对象的直接成本、间接成本、资金成本、税费及合理的利润。重置成本应当是社会一般生产力水平的客观必要成本，而不是个别成本。具体来说，重置成本可区分为复原重置成本和更新重置成本：

（1）复原重置成本是指采用与评估对象相同的材料、建筑或制造标准、设计、规格及技术等，以现时价格水平重新购建与评估对象相同的全新资产所发生的费用。复原重置成本适用于评估对象的效用只能通过按原条件重新复制评估对象的方式提供。

（2）更新重置成本是指采用与评估对象并不完全相同的材料、建筑或制造标准、设计、规格和技术等，以现时价格水平购建与评估对象具有同等功能的全新资产所需的费用。更新重置成本通常适用于使用当前条件所重置的资产可以提供与评估对象相似或者相同的功能，并且更新重置成本通常低于其复原重置成本。

2. 资产的实体性贬值

资产的实体性贬值，也称有形损耗，是指资产由于使用和自然力的作用导致资产的物理性能损耗或下降引起的资产价值损失。资产的实体性贬值通常采用相对数计量，即资产实体性贬值率。

3. 资产的功能性贬值

资产的功能性贬值是指由于技术进步引起资产功能相对落后而造成的资产价值损失。它包括由于新工艺、新材料和新技术的采用，而使原有资产的建造成本超过现行建造成本的超支额以及原有资产超过体现技术进步的同类资产的运营成本的超支额。功能性贬值可以体现在两个方面：一是从运营成本角度看，在产出量相等的情形下，评估对象的运营成本要高于同类技术先进的资产；二是从产出能力角度看，在运营成本相类似的情形下，评估对象的产出能力要低于同类技术先进的资产。

估算功能性贬值时，主要根据资产的效用、生产加工能力、工耗、物耗、能耗水平等功能方面的差异造成的成本增加或效益降低，相应确定功能性贬值额。同时，还要重视技术进步因素，注意替代设备、替代技术、替代产品的影响以及行业技术装备水平现状和资产更新换代速度。

4. 资产的经济性贬值

资产的经济性贬值是指由于外部条件变化引起资产闲置、收益下降等造成的资产价值损失。就表现形式而言，资产的经济性贬值有两种：一是资产利用率下降，甚至闲置等；二是资产的运营收益减少。成本法的主要参数见表4-8。

表4-8　　　　　　　　　　成本法的主要参数

参数	含义	方法	公式
重置成本	现行再取得成本，社会一般生产力水平的客观必要成本	重置核算法；价格指数法；功能价值类比法；统计分析法	复原重置成本：相同的全新资产更新重置成本：具有同等功能的全新资产
实体性贬值	有形损耗，使用及自然力的作用	观察法；使用年限法；修复费用法	资产实体性贬值率 $=\dfrac{资产实体性贬值}{资产重置成本}$
功能性贬值	技术进步引起的资产功能相对落后	超额投资成本；运营性功能性贬值	净超额运营成本折现
经济性贬值	外部条件的变化引起的资产闲置、收益下降	间接计算法；直接计算法	—
综合成新率	—	年限成新率；勘查成新率	加权平均

四、成本法各个参数的估算方法

通过成本法评估资产的价值不可避免地要涉及评估对象的重置成本、实体性贬值、功能性贬值和经济性贬值四大因素。成本法中的各种具体方法实际上都是在成本法总的评估思路基础上，围绕着上述因素采用不同的方式方法测算形成的，如图4-6所示。在评估实务中，人们可能会采用不同的具体方式估算成本法中的各个参数，以及根据采用不同具体方式估算的各个参数的性质、特点来考虑与成本法中其他参数的相互关系。

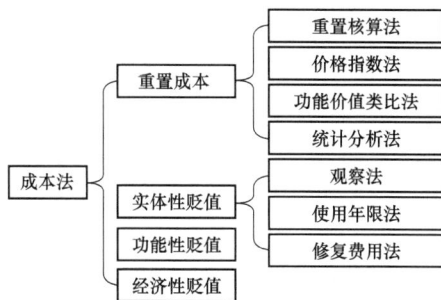

图4-6　成本法中各种参数测算的具体方法

（一）资产的重置成本的估算

资产的重置成本可以通过若干种方法进行估算，这里对在评估实务中应用较为广泛的几种方法介绍如下。

1. 重置核算法

重置核算法也称细节分析法、核算法等，是利用成本核算的原理，根据重新取得资产所需的费用项目，逐项计算然后累加得到资产的重置成本。其实际测算过程又具体划分为两种类型，即购买型和自建型。购买型是以购买资产的方式作为资产的重置过程，购买的结果一般是资产的购置价，如果评估对象属于不需要运输、安装的资产，购置价就是资产的重置成本。如果评估对象属于需要运输、安装的资产，资产的重置成本具体由资产的现行购买价格、运杂费、安装调试费以及其他必要费用构成，将上述取得资产的必需费用累加起来，便可计算出资产的重置成本。自建型是把自建资产作为资产重置方式，根据重新建造资产所需的料、工、费及必要的资金成本和开发者的合理收益等分析和计算出资产的重置成本。

【例 4-17】重置购建设备一台，现行市场价格为每台 50000 元，运杂费 1000 元，直接安装成本 800 元，其中原材料 300 元，人工成本 500 元。根据分析，安装成本中的间接成本为人工成本的 80%。该机器设备的重置成本为：

$$直接成本＝50000＋1000＋800＝51800（元）$$
$$间接成本＝500×0.8＝400（元）$$
$$重置成本合计＝51800＋400＝52200（元）$$

【小测试】重置构建设备一台，现行市场价格每台 50000 元，运杂费 1000 元，直接安装成本 800 元，其中原材料 300 元，人工成本 500 元，安装间接成本为 400 元，计算设备的重置成本。

2. 价格指数法

价格指数法也称物价指数法，是利用与资产有关的价格变动指数，将评估对象的历史成本（账面价值）调整为重置成本的一种方法。既无法获得处于全新状态的评估对象的现行市价，也无法获得与评估对象相类似的参照物的现行市价时，可以利用与资产有关的价格变动指数计算评估对象的重置价值。其计算公式为：

$$重置成本＝资产的历史成本×价格指数$$
$$＝资产的历史成本×（1＋价格变动指数）$$

式中 价格指数——定基价格指数或环比价格指数。

定基价格指数可按下式求得：

$$定基价格指数＝（评估基准日价格指数÷资产购建时点的价格指数）×100\%$$

环比价格指数可按下式求得：

$$X＝（1＋a_1）×（1＋a_2）×（1＋a_3）×\cdots×（1＋a_n）×100\%$$

式中 X——环比价格指数；

a_n——第 n 年环比价格变动指数，$n＝1，2，3，\cdots，n$。

【例 4-18】某评估对象购建于 2020 年，账面原值为 500000 元，当时该类资产的定基价格指数为 95%，评估基准日该类资产的定基价格指数为 160%，则：

$$评估对象重置成本＝500000×（160\%÷95\%）×100\%$$
$$≈842110（元）$$

又如，某评估对象历史成本（账面价值）为 20000 元，2016 年建成，2021 年评估，经调查同类资产环比价格指数分别为：2017 年为 11.7%，2018 年为 17%，2019 年为 30.5%，2020 年为 6.9%，2021 年为 4.8%，则被评估资产重置成本＝200000×（1＋11.7%）×（1＋17%）×（1＋30.5%）×（1＋6.9%）×（1＋4.8%）＝382000 元。

价格指数法的相关内容还可以参见市场法中的价格指数法部分所介绍的内容。

需要强调的是，该方法所依据的历史成本应当是原始购置所发生的支出，经评估调整后价格以及二手交易价格均不能作为该方法使用的依据。

价格指数法与重置核算法是重置成本估算较常用的方法，但二者具有明显的区别：

（1）价格指数法估算的重置成本仅考虑了价格变动因素，因而确定的是复原重置成本；而重置核算法既考虑了价格因素，也考虑了生产技术进步和劳动生产率的变化因素，因而可以用来估算更新重置成本。

（2）价格指数法建立在不同时期的某一种或某类甚至全部资产的物价变动水平上；而重置核算法则建立在现行价格水平与购建成本费用核算的基础上。

价格指数法和重置核算法也有其相同点，即都是建立在利用历史资料的基础上。明确价格指数法和重置核算法的区别，有助于在重置成本估算中的方法的判断和选择。一项科学技术进步较快的资产，采用价格指数法估算的重置成本往往会偏高。因此，注意分析、判断资产评估时重置成本口径与委托方提供的历史资料（如财务资料）的口径差异，是上述两种方法应用时需注意的共同问题。

3. 功能价值类比法

功能价值类比法，是指利用某些资产功能（生产能力）的变化与其价格或重置成本的变化呈某种指数关系或线性关系，通过参照物的价格或重置成本以及功能价值关系估测被评估对象价格或重置成本的技术方法（该方法也称为类比估价法——指数估价法）。当资产的功能变化与其价格或重置成本的变化呈线性关系时，人们习惯把线性关系条件下的功能价值类比法称为生产能力比例法，而把非线性关系条件下的功能价值类比法称为规模经济效益指数法：

（1）生产能力比例法。生产能力比例法是寻找一个与评估对象相同或相似的资产为参照物，根据参照资产的重置成本及参照物与评估对象生产能力的比例，估算评估对象的重置成本。计算公式为：

$$评估对象重置成本 = \frac{评估对象年产量}{参照物年产量} \times 参照物重置成本$$

【例 4-19】某重置全新的一台机器设备价格为 50000 元，年产量为 5000 件。现知被评估资产的年产量为 4000 件，由此可以确定其重置成本为：

$$被评估资产重置成本 = \frac{4000}{5000} \times 50000$$
$$= 40000（元）$$

这种方法运用的前提条件和假设是资产的成本与其生产能力呈线性关系，生产能力越大，成本越高，而且是成正比例变化。应用这种方法估算重置成本时，首先应分析资产成本与生产能力之间是否存在这种线性关系，如果不存在这种关系，这种方法就不可以采用。

生产费用价值论，付出和回报的关系（人生的价值不在于得到多少，而在于付出多少）；提高"利用率"，充实生活，提高"实际生命年限"。

（2）规模经济效益指数法。通过不同资产的生产能力与其成本之间关系的分析我们可以发现，许多资产的成本与其生产能力之间不存在线性关系。当资产 A 的生产能力比资产 B 的生产能力大 1 倍时，其成本却不一定大 1 倍。也就是说，资产生产能力和成本之间只呈同方向变化，而不是等比例变化，这是规模经济效益作用的结果，两项资产的重置成本和生产能力相比较，其关系可用下列公式来表示：

$$\frac{被评估资产重置成本}{参照物资产重置成本}=\left(\frac{被评估资产的产量}{参照物资产的产量}\right)^{x}$$

推导可得：

$$被评估资产重置成本=参照物资产重置成本\times\left(\frac{被评估资产的产量}{参照物资产的产量}\right)^{x}$$

公式中的 x 被称为规模经济效益指数，事实上它的取得是靠统计分析得到的。在我国，这样的统计分析并不多见，实践中通常采用的是一个经验数据。美国经验数据 x 一般为 0.4～1.2，我国尚未有统一的经验数据，评估过程要谨慎使用这种方法。公式中参照物一般可选择同类资产中的标准资产。

上述三种方法均可用于确定成本法中的重置成本的测算（估测资产重置成本的具体方法并不局限于上述几种方法）。至于选用哪种方法，应根据具体的评估对象和可以收集到的资料来确定。这些方法，对某项资产可能同时都可用，有的则不然，应用时必须注意分析方法运用的前提条件，否则将得出错误的结论。

另外，在用成本法对企业整体资产及某一相同类型资产进行评估时，为了简化评估业务，节省评估时间，还可以采用统计分析法确定某类资产的重置成本，这种方法运用的步骤是：

（1）在核实资产数量的基础上，把全部资产按照适当标准划分为若干类别，如机器设备划分为专用设备、通用设备等。

（2）在各类资产中抽样选择适量具有代表性的资产，应用功能价值类比法、价格指数法或重置核算法等方法估算重置成本。

（3）依据分类抽样估算资产的重置成本与账面历史成本，计算出分类资产的调整系数。其计算公式为：

$$K=R'/R$$

式中　K——资产重置成本与历史成本的调整系数；

　　　R'——某类抽样资产的重置成本；

　　　R——某类抽样资产的历史成本。

根据调整系数 K 估算被评估资产的重置成本，计算公式为：

被评估资产重置成本＝∑某类资产账面历史成本×K

某类资产账面历史成本可从会计记录中取得。

【例 4-20】评估某企业某类通用设备，经抽样选择具有代表性的通用设备 5 台，估算其重置成本之和为 30 万元。而该 5 台具有代表性的通用设备历史成本之和为 20 万元，该类通用设备账面历史成本之和为 500 万元。则：

$$K＝30÷20＝1.5$$

该类通用设备重置成本＝500×1.5＝750（万元）。

重置成本计算方法见表 4-9。

表 4-9　　　　　　　　　　　　重置成本计算方法

序号	方法	含义	公式
1	重置核算法	费用之和	重置成本＝直接费用＋间接费用
2	价格指数法	历史成本（账面价格）	重置成本＝资产的历史成本×价格指数 重置成本＝资产的历史成本×（1＋价格变动指数）
3	功能价值类比法	生产能力比例法	重置成本＝参照物重置成本×$\dfrac{评估对象年产量}{参照物年产量}$
		规模经济效益指数法	重置成本＝参照物重置成本×$\left(\dfrac{评估对象的产量}{参照物资产的产量}\right)^{x}$
4	统计分析法	确定调整系数	重置成本＝∑某类资产账面历史成本×K 调整系数$K＝\dfrac{重置成本}{历史成本}$

（二）资产实体性贬值的估算

资产的实体性贬值也称有形损耗，是指资产由于使用及自然力的作用导致的资产的物理性能的损耗或下降而引起的资产的价值损失。资产的实体性贬值通常采用相对数计量，即资产实体性贬值率，用公式表示为：

$$实体性贬值率＝\frac{资产实体性贬值}{资产重置价格}$$

资产的实体性贬值的计算一般可以选择以下几种方法。

1. 观察法

观察法是指由具有专业知识和丰富经验的工程技术人员，对评估对象的实体各主要部位进行现场勘查，并综合分析资产的设计、制造、使用、磨损、维护、修理、大修理、改造情形和物理寿命等因素，将评估对象与其全新状态相比较，考察由于使用磨损和自然损耗对资产的功能、使用效率带来的影响，判断评估对象的成新率，从而估算资产的实体性贬值。计算公式为：

$$资产实体性贬值＝重置成本×（1－实体性成新率）$$
$$＝重置成本×实体性贬值率$$

【例 4-21】评估对象于 2019 年 1 月 1 日购进，其购置时成本为 100 万元。该设备于评估基准日（2021 年 12 月 31 日）的全新购置价格为 150 万元。经过专家鉴定，该设备由于使用磨损所造成的贬值率为20%。则在不考虑其他因素的条件下，该设备的实体性贬值为：

$$实体性贬值=重置成本×实体性贬值率$$
$$=150×20\%$$
$$=30（万元）$$

2. 直线法（包括年限法和工作量法）

使用年限法是利用评估对象的实际已使用年限与其总使用年限的比值来判断其实体贬值率（程度），进而估测资产的实体性贬值。

假设：资产的贬值和其实际使用年限成正比例

$$资产实体性贬值=重置成本×\frac{实际已使用年限}{总使用年限}×100\%$$

式中 总使用年限——实际已使用年限与尚可使用年限之和，其计算公式为：

$$总使用年限=实际已使用年限+尚可使用年限$$
$$实际已使用年限=名义已使用年限×资产利用率$$

由于资产在使用中负荷程度的影响，必须将资产的名义已使用年限调整为实际已使用年限。尚可使用年限是根据资产的有形损耗因素，预计资产的继续使用年限。名义已使用年限是指资产从购进使用到评估时的年限。名义已使用年限可以通过会计记录、资产登记簿、登记卡片查询确定。实际已使用年限是指资产在使用中实际损耗的年限。实际已使用年限与名义已使用年限的差异，可以通过资产利用率来调整。资产利用率的计算公式为：

$$资产利用率=\frac{截至评估日资产累计实际利用时间}{截至评估日资产累计法定利用时间}×100\%$$

当资产利用率>1时，表示资产超负荷运转，资产实际已使用年限比名义已使用年限要长；

当资产利用率=1时，表示资产满负荷运转，资产实际已使用年限等于名义已使用年限；

当资产利用率<1时，表示开工不足，资产实际已使用年限小于名义已使用年限。

评估实践中，资产利用率需要根据资产开工情形、修理间隔时间、工作班次、原材料供应情形、电力供应情形、是否为季节性生产等方面进行确定。

【例4-22】某资产于2009年2月购进，2019年2月评估时，名义已使用年限是10年。根据该资产技术指标，在正常使用情形下，每天应工作8小时，该资产实际每天工作7.5小时。假设全年按360天计算，由此可以计算该资产利用率：

$$资产利用率=（10×360×7.5）/（10×360×8）×100\%=93.75\%$$
$$实际已使用年限=10×93.75\%=9.4（年）$$

由此可确定其实际已使用年限为9.4年。

【例4-23】某机器设备购建于2012年9月30日，根据其技术经济指标，规定正常使用强度下每天的运转时间为8小时，由于其生产的产品自2012年至2016年末期间在市场上供不应求，企业在此期间一直超负荷使用该设备，每天实际运转时间为10小时，自2017年初恢复正常使用，现以2018年9月30日为评估基准日，该设备尚可使用年限为10年，计算该设备的实体性贬值率。

名义已使用年限为6年

$$资产利用率=（51×30×10+21×30×8）/（6×360×8）=117.71\%$$
$$实际已使用年限=6×117.71\%=7.06（年）$$
$$实体性贬值率=7.06/（7.06+10）×100\%=41.38\%$$

在实际评估过程中，一些企业基础管理工作较差，再加上资产运转中的复杂性，资产利用率的指标往往很难确定。评估专业人员应综合分析资产的运转状态，诸如资产开工情形、大修间隔期、原材料供应情形、电力供应情形、是否为季节性生产等各方面因素分析确定。

使用年限法所显示的评估技术思路是一种应用较为广泛的评估技术。在资产评估实际工作中，评估专业人员还可以利用使用年限法的原理，根据评估对象设计的总的工作量和评估对象已经完成的工作量，评估对象设计行驶里程和已经行驶的里程等指标，利用使用年限法的技术思路测算资产的实体性贬值。因此，使用年限法可以被许多指标利用来评估资产的实体性贬值。

【例4-24】被评估车辆可行驶的总里程为60万千米。截至评估基准日，该车辆已经行使10万千米，重置成本为36万元。假定不考虑其他因素，则评估对象在基准日的实体性贬值额为：

$$实体性贬值＝重置成本×已行驶里程/总里程$$
$$＝36×10/60＝6（万元）$$

此外，评估中经常遇到评估对象是经过更新改造过的情形。对于更新改造过的资产而言，其实体性贬值的计量还应充分考虑更新改造投入的资金对资产寿命的影响，否则可能会过高地估计实体性贬值。对于更新改造问题，一般采取加权法来确定资产的实体性贬值。也就是说，先计算加权更新成本，再计算加权平均已使用年限。其计算公式为：

$$加权更新成本＝已使用年限×更新成本（或购建成本）$$
$$加权平均已使用年限＝Σ加权更新成本（购建成本）/Σ更新成本（购建成本）$$

需要注意的是，这里的成本可以是原始成本，也可以是复原重置成本。尽管各时期的投资或更新金额并不具有可比性，但因方便以及可以获得数据，采用原始成本比例新确定成本更具可行性，同时也反映了各特定时期的购建或更新所经历的时间顺序。

3. 修复费用法

修复费用法是利用恢复资产功能所需支出的费用金额来直接估算资产实体性贬值的一种方法。所谓修复费用包括资产主要零部件的更换或者修复、改造、停工损失等费用支出。如果资产可以通过修复恢复到其全新状态，可以认为资产的实体性损耗等于其修复费用。

【例4-25】A公司于3年前购买了一台电脑，交易价格为10000元。现在该种型号的电脑全新状态下市场价值为5000元，由于使用不当，该电脑光驱已损坏，更换光驱需要1000元。假设该电脑的经济寿命为5年，含光驱的电脑整体残值率为10%，光驱的残值率为0，试估算该电脑当前的市场价值。

根据上述条件，由于10%为电脑整体的残值率，即包含光驱部分。因此，首先将电脑本体（不包含光驱）的残值率计算出来。

$$电脑残值率＝\frac{电脑本体残值率×电脑本体现行市价＋光驱残值率×光驱现行市价}{电脑本体现行市价＋光驱现行市价}$$

电脑本体残值率＝
$$\frac{电脑残值率×（电脑本体现行市价－光驱现行市价）光驱残值率－光驱现行市价}{电脑本体现行市价}$$

已知电脑残值率为10%，电脑本体现行市价＝电脑市价－光驱市价＝5000－1000＝4000（元），光驱残值率为0，则：

$$电脑本体残值率＝[10\%×（4000＋1000）－0\%×1000]/4000$$
$$＝12.5\%$$

其次，计算电脑本体贬值额。

$$电脑本体贬值额＝电脑本体现行市价×（1－电脑本体残值率）×已使用年限÷经济耐用年限$$
$$＝4000×（1－12.5\%）×3÷5$$
$$＝2100（元）$$

最后，计算该电脑的市场价值。

$$电脑市场价值＝电脑市价－电脑本体贬值额－光驱现行市价＋旧光驱残值$$
$$＝5000－2100－1000＋0$$
$$＝1900（元）$$

实体性贬值见表4-10。

表4-10   实 体 性 贬 值

实体性贬值估算方法	含义	公式
观察法	判断成新率	实体性贬值＝重置成本×资产实体性贬值率 实体性贬值＝重置成本×（1－资产实体性成新率）
使用年限法	实体性贬值＝重置成本×资产实体性贬值率 资产实体性贬值率＝$\dfrac{实际已使用年限}{总使用年限}$ 实际已使用年限＝名义已使用年限×资产利用率 资产利用率＝$\dfrac{截至评估日资产累计实际利用时间}{截至评估日资产累计法定利用时间}$	
修复费用法	恢复到其全新状态的修复费用	

（三）资产功能性贬值的估算

资产的功能性贬值是由于技术相对落后造成的贬值。估算功能性贬值时，主要根据资产的效用、生产加工能力、工耗、物耗、能耗水平等功能方面的差异造成的成本增加或效益降低，相应确定功能性贬值额。同时，还要重视技术进步因素，注意替代设备、替代技术、替代产品的影响以及行业技术装备水平现状和资产更新换代速度。

通常情形下，功能性贬值的估算可以按下列步骤进行：

（1）将评估对象的年运营成本与功能相同但性能更好的新资产的年运营成本进行比较。

（2）计算二者的差异，确定净超额运营成本。由于企业支付的运营成本是在税前扣除的，因此企业支付的超额运营成本会引致税前利润额下降。所得税额降低，使得企业负担的运营成本低于其实际支付额。因此，净超额运营成本是超额运营成本扣除其抵减的所得税以后的余额。

（3）估计评估对象的剩余寿命。

（4）以适当的折现率将评估对象在剩余寿命内每年的净超额运营成本折现，这些折现值之和就是评估对象的功能性贬值。其计算公式为：

功能性贬值＝Σ（评估对象年净超额运营成本×折现系数）

【例4-26】评估某种机器设备，技术先进的设备比被评估设备生产效率高，所以节约工资费用，评估基准日为2019年1月1日。请根据表4-11中的资料计算其功能性贬值额。

表4-11　　　　　　　　　　　某设备的技术资料

项目	技术先进设备	被评估设备
月产量	10000 件	10000 件
单件工资	0.80 元	1.2 元
月工资成本	8000 元	12000 元
所得税税率	—	25%
资产剩余使用年限	—	5 年
假定折现率	—	10%

首先，根据以上资料，计算该设备年税后工资成本的超额支出：

年工资成本净超额支出＝（被评估设备月产量×被评估设备单件工资－技术先进设备月产量
　　　　　　　　　　　×技术先进设备单件工资）×12×（1－所得税税率）
　　　　　　　　　　＝（10000×1.2－10000×0.8）×12×（1－25%）
　　　　　　　　　　＝36000（元）

其次，计算资产剩余使用年限工资成本超额支出的折现值，即被评估设备的功能性贬值额：

$$功能性贬值＝36000/10\%×[1－(1+10\%)^{-5}]＝136468（元）$$

应当指出，新老技术设备的对比，除生产效率影响工资成本超额支出以外，原材料消耗、能源消耗以及产品质量等指标都需全面关注，单因素的情形存在，多因素影响的情形也很多。

此外，功能性贬值的估算还可以通过对超额投资成本的估算进行，即超额投资成本可视同为功能性贬值。其计算公式为：

功能性贬值＝复原重置成本－更新重置成本

在实际评估工作中也有功能性溢价的情形，即当评估对象功能明显优于参照资产功能时，评估对象就可能存在功能性溢价。

（四）资产经济性贬值的估算

就表现形式而言，资产的经济性贬值主要表现为运营中的资产利用率下降，甚至闲置，并由此引起资产的运营收益减少。资产的经济性贬值有两种：一是资产利用率下降，甚至闲置等；二是资产的运营收益减少。因此，经济性贬值的计算也存在两个途径。当有确切证据表明资产已经存在经济性贬值时，可参考下面两种方法估测其经济性贬值率或经济性贬值额。

1. 间接计算法

该方法主要测算的是因资产利用率下降所导致的经济性贬值。

$$经济性贬值率＝\left[1-\left(\frac{资产预计可被利用的生产能力}{资产原设计生产能力}\right)^x\right]×100\%$$

式中　x——规模经济效益指数，经验数据一般在0.6～0.7之间。

经济性贬值额的计算应以评估对象的重置成本或重置成本减去实体性贬值和功能性贬值后的结果为基数，按确定的经济性贬值率估测。

2. 直接计算法

该方法主要测算的是因收益额减少所导致的经济性贬值。

经济性贬值额＝资产年收益损失额×（1－所得税税率）×（P/A，r，n）

式中 （P/A，r，n）——年金现值系数。

【例 4-27】某被评估生产线的设计生产能力为年产 20000 台产品，因市场需求结构发生变化，在未来可使用年限内，每年产量估计要减少 6000 台左右，假定规模经济效益指数为 0.6。根据上述条件，按照间接计算法，该生产线的经济性贬值率大约在以下水平：

经济性贬值率＝{1－［（20000－6000）/20000］$^{0.6}$}×100%

＝（1－0.81）×100%＝19%

假定每年减少 6000 台产品，每台产品损失利润 100 元，该生产线尚可继续使用 3 年，企业所在行业的投资回报率为 10%，所得税税率为 25%。按照直接计算法，该生产线的经济性贬值额大约为：

经济性贬值额＝（6000×100）×（1－25%）×（P/A，10%，3）

＝450000×2.4869

＝1119105（元）

在实际评估工作中也有经济性溢价的情形，即当评估对象及其产品有良好的市场及市场前景，或有重大政策利好时，评估对象就可能存在着经济性溢价。

（五）综合成新率的估算

年限成新率的确定考虑了资产的经济寿命，在使用过程中资产的价值随着使用年限的消耗降低。

勘查成新率是评估专业人员通过现场勘查、查阅资产的历史资料，向操作人员询问资产的使用情形、维修保养情形等，对所获得信息进行分析后综合确定的成新率。

在资产评估实践中，综合成新率可以通过将年限成新率和勘查成新率加权平均得到。

五、成本法的适用范围与局限

（一）成本法的适用范围

成本法之所以能够从一定层面上反映资产的价值，是因为资产的成本反映了资产在购建过程中的必要花费，也体现了取得该项资产所需要付出的代价。成本法适用于资产的功能作用具有可替代性、资产重置没有法律和技术障碍、重置资产所需要的物化劳动易于计量的评估对象。

单项资产的价值不仅时以由成本部分反映，在使用过程中的消耗、磨损以及由于市场情形的变化而产生的价值减损都会影响单项资产的价值。因而评估专业人员在使用成本法评估单项资产时，既要考虑重置成本，又要将由使用和其他因素所造成的实体性贬值，由技术落后带来的功能性贬值以及由市场状况、政治因素等外部因素造成的经济性贬值考虑在内。

成本法运用于企业价值评估中，是将各项可以确认的资产、负债的现实价值逐项评估出来，最终确定企业价值。单项资产作为企业的一部分而存在，其发挥作用的价值与它作为一项单独的资产发挥作用，这两者的价值可能有所不同。比如，在一条生产线中，某单项设备对整个生产线产能的贡献程度很高，那么若将其放在该生产线中进行评估，则其价值有可能会高于单独对其进行评估时候的价值。因此，要特别明确这两种假设条件下的价值差异。

（二）成本法的局限

成本法是资产评估中最为基础的评估方法。它充分考虑了资产的损耗，使得评估结果更能反映市场对于获得某单项资产愿意付出的平均价格，有利于评估单项资产和具有特定用途的资产；另外，在无法预测资产未来收益和市场交易活动不频繁的情形下，成本法给出了比较客观和可行的测算思路和方法。

但是，由于成本法的理论基础是成本价值论，使用该方法所测算出的企业价值无法从未来收益的角度反映企业真实能为其投资者或所有者带来的收益。尤其是对于轻资产的企业而言，如果使用成本法进行评估，则通常很难将账面没有记载的各类无形资产算入评估资产的价值之中，因此，其成本法评估值与使用收益法或市场法得出的结果可能差异极大。

成本法总结如图 4-7 所示，三种评估方法适用范围见表 4-12，三种评估方法优势、劣势见表 4-13。

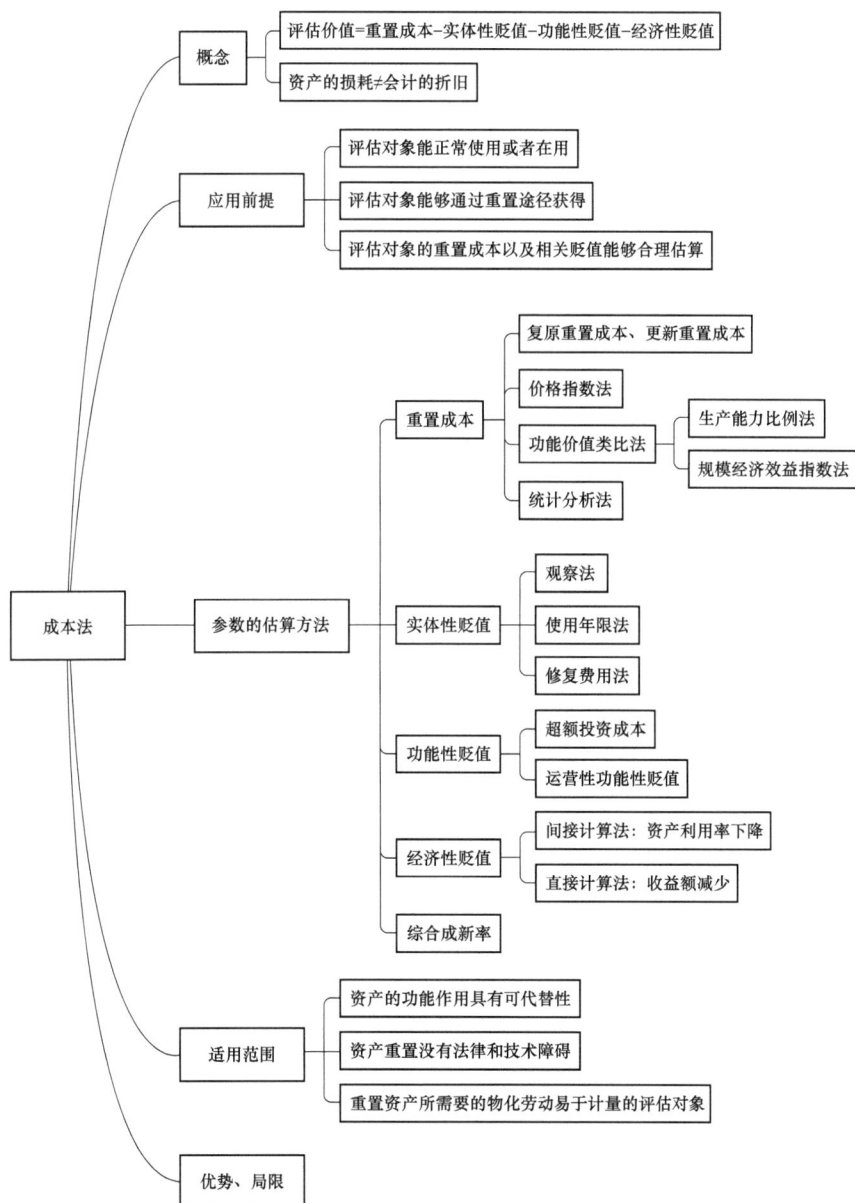

图 4-7　成本法总结

表 4-12 三种评估方法适用范围

方法	适用范围
市场法	用于评估具有活跃公开市场且具有可比成交案例的资产
收益法	单相资产评估； 适用于轻资产类型的企业价值评估
成本法	用于资产的功能作用具有可替代性、资产重置没有法律和技术障碍、重置资产所需的物化劳动易于计量的评估对象

表 4-13 三种评估方法优势、劣势

方法	优势
市场法	1）相对来说具有客观性，比较容易被交易双方所理解和接受。 2）如果不存在资产的成本和效用以及市场对其价值的认知严重偏离的情形下，市场法通常是三种方法中较为有效、可理解、客观的方法
收益法	较适宜于那些形成资产的成本费用与其获利能力不对称，成本费用无法或难以准确计算，存在无形资源性资产以及具有收益能力的资产，例如企业价值、无形资产、资源性资产等的价值评估。 有助于投资决策的正确性，因而容易被买卖双方接受
成本法	1）它充分考虑了资产的损耗，使得评估结果能反映市场对于获得某单项资产愿意付出的平均价格，有利于评估单项资产和具有特定用途的资产。 2）在无法预测资产未来收益和市场交易活动不频繁的情形下，成本法给出了比较客观可行的测算思路和方法。 3）成本法评估企业价值为可能的破产清算、资产分割提供了一定的价值参考

方法	劣势
市场法	1）我国市场对诸如企业价值等资产的认知和反映仍会受到非理性因素的影响。 2）需特别关注可比案例和被评估资产在风险、收益方面的差异，深刻把握当前市场价格和资产价值之间差异性，避免用价格取代价值。 3）在充分分析市场认知与价值内在差异性的基础上，合理调整价值乘数等相关因子，得到待估资产的评估价值
收益法	1）对于没有收益或收益无法用货币计量以及风险报酬率无法计算的资产，该方法将无法使用。 2）收益法的操作含有较大成分的主观性，从而使评估结果较难把握。 3）收益法的运用也需要一定的市场条件，否则一些数据的选取就会存在困难
成本法	1）成本法所评估的企业价值很难直接为投资者提供价值参考。 2）轻资产企业成本法评估值与收益法或市场法得出的结果可能差异极大

知识灯塔

对各种方法的优缺点进行比较，建立全面、科学的世界观和方法论。

任务四　资产评估方法的选择

资产评估方法是确定资产价值的途径和手段及各种技术方法，主要包括市场法、收益法和成本法三种基本方法及其衍生方法。评估专业人员恰当选择资产评估方法已上升为法律的要求。恰当选择评估方法是资产评估程序中必不可少的一个关键步骤，资产评估程序准则对资产评估方法的选择和运用作出了原则性规定，资产评估执业准则进一步细化和落实《资产评估法》相关规定的要求。资产评估方法的选择和运用是从事资产评估业务的重要环节，也是影响资产评估结论和资产评估报告质量的重要因素。规范资产评估方法的选择、运用和披露，有利于促进资产评估机构和资产评估专业人员在资产评估执业实践中合理使用资产评估方法，提高资产评估执业质量。

根据《资产评估法》第二十六条规定："评估专业人员应当恰当选择评估方法，除依据评估执业准则只能选择一种评估方法的外，应当选择两种以上评估方法，经综合分析，形成评估结论，编制评估报告。"

一、评估方法选择的要求

资产评估专业人员在选择资产评估方法时，应当充分考虑影响评估方法选择的因素。所考虑的因素主要包括：①评估目的和价值类型；②评估对象；③评估方法的适用条件；④评估方法应用所依据数据的质量和数量；⑤影响评估方法选择的其他因素。

当满足采用不同评估方法的条件时，资产评估专业人员应当选择两种以上评估方法，通过综合分析形成评估结论。

（1）评估方法的选取应当与评估目的和评估价值类型相适应。评估价值类型的确定首先取决于评估目的，评估目的是根本，资产评估方法作为获得特定资产价值的技术方法，需要与价值类型相适应。例如，对一项以成本模式进行后续计量的投资性房地产进行评估，为减值测试提供价值参考，评估目的为财务报告目的，价值类型应当为会计准则所要求的特定价值（可收回金额），在确定预计未来现金流量的现值时应当选择收益法；在确定公允价值减处置费用时，估算公允价值时可以选择市场法。

（2）评估方法的选取应当与评估对象的类型和现实状态相适应。不同的评估方法有不同的条件要求和程序要求，比如收益法主要适用于持续使用前提下的资产评估，并且评估对象具有预期获利能力；而市场法要求在公开市场上有可比的交易案例，并且评估对象与案例的价值影响因素差异可以合理比较和量化。这就要求资产评估专业人员充分分析评估对象的类型和现实状态，考虑各种评估方法的适用性和局限性，恰当选择评估方法，避免在评估对象不具备合理条件的情况下滥用评估方法。

（3）评估方法的选取应当与资料收集情况相适应。评估方法的应用会涉及特定的数据、参数，只有评估过程中所收集的资料和确定的依据可靠、合理、有效、充分，才能保证评估结果的合理性。在评估实践中，由于条件的制约往往会导致某种评估方法所需资料的数量和质量达不到要求，那么评估专业人员应当考虑采用其他替代的评估方法进行评估。

二、采用一种评估方法的情形

根据《资产评估执业准则——资产评估方法》规定，资产评估专业人员在评估实践中，当存在下列情形时，可以采用一种评估方法：

（1）基于相关法律、行政法规和财政部部门规章的规定可以采用一种评估方法。

（2）由于评估对象仅满足一种评估方法的适用条件而采用一种评估方法。

（3）因操作条件限制而采用一种评估方法。操作条件限制应当是资产评估行业通常的执业方式普遍无法排除的，而不得以个别资产评估机构或者个别资产评估专业人员的操作能力和条件作为判断标准。

三、评估方法选择的披露

资产评估专业人员应该在资产评估报告中对资产评估方法的选择及其理由进行披露。因适用性受限而选择一种评估方法的，应当在资产评估报告中披露其他基本评估方法不适用的原因；因操作条件受限而选择一种评估方法的，应当对所受的操作条件限制进行分析、说明和披露。资产评估方法的选择如图 4-8 所示。

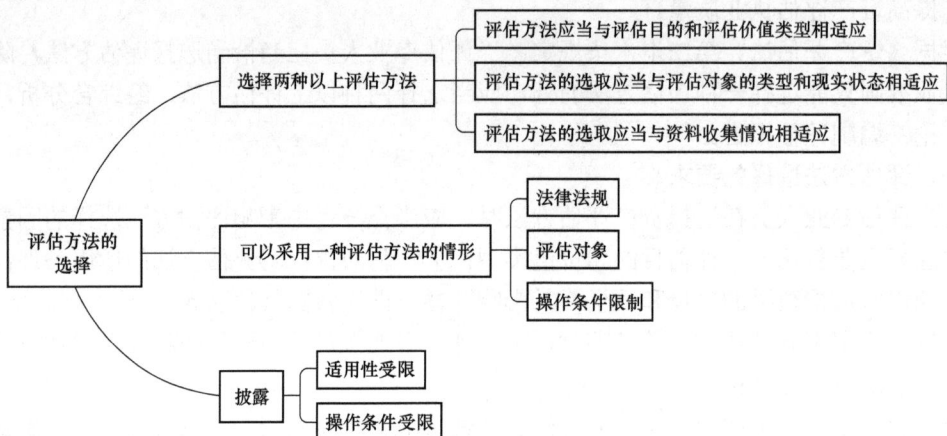

图 4-8　资产评估方法的选择

本 章 总 结

本章介绍了市场法、收益法和成本法的基本原理和方法；选择和应用各种评估方法的基本要求和需要考虑的各种条件及参数，以及复原重置成本、更新重置成本、实体性贬值、功能性贬值、经济性贬值、实际使用年限、资产利用率、成新率等概念的估算。

知识灯塔

➤ 思政线：
科学的人生观、世界观、价值观、社会主义核心价值观。

➤ 思政面：
做一名合格的估价人员。

练 习 题

一、单选题

1. 就反映企业价值的可靠性而言，收益额应选择（　　）。

A．企业现金流量 B．企业净利润

C．企业利税总额 D．企业利润总额

2．被评估资产的收益期为 3 年，第一年的收益额为 125 万元，以后每年在前 1 年的基础上递增 5 万元，折现率为 10%，则评估值为（　　）万元。

A．322.50 B．382.50 C．362.50 D．312.50

3．所有者权益 4000 万元，付息债务 6000 万元，权益资本成本 10%，债务资本成本 6%，所得税税率 25%，企业特定风险调整系数为 1.2，β 系数为 1.1。加权平均资本成本为（　　）。

A．7.4% B．6.7% C．8.04% D．9.12%

4．总体而言无形资产评估过程中，使用频率较高的方法是（　　）。

A．市场法 B．成本法

C．收益法 D．以上三种

5．下列关于经济性贬值形成原因的说法中，正确的是（　　）。

A．资产持续使用造成的磨损

B．资产的生产加工质量持续降低

C．资产生产产品的市场需求持续萎缩

D．资产的消耗水平持续增加

6．建筑物内部布局过时、设备落后引起的贬值属于（　　）。

A．实体性贬值 B．经济性贬值

C．功能性贬值 D．有形折旧

7．按现行技术条件下的设计、工艺、材料、标准、价格和费用水平进行核算，该重置成本称为（　　）。

A．更新重置成本 B．复原重置成本

C．完全重置成本 D．实际重置成本

8．评估一台三年前购置机器设备，该设备尚无替代产品。账面原值 10 万元，其中买价 8 万元，运输费 0.4 万元，安装费用（包括材料）1 万元，调试费用 0.6 万元。现行价格 9.5 万元，运输费、安装费、调试费分别比三年前上涨 40%、30%、20%。计算重置成本为（　　）。

A．12.08 万元 B．10.58 万元

C．12.58 万元 D．9.5 万元

9．某资产重置成本 10 万元，预计残值 0.4 万元，尚可使用年限与名义已使用年限均为 10 年，资产利用率 95%，实体性贬值为（　　）万元。

A．4.7 B．4.5 C．4.8 D．4.67

10．被评估设备比新设备多使用 10 名工人，每年多耗电 200 万度。工人年平均工资为 12 万元，每度电 1 元，该设备尚可使用 10 年，折现率为 10%，企业所得税率为 25%，则该设备的功能性贬值约为（　　）万元。

A．1490.45 B．1356.87 C．1067.98 D．1474.70

11．A 产品年销量 100 万件，单位产品成本 85 元，售价 100 元。购入一项发明专利后，销量达到 110 万件，单位产品成本降到 80 元，售价提高到 110 元，这一数据将持续两年。两

年后，售价将降低到 106 元。专利尚可使用 5 年。所得税率为 25%，折现率为 15%。评估专利的市场价值为（　　）元。

    A．3460.55　　　　　B．3056.77　　　　　C．4065.58　　　　　D．3955.73

12．下列关于评估方法选择表述错误的是（　　）。

    A．评估方法应当与评估目的和评估价值类型相适应

    B．评估方法的选取应当与评估对象的类型和现实状态相适应

    C．评估方法的选取应当与资料收集情况相适应

    D．评估方法的选取应当与委托人的要求相适应

13．关于市场法的表述错误的是（　　）。

    A．市场法评估估价对象价值，是根据替代原理

    B．利用已经成交比较案例，将比较案例价值修正到估价对象情况的价值

    C．应按算术平均的方法，得出估价对象价值

    D．模拟市场条件但又必须接受市场检验

14．被评估设备购建于 2010 年，原始价值 300 万元，2015 年进行更新改造，投入了 30 万元。2018 年对该设备进行评估，假设从 2010 年至 2018 年该类设备的价格每年上升 10%，该设备的尚可使用年限经检测为 15 年，则该设备的成新率约为（　　）。

    A．60%　　　　　　B．62%　　　　　　C．63%　　　　　　D．66%

15．被评估设备为一年前购建，评估时该设备由于蒸汽系统损坏而无法使用，更换全部蒸汽系统需投入 100 万元，将其他部分修复到全新状态需投入全部重置成本的 5%。该设备的重置成本为 1500 万元，不考虑其他因素，则该设备的成新率约为（　　）。

    A．75%　　　　　　B．83%　　　　　　C．85%　　　　　　D．88%

16．一台大型机床，重置成本为 200 万元，已使用 2 年，其经济寿命为 20 年，现该机床的数控系统损坏，估计修复费用为 18 万元，其他部分工作正常。该机床的实体性贬值额约为（　　）。

    A．18 万元　　　　　B．25 万元　　　　　C．36 万元　　　　　D．37 万元

二、多选题

1．下列关于市场法说法正确的有（　　）。

    A．具有直接、说服力强的特点

    B．市场法中的直接比较法要求参照物与评估对象间达到相同或基本相同程度，或二者差异主要体现在某一明显的因素上

    C．间接比较法适用条件是不要求参照物与评估对象必须一样或基本一样，只要在大的方面基本相同或相似

    D．参照物与评估对象市场条件可比，市场条件包含市场供求关系、竞争状况和行业经济状况等

    E．运用市场法评估时首先需要选择参照物

2．资产评估中不能采用会计中折旧年限估算成新率是因为（　　）。

    A．折旧是由企业会计计算，而资产评估是由评估人员执行的

    B．折旧年限是对某一类资产作出的会计处理的统一标准，对同一类资产具有普遍性和同一性，而成新率则具有特殊性和个别性

C. 会计中一般修理维护费的增加不影响折旧年限，而评估中修理费的增加影响成新率确定

D. 会计中折旧年限未考虑同一类资产中个别资产之间在使用频率、保养和维护等方面的差异

E. 折旧年限是按折旧政策确定的，而成新率则反映了资产实际的新旧程度

3. 更新重置成本与复原重置成本的差异有（　　　）。

A. 两者的功能不同

B. 成本具体构成不同

C. 使用的价格不同

D. 在材料、标准、技术等方面不同

E. 是否包含合理的利润不同

4. 下列关于折现率说法中，正确的有（　　　）。

A. 折现率就是指无风险利率

B. 折现率一般包括无风险利率和风险报酬率

C. 折现率本质是一个期望的投资报酬率

D. 无风险报酬率可以参照 3 个月期限的政府债券收益率

E. 折现率适合有限年期的预期收益折算，资本化率则适合永续性预期收益折算

5. 下列关于成本法的表述错误的是（　　　）。

A. 成本法的基本思路是重建或重置被评估资产

B. 要求资产能继续使用且在持续使用中为潜在所有者或控制者带来经济利益

C. 成本法的应用是建立在历史资料基础上的

D. 资产的经济性贬值是指由于技术进步引起的资产功能相对落后而造成的资产价值损失

6. 为节省资源和减少污染，政府规定关停小型发电机组，由此造成发电设备产生贬值。这种贬值属于（　　　）。

A. 功能性贬值　　　　　　　　　　B. 经济性贬值

C. 实体性贬值　　　　　　　　　　D. 破产清算贬值

7. 关于成本法的应用前提，说法不正确的是（　　　）。

A. 应当具备可利用的历史资料

B. 形成资产价值的耗费是必需的

C. 资产的继续使用指的是物理上的可使用

D. 成本法主要适用于继续使用前提下的资产评估

8. 下列关于收益法的说法错误的有（　　　）。

A. 较适宜于企业价值、无形资产、资源性资产等的价值评估

B. 有助于投资决策的正确性，因而容易被买卖双方接受

C. 收益法的运用不需要市场条件的支撑

D. 收益法的操作含有较大成分的主观性，因而评估结果较难把握，不容易被交易双方接受

E. 轻资产型的企业价值评估收益法评估通常更合理

9. 下列关于收益法评估的说法正确的有（　　　）。

A. 轻资产类型的企业价值评估，收益法通常占据极为重要的地位

B. 净利润、净现金流量只能用加权平均资本成本模型获得的折现率

C. 息前净利润、息前净现金流量或企业自由现金流量等，只能运用股权投资回报率作为折现率

D. 依据收益口径的不同，选择不同的收益法具体方法进行评估

E. 运用收益法要求被评估资产与其经营收益之间存在着较为稳定的比例关系

10. 下列关于市场法评估的说法正确的有（　　　）。

A. 是资产评估重要方法之一，相对来说是具有客观性的方法，也比较容易被交易双方所理解和接受

B. 是资产评估三种方法中最为有效、可理解、客观的方法

C. 要求有一个活跃的公开市场，公开市场上有可比的资产及其交易活动

D. 要求参照物与评估对象之间具有可比性，包括功能上的、市场条件、交易时间等方面

E. 市场法被用于评估整体资产价值时，通常是用来评估企业价值

三、综合题

1. 被评估对象为甲公司的生产线 A，该生产线生产能力为每年 18000 台产品，因市场需求结构发生变化，在未来可使用年限内，每年产量估计要减少 5000 台左右，每台产品损失利润 150 元，该生产线尚可继续使用 3 年，企业所在行业的投资回报率为 10%，所得税税率为 25%。假定规模经济效益指数为 0.4。

请回答下列问题：

（1）根据上述资料判断该机器设备产生的是哪项贬值，并说明理由；

（2）计算该机器设备的贬值率；

（3）计算该机器设备的贬值额。

2. 某收益性资产的相关资料如下：

（1）未来 5 年预期税后收益额分别为：400 万元、410 万元、430 万元、450 万元和 480 万元，从第 6 年开始预计收益额可稳定在 480 万元左右；

（2）长期负债占资产总额比例为 40%，长期负债利息率为 8%；

（3）据查，评估时市场平均收益率为 10%，无风险报酬率为 4%，风险系数为 1.5；

（4）企业所得税税率为 25%。

请回答下列问题：

（1）计算出评估此收益性资产时适用的折现率；

（2）计算此项资产的评估值；

（3）简述收益法应用必须具备的前提条件。

3. 甲资产评估机构接受乙公司委托，对某一项目组进行价值评估，双方确定采用收益法进行评估，有关资料如下：

（1）本企业所得税税率为 25%；

（2）未来 3 年该资产的预期的税前利润分别为：2000 万元、2100 万元、2150 万元，从第 4 年开始预计 2200 万元左右；该项目组中资产预计寿命均为 10 年，每年提取折旧 400 万

元，项目寿命以资产为准，项目结束时，没有残值；

（3）本项目组初始投资 30000 万元，其中长期负债占 30，长期负债利息率为 6%；

（4）据查，评估时市场平均收益率为 10%，无风险报酬率为 4%，风险系数为 1.5。

回答以下问题：

（1）请说明应用收益法必须具备的前提条件。

（2）在单项资产评估中，收益法通常被用于哪些资产的评估？

（3）使用资本资产定价模型确定的该项资产权益资金的投资报酬率为多少？

（4）评估该项收益性资产使用的折现率为多少？

（5）利用净现金流量计算本企业收益性资产的评估值。

4．某 H 股上市公司拟对国内某非上市公司进行收购，聘请资产评估机构对收购对象进行评估，作为确定收购价格的参考依据，被收购公司属于轻资产类型的软件公司，设立时间较短，只有两年的经营历史，营业收入较少，目前该公司处于亏损状态。资产评机构在对该软件公司进行评估时，考虑到资产基础法难以体现轻资产公司的价值，拟使用收益法和市场法进行评估，在评估说明中，资产评估师对收益法和市场法的基本评估思路描述如下：

（1）收益法的基本思想。

1）收益预测。

a．采用净现金流量（股权自由现金流量）作为收益额口径；

b．根据该公司编制事业计划进行收益预测，因该公司事业计划的收益预测较历史数据有大幅度增长，资产评估师认为其未来收入及利润实现存在很大不确定性，因此要求该公司对所提供的盈利预测数据提供保证，并要求其承诺：如该公司不能实现预测利润，对实际利润与预测利润之间的差额由大股东补足。

2）折现率的确定：折现率＝无风险报酬率＋风险报酬率＋企业个别风险

无风险报酬率按同期国债利率确定，取近年财政部发行的 5 年期凭证式国债的票面利率；风险报酬率参考国务院国资委制定的企业绩效评价标准值，选取相关行业净资产收益率的平均值；企业个别风险通过分析企业的财务、经营等风险加以确定。

3）将未来收益折现得到评估值。

（2）市场法的基本思路。

本次评估采用上市公司比较法，并选用市销率（PS）和市净率（PB）作为价值比索。

1）由于在境内资本市场未发现可比上市公司，评估人员选取了 3 个 H 股上市公司作为可比对象。

2）计算评估对象的评估值。

a．由于市销率、市净率可以以不同角度反映企业的价值特性，因此分别计算 3 家可比公司 PS、PB；

b．分别计算 PS、PB 的算术平均值，PS 平均值＝（PS_1＋PS_2＋PS_3）/3 PB 平均值＝（PB_1＋PB_2＋PB_3）/3；

c．计算出上述两个指标口径所对应的股权价值（V_{PS}＝PS 平均值×被评估企业销售收入；V_{PB}＝PB 平均值×被评估企业净资产）。

d. 计算评估值。评估值＝$(V_{PS}+V_{PB})/2$。

请回答下列问题：

1）该项目对收益口径的选取是否合适？说明理由。该项目收益法的运用存在什么问题？

2）该项目中市场法的运用存在什么问题？

项目五

资产评估相关理论

📖 知识目标

（1）了解不同评估理论的形成与发展；

（2）掌握劳动价值论的要素、效用价值论的内涵与边际效用递减规律、供给与需求的内涵及影响因素、市场结构及有效市场的形态等内容；

（3）熟悉劳动的二重性原理、价格形成的基本规律、供给与需求函数、市场基本结构及特征、有效市场假说的前提条件及检验。

💬 能力目标

（1）能够根据不同理论解释日常生活经济现象；

（2）能够理解每一种理论在资产评估中的作用；

（3）能够应用理论对具体问题进行分析和判断。

🔲 素质目标

培养勤勉认真的学习态度，逐步形成严谨、科学的思维习惯。

资产评估相关理论如图 5-1 所示。

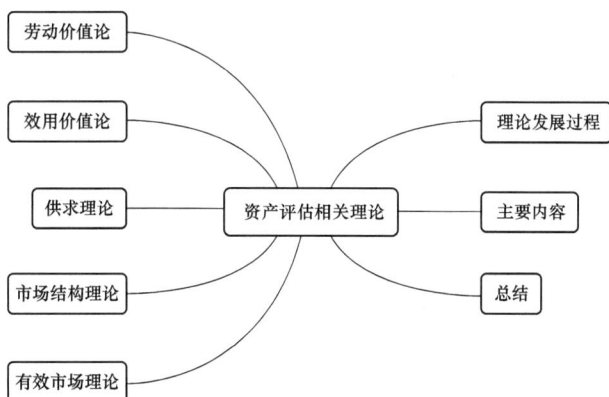

图 5-1 资产评估相关理论

任务一 劳 动 价 值 论

一、劳动价值论的内涵

劳动价值论是重要的价值理论之一，强调一切生产商品的劳动都创造价值。劳动是衡量一切商品交换价值的真实尺度。

二、劳动价值论的主要内容

（一）商品的两因素原理

商品是用来交换的劳动产品。商品包含使用价值和价值两个要素，是使用价值和价值的对立统一体。

1. 使用价值

使用价值是指物品和服务能够满足人们某种需要的属性，即物品和服务的有用性。任何商品，首先必须能够满足人们某种需要，即具有某种使用价值。商品的使用价值是由它的自然属性决定的。商品的自然属性不同，它的使用价值也会不同，同一种商品还可以兼有各种自然属性，具有多种使用价值。使用价值构成社会财富的物质内容，反映的是人与自然之间的物质关系。商品通过交换让渡给他人使用进入消费环节，因此商品的使用价值是交换价值的物质承担者。

2. 交换价值和价值

商品能够通过买卖同其他商品相交换的属性，是商品的交换价值。交换价值表现为一种使用价值同另一种使用价值相交换的量的比例关系。交换价值是相对的，不同的交换对象有不同的交换价值，并且会因时因地而发生变化。两种使用价值完全不同的商品，之所以能按照一定的比例交换，说明存在着一种可以相互比较的共同属性。事实上，任何商品在被生产出来的时候，都耗费了人类劳动，这种凝结在商品中无差别的一般人类劳动，就是商品的价值。一切商品之所以能够交换，是因为商品里面各自凝结了等量的人类劳动，或者说具有等量的价值。商品的价值通过交换得到体现。

所以，交换价值是价值的表现形式，而价值是交换价值的基础。没有价值的东西，也就没有交换价值。商品按价值交换，从本质上看，是生产者之间的劳动交换，它体现着商品生产者之间的生产关系。

3. 交换价值、使用价值和价值的关系

商品是使用价值和价值的对立统一体。一方面，二者是统一的，是互相依存、互为条件的，作为商品，必须同时具有使用价值和价值两个因素；另一方面，二者又是对立的，是互相排斥、互相矛盾的，商品生产者生产商品是为了取得价值，而商品购买者则是为了取得商品的使用价值。卖者必须让渡商品的使用价值，买者必须支付商品的价值。商品的使用值和价值，二者不能兼得，要得到一方，必须以放弃另一方为前提。使用价值和价值的矛盾是商品的内在矛盾，只有通过交换，才能使商品的内在矛盾得到解决。

使用价值、交换价值和价值见表 5-1。

表 5-1 使用价值、交换价值和价值

种类	含义	表现
使用价值	物品和服务能够满足人们某种需要的属性，即物品和服务的有用性，由自然属性决定	自然属性不同，使用价值不同。 同一种商品可以兼有各种自然属性，具有多种使用价值。 使用价值构成社会财务的物质内容，反映人与自然之间的物质关系
交换价值	商品能够通过买卖同其他商品相交换的属性	表现为一种使用价值同另一种使用价值相交换的量的比例关系。 交换价值是相对的，不同的交换价值对象有不同的交换价值，也会因时因地而发生变化
价值	凝结在商品中无差别的一般人类劳动	价值通过交换得到体现。没有价值的东西，就没有交换价值。 从本质上看，商品按价值交换，是生产者之间的劳动交换，体现了商品生产者之间的生产关系

【知识链接】

价位、价钱、价格、价值有什么区别？

价位是一种比较模糊的区分等级，如高价位、低价位。

价格、价钱代表的是一个意思，只是说法不一样，都是具体到数字。价格是物品交易时候的一个定额，是跟货币挂钩的，比如说一瓶矿泉水的价格为 1 元人民币。

价值则是物品在某个条件下能创造的作用。价值是最模糊的说法，比如古董，它的价值多少，是随着时间推移而上涨的，具体情况受很多因素改变。

价格是围绕价值上下浮动的，一般来说，价值是恒定的，价格是变动的。

（二）劳动的二重性原理

商品是由劳动创造的。商品的两要素是由生产商品的劳动二重性决定的。劳动二重性是指同一劳动的两种属性，即具体劳动和抽象劳动。商品的使用价值和价值正是由生产商品的具体劳动和抽象劳动决定的，下面具体解释两者内涵与关系。

1. 具体劳动

具体劳动是从劳动的具体形态考察的劳动。劳动的具体形态包括劳动目的、劳动对象、劳动工具、操作方法、劳动成果等内容，具体劳动创造商品的使用价值。不同商品之所以具有不同的使用价值，除了其构成的物质要素各有其特殊的自然属性外，还因为生产它们的劳动各有其特殊的具体形态。

$$具体劳动 \xrightarrow{创造} 使用价值$$

2. 抽象劳动

抽象劳动是从劳动的抽象形态考察的劳动，即撇开劳动具体形式的无差别的一般人类劳动。抽象劳动是同质的、无差别地形成商品价值的劳动。正是由于商品中所凝结的都是没有质的差别的一般人类劳动，才使各种不同使用价值的商品在价值上可以比较，并能按一定比例相互交换。可见，抽象劳动创造了商品的价值，是价值的实体或价值的唯一源泉，反映着商

品生产者之间的经济关系。

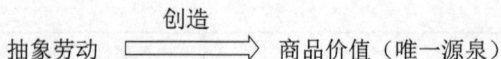

创造

抽象劳动 ⟹ 商品价值（唯一源泉）

3. 具体劳动和抽象劳动的关系

具体劳动和抽象劳动是同一劳动过程从不同角度去观察的两个方面。二者在时间、空间上都是不可分割的。马克思说："一切劳动，从一方面看，是人类劳动力在生理学意义上的耗费；作为相同的或抽象的人类劳动，它形成商品价值。一切劳动，从另一方面看，是人类劳动力在特殊的有一定目的的形式上的耗费；作为具体的有用劳动，它生产使用价值。"在商品生产和商品交换的经济关系中，具体劳动需要还原为抽象劳动，人类脑力和体力的耗费才形成价值。

【小测试】具体劳动创造了商品价值，抽象劳动创造了使用价值。（   ）

（三）商品价值量的决定

商品的价值是质和量的统一。价值是抽象劳动的凝结，商品的价值量就是生产商品所耗费的劳动量，即凝结在商品中的一般人类劳动量。劳动量是由劳动时间来衡量的，因此，商品的价值量取决于生产商品的劳动时间，且与劳动时间成正比。

1. 个别劳动时间和社会必要劳动时间

商品的生产者由于生产的主客观条件不同，所耗费的劳动时间也会不同。个别劳动时间是指各个商品生产者实际耗费的劳动时间，由个别劳动时间形成的价值是商品的个别价值。价值是商品的社会属性，所以商品的价值量不可能由个别劳动时间决定，商品交换也不可能接受由个别劳动时间决定的价值量。

商品的价值量只能由生产商品的社会必要劳动时间决定。所谓社会必要劳动时间，就是在现有的社会正常生产条件下，在社会平均的劳动熟练程度和劳动强度下制造某种使用价值所需要的劳动时间。由于形成商品价值实体的劳动作为人类无差别的劳动具有一般性，决定商品价值量的劳动时间只能是一般的劳动时间，即社会必要劳动时间。

2. 商品价值量与劳动生产率

确定商品价值量的社会必要劳动时间不是固定不变的，它随着劳动生产率的变化而变化。劳动生产率是指劳动者在一定时间内生产某种使用价值的效率。由于劳动生产率与劳动的具体形式相关，因此劳动生产率是具体劳动的效率。劳动生产率的高低由众多因素决定，主要有：劳动者的平均熟练程度，科学技术的发展程度及其在生产中的应用，生产过程的社会结合，生产资料的规模和效能以及自然条件等，如图 5-2 所示。

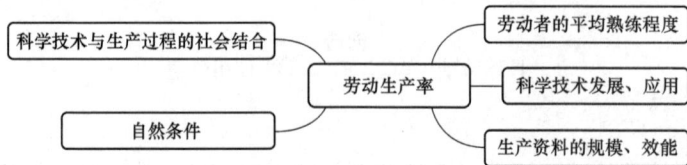

图 5-2　劳动生产率影响因素

劳动生产率的表示方法一般分为两种。一种方法是单位时间内生产的产品数量，例如 10 件/小时；另一种是生产单位产品所耗费的劳动时间，例如 3 小时/个。

劳动生产率＝产品量/劳动时间。

劳动生产率和商品的价值量有着密切的关系。价值量只与劳动时间相关，在同样的劳动时间内具有较高生产率的活劳动，相对于生产率较低的活劳动而言，可以创造较多的使用价值。劳动生产率越高，在单位时间内所生产的使用价值量就越多，但由于所形成的总价值量不变，因而包含在单位产品中的价值量相应减少。但是，在社会必要劳动时间决定价值的经济中，劳动生产率高的个别价值在还原为社会价值时，会还原为更高的价值。

（四）价值规律及其作用

1. 价值规律的基本要求

价值规律是商品生产和交换的基本经济规律，是人类从事一切经济活动都必须遵守的客观规律。价值规律的基本要求是商品的价值量由生产商品的社会必要劳动时间决定，以此为基础进行商品等价交换。价值规律既是价值量如何决定的规律，也是价值量如何实现的规律。价值规律对市场经济中的个别劳动耗费和社会劳动的使用都具有制约作用，单个商品的价值量是由生产该商品的社会必要劳动时间决定的，某种商品总量的价值量是由生产该商品总量的社会必要劳动时间决定的。

2. 价值规律的作用形式

价值规律发挥作用的形式是价格围绕价值波动。现实的市场上出现价格偏离价值的现象，一方面是因为价格对价值的偏离受到货币价值变化的影响，另一方面是因为价格受市场供求关系变动的影响。市场价格决定供求，但供求又反过来会影响商品的市场价格。这种变动主要表现为商品的市场价格与它的价值出现偏离：供不应求，价格就会上涨；供过于求，价格就会下跌。

价格总是围绕价值上下波动的，这种背离现象不是对价值规律的否定。首先是因为商品价格围绕价值上下波动始终是以价值为基础的；其次，从商品交换的总体来看，价格的涨落会相互抵消，商品的平均价格和价值是相等的；最后，价格的变动也会影响供求关系，在价格的不断波动中，供求趋于平衡，使价格接近价值。可见，价格受供求关系的影响，围绕价值上下波动，是商品经济条件下价值规律作用的表现形式。价值和价格供求关系如图 5-3 所示。

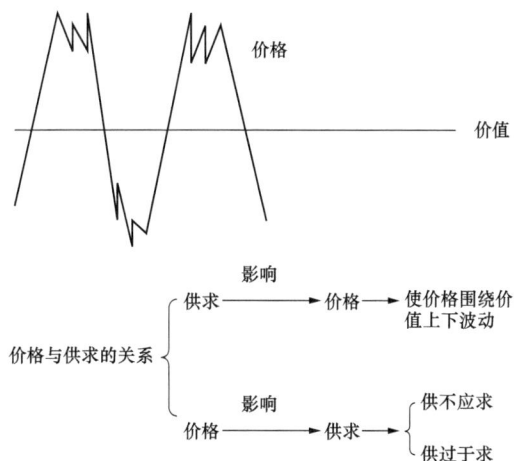

图 5-3 价值和价格供求关系

3. 价值规律的重要作用

（1）自发地调节生产资料和劳动力在社会各部门之间的分配。这种调节作用是通过价格围绕价值的上下波动和市场竞争实现的。

（2）刺激生产者的积极性。商品生产者为了多获利润，就必须不断进行技术创新，加强经营管理，提高劳动生产率，在竞争中努力降低商品的价格。

（3）优胜劣汰。在市场经济条件下，劳动生产率水平高的商品生产者就会获利多、发展快，在市场竞争中处于有利地位；反之，则会获利少，甚至亏损，在市场竞争中处于不利地位，直至破产。

知识灯塔

> 劳动是财富之父，土地是财富之母。
> ——威廉·配第
> 在劳力上劳心，是一切发明之母。事事在劳力上劳心，便可得事物之真理。
> ——陶行知

三、劳动价值论的发展

威廉·配第是劳动价值论的创始人。他在《赋税论》（1662）中把价格区分为"自然价格"和"政治价格"，前者指商品的价值，后者指市场价格。在此基础上，他第一次有意识地把商品价值的源泉归于劳动，并根据劳动决定价值的原理，得出了商品价值量的大小以劳动生产率为转移的结论，即劳动生产率的高低与商品价值量成反比例关系。

亚当·斯密继承和发展了威廉·配第等学者的劳动价值论，并在《国富论》（1776）第1篇中对其进行了系统的阐述。亚当·斯密首先区分了使用价值和交换价值，"价值一词有两个不同的意义。它有时表示特定物品的效用，有时又表示由于占有某物而取得的对其他货物的购买力。前者可叫作使用价值，后者可叫作交换价值"。在此基础上，他提出劳动是衡量一切商品交换价值的真实尺度。亚当·斯密强调一切生产商品的劳动都创造价值。

大卫·李嘉图在亚当·斯密的基础上又前进了一步，他继承了亚当·斯密关于劳动决定价值的观点，认为劳动决定价值，劳动既包括活劳动，也包括物化劳动。大卫·李嘉图明确指出商品价值量和耗费劳动量成正比，和劳动生产率成反比，并把复杂劳动归结为倍加的简单劳动。由于没有劳动二重性学说，他没能说明价值的创造和价值的转移如何在同一劳动过程中得以实现。他虽认识到商品价值决定于社会必要劳动量，但又不适当地把适用于农业产品价值决定的法则视为普遍法则，认为价值由最不利条件的土地产品耗费的劳动决定。

卡尔·马克思在大卫·李嘉图的基础上对劳动价值论进行了深入的阐述，确立了商品价值这一根本范畴。马克思认为，商品的价值是由凝结在商品中的无差别人类劳动决定的。马克思把人类劳动分为具体劳动和抽象劳动，具体劳动构成了商品的使用价值，抽象劳动则形成了商品的价值。商品的价值是由直接导致该商品生产的工人的活劳动和间接凝结在商品中的物化劳动构成，它是用社会必要劳动时间来衡量的。随着社会的发展和技术的不断进步，生产某一产品所需的社会必要劳动时间会不断减少，其价值量会逐渐下降。

劳动价值论是分析社会主义市场经济的理论基石和有效办法。实践中的以公有制为主体的多种类产权结构，以按劳分配为主体的多形式分配结构，都可以运用发展的马克思主义劳动价值论来解析，从而从思想与操作层面促进公有主体型和劳动主体型的社会主义市场经济的良性发展。

社会主义市场经济条件下劳动价值论呈现出新的特点：脑力劳动在社会生产中的地位和作用越来越重要；个别劳动平均化为社会必要劳动的外延进一步扩大；管理部门成为价值创造中的重要部分；科学技术在价值创造中的作用越来越大。

四、对劳动价值论的认识

劳动价值论是重要的价值基础理论之一，从中我们可以得出以下几个方面的启示：

（一）商品的价值量由社会必要劳动时间决定

劳动价值论全面而系统地阐述了价值的基本构成，说明了商品、价值和劳动之间的关系，商品的价值量由社会必要劳动时间决定。依据劳动价值论，商品生产者要想获得生存与发展，必须使生产商品的个别劳动时间低于社会必要劳动时间，这就要求生产者努力去改进技术，逐渐缩短社会必要劳动时间，不断提高劳动生产率，在增加产品数量的同时提高产品质量。

（二）商品是使用价值和价值的统一体

商品是使用价值和价值的统一体，价值能够存在的前提条件是必须具有使用价值，没有使用价值的商品也就没有价值。

（三）价值与交换价值的关系

价值是交换价值的基础和内容，交换价值是价值的表现形式。

（四）商品的价值要转化为价格就必须依靠市场

在经济社会发展过程中，要充分重视发挥市场机制的作用，努力建设有序的市场环境，对于企业的正常生产和运营以及商品经济的健康发展是至关重要的。

一个有序的市场环境至少应当具备两个必要条件：一是在商品交换中充分体现价值规律，严格实行等价交换的原则；二是要拥有比较完善的商品市场和要素市场，并建立比较完备的市场体系。因此，在社会主义商品生产的实践中进一步完善社会主义市场经济体制是非常必要的。

（五）价值的本质是无差别的人类劳动

在经济生活中，劳动价值论要求我们认清价值的本质是无差别的人类劳动，不能简单以市场价格代替价值。要正确把握简单劳动、复杂劳动的关系，大力发展科学技术，通过提高劳动生产率，更快更好地创造更多的价值。要健全完善社会主义市场经济体制，由市场决定资源配置，充分发挥价值规律的作用。

知识灯塔

帮助同学们树立劳动意识，热爱劳动、尊重劳动。

劳动价值论如图 5-4 所示。

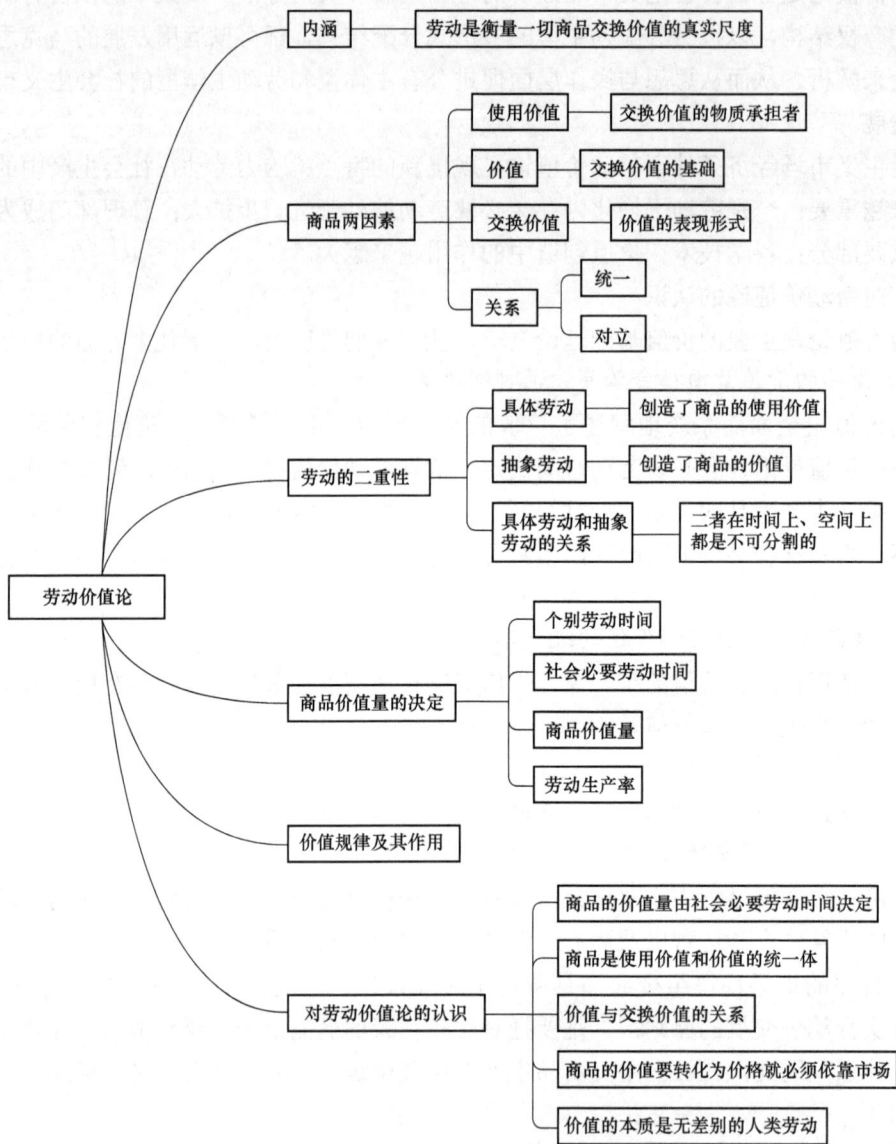

图 5-4　劳动价值论

任务二　效 用 价 值 论

一、效用价值论的内涵

效用价值又被称为主观价值论，是一种用人们对物品的主观心理评价来解释价值形成过程的经济理论，以主观心理感受解释商品价值的本质、源泉及尺度。效用价值论的内涵可以从三个方面来理解：首先，价值是人们对物品的效用的主观心理评价，不是商品内在的客观属性；其次，效用是价值的源泉，是形成价值的一个必要条件；最后，物品的边际效用衡量物品的价值。

二、效用价值论的主要内容

（一）效用的概念

效用是指商品或劳务满足人的欲望的能力，或者说，效用是指消费者在消费商品后所感受到的满足程度。

一种商品或劳务对消费者是否有效用，取决于消费者是否有消费的欲望以及这种商品或劳务是否具有满足消费者的欲望的能力。效用不具有客观性，不是商品或劳务固有的性质，而是只有在与人的需要发生关系时才会产生。

（二）边际效用递减规律及其应用

1. 边际效用（marginal utility，MU）的概念

边际效用是指在一定时间内消费者增加一个单位商品或者劳务的消费所得到的增加的效用量或增加的满足，也就是每增加一个单位商品或劳务的消费所得到的总效用增量。边际效用是西方经济学家在分析消费问题和解释价值决定时常用的一个概念，也是效用价值论（特别是边际效用价值论）的基础。

2. 边际效用的公式

$$MU = \partial U / \partial X_i$$

令效用函数为 $U（X_1，X_2，\cdots，X_n）$（对应商品 $i＝1，2，\cdots，n$），表示一定商品组合下的消费者效用，那么对应商品 i 的边际效用。

【小测试】某种商品的边际效用是指（　　　）。

A．对该商品最后一次的消费

B．等于商品的价格

C．消费该商品获得的效用与消费其他商品所获得的此效用

D．每增加一单位某种商品的消费所带来的总效用增量

3. 边际效用递减规律

边际效用递减规律是指每增加一个单位商品或劳务，消费者心理上会感到增加的满足或效用越来越小。即随着商品或劳务消费量的增加，总效用递减的速度不断增加。西方经济学家认为，人的生活目标是把自己的生活享受提到尽可能高的水平，即追求生活享受总量的最大化。戈森认为，所有的享受中都存在着两个共同特征，其一为"如果我们连续不断地满足同一种享受，那么同一种享受的量就会不断递减，直至最终得到饱和"；其二为"如果我们重复以前满足过的享受，享受量也会发生类似的递减，在重复满足享受的过程中，不仅会发生类似的递减，而且初始感到的享受量也会变得更小，重复享受时感到其为享受的时间更短，饱和感觉则出现得更早。享受重复进行得越快，初始感到的享受量则越少，感到是享受的持续时间也就越短。"

在一定时间内，如果其他商品的消费数量保持不变，随着消费者对某种商品消费量的增加，消费者从该商品连续增加的每一消费单位中所得到的效用增量（边际效用）是递减的，如图 5-5 所示。

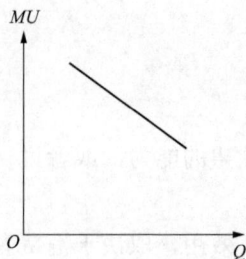

图 5-5　某商品的边际效用曲线

【知识链接】

人在饥饿时吃的第一个包子带来的效用是最大的，此后所吃的每个包子所带来的效用增量即边际效用却是递减的；当人完全吃饱时，包子的总效用达到最大值，边际效用降为零，这在经济学中被称为边际效用递减规律。这一规律提示企业经营者要：①了解消费心理，提供多样化产品；②提高创新能力，创造消费新需求。

4. 消费者均衡与效用最大化问题

消费者均衡研究的是：

（1）消费者如何把既定的收入分配在各种商品的购买中以获得最大的效用。

（2）消费者如何在预算、价格、偏好等条件不变的情况下，使得自己买到的产品组合实现效用最大化。

消费者效用最大化原则是表示消费者选择最优的一种商品组合，使得自己花费在各种商品上的最后一元钱所带来的边际效用相等（即购买的各种商品的边际效用与价格之比相等），最后等于每一元货币带来的边际效用 λ。

消费者用既定的收入 ω 购买两种商品，P_1 和 P_2 分别为两种商品的既定价格，以 Q_1 和 Q_2 分别表示两种商品的数量，MU_1 和 MU_2 分别表示两种商品的边际效用，则上述的消费者效用最大化的均衡条件为：

$$P_1Q_1+P_2Q_2=\omega$$
$$MU_1/P_1=MU_2/P_2=\lambda$$

（三）效用价值论和商品价值

1. 效用价值论的观点

效用价值论认为价值是人的主观评价形成的一种心理范畴，不是商品的内在属性。该理论认为一切价值只是表明了某种关系，价值应分为主观价值和客观价值。

2. 主观价值

（1）主观价值的含义。主观价值是一种物主对财货的主观心理评价。主观价值是"一种财货或一类财货对于物质福利所具有的重要性。在此意义上，如果我认为我的福利同某一特定财货有关，占有它就能满足某种需要，能够给予我一种没有它就得不到的喜悦或愉快感，或者它能使我免除一种没有它就必须忍受的痛苦，那么这一特定财货对我是有价值的"。

（2）主观价值的根源。在于物品的有用性和稀缺性。所有能够满足人们某种独特的欲望的商品都具有效用，但是这并不代表这种商品具有价值。只有当商品的效用受到某种局限的时候，其价值才能被体现。也就是说，只有当商品出现稀缺的时候，才能够引起人们对它的渴望，价值的形成是建立在商品稀缺的基础上的。

3. 客观价值

客观价值指的是一件物品实现某种客观结果的力量或能力。在这个意义上，有多少种与人有关的外部结果，就有多少种价值。例如，食品的营养价值、木材和煤炭的加热价值等。上述例子中的各种客观价值并不属于经济关系，而是属于纯粹技术关系。在政治经济学中，客观价值是物品的客观交换价值。庞巴维克用客观交换价值一词指物品在交换中的客观价值，即用它交换其他经济物品的数量。比如，用一匹马换取五十镑，或用一座房子换取一千镑等。

主观价值与客观价值的区别见表 5-2。

表 5-2　　　　　　　　　　　主观价值与客观价值的区别

分类	含义	表现
主观价值	主观心理评价	根源在于物品的有用性和稀缺性
客观价值	指一件物品实现某种客观结果的力量或能力	物品的客观交换价值

4. 商品价值量的确定

（1）物品的价值量的决定因素。由于物品的价值对于人类福利的重要性，所以物品的价值量必须是由决定这一商品的福利的量决定的。但物品的价值量并不是决定于任何单位物品提供的主观效用，也不是决定于人对任何单位物品的主观评价，而是决定于人们对最后单位物品的主观评价，决定于最后单位物品能满足人的最不重要的欲望即边际欲望的大小。

一件物品的价值，是由现有的同样物品所能满足的一切需要中最不迫切的那个需要的重要性来衡量的。这个最不迫切的需要的重要性就是这个物品的边际效用。决定物品价值大小的不是它的最大效用，也不是平均效用，而是最小效用（边际效用）。

（2）边际效用的影响因素。边际效用的大小是由需求和供给的关系决定的。"需要越广泛和越强烈，边际效用就越高；需要越少越不迫切，边际效用就越低。一方面，要求满足地需要越多和越强烈，另一方面，能满足该需要的物品量越少，即得不到满足的需要阶层就越重要，因而边际效用也越高。反之，需要越少和越不迫切，而能够用来满足它们的物品越多，则更下层的需要也可得到满足，因而边际效用和价值也就越低。"因此，"有用性和稀缺性是决定物品价值的最终因素。有用程度既然表示物品是否能对人类福利提供比较重要的服务，它同时也就表示（在极端情况下）边际效用可能达到的高度。而稀缺性则决定在具体情况下，边际效用实际上达到的那一点"。

5. 价格形成的基本规律

边际效用价值论认为，在个体经济中，人们对物品进行单独的主观估价。当单个的经济人在市场上相遇时，他们之间就发生了竞争，而竞争的结果就是制定出市场平均价格。

（1）同一市场中，在信息对称的假定下，买卖双方对同质商品的竞价形成边际对偶，其主观评价决定均衡价格。

（2）这种边际对偶价格实际上接近于马歇尔的均衡价格论，表明市场中无数的买者和卖者的竞争形成了价格。

三、对效用价值论的认识

效用价值论是一种重要的价值基础理论，有以下三方面的启示：

（1）效用价值论认为，商品的价值是由人们对商品效用的主观评价决定的。价值产生于人们对物品效用的主观评价，开辟了从需求的角度衡量价值的观点，可以用效用的大小来衡量其价值量，也为均衡价值论提供了理论基础。

（2）效用价值是主观的评价，导致评估出的价值与客观价值存在一定的差异。

（3）边际效用价值论过于强调商品效用带给人的主观上的满足，忽略了交换和交换背后的社会经济关系，夸大了效用的作用，认为效用决定价值，效用是价值的源泉。

效用价值理论如图 5-6 所示。

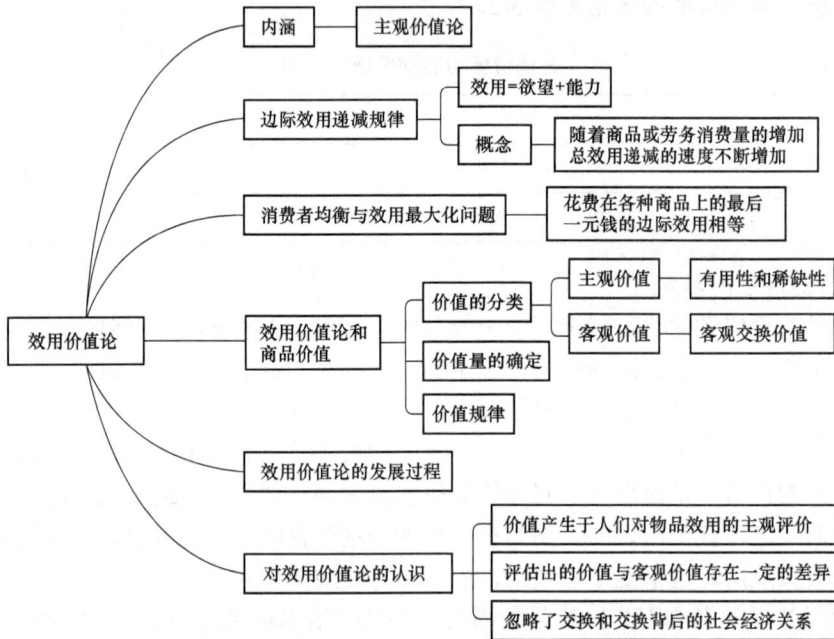

图 5-6　效用价值理论

任务三　供　求　理　论

供求理论是古典经济学在供求分析基础上发展起来的均衡价格理论。它把供求关系数量化，成为西方微观经济学的基础和核心理论。

一、需求理论

（一）需求及影响因素

1. 需求的含义

需求在经济学中，是指在一定时期内，在每一价格水平下，消费者愿意并且能够购买的某种商品的数量。一个消费者想购买某种商品，同时又有支付能力时，才能形成真实的需求，也称有效需求。如果没有购买能力，仅仅有购买的欲望，不构成此处讨论的需求。经济学上讨论的需求是有支付能力的需求。

2. 影响需求的因素

商品的需求数量由许多因素共同决定。其中，主要的因素及其影响如下：

（1）商品的价格。一般情况下，商品价格与需求量呈负相关关系。一种商品价格越高，则该商品需求量越小；价格越低，则需求量越大。

（2）消费者的收入水平。一般而言，如果其他条件不变，消费者收入提高，会增加对商品的需求量。但是收入水平增加并不会增加消费者对所有商品的需求。比如，收入提高，会增加消费者对某些高档商品的需求，减少其对相关低档商品的需求，引起消费需求结构的变化。

1）正常商品：经济学中，需求量与消费者收入同方向变化的商品。

2）劣等商品：经济学中，需求量与消费者收入反方向变化的商品。

（3）相关商品（其替代品和互补品）的价格。某种商品价格未变，但与其相关的其他商品的价格发生变化，也会导致其需求量发生变化。这里所说的"与其相关的其他商品"包括替代品和互补品。

替代品的使用价值接近，可以相互替代满足人们的同一需求，如牛肉和羊肉、可口可乐和百事可乐等。某种商品价格提高，会引起其替代品需求量的增加，商品的需求量与其替代品价格呈同方向变动。

互补品则是需要共同使用才能完整发挥其使用功能的商品。比如汽车和汽油、牙膏和牙刷等。某种商品价格提高，会引起其互补品需求量的降低，商品的需求量与其互补品价格呈反方向变动。

替代品、互补品的价格对需求的影响见表5-3。

表5-3　　　　　　　　　　　　　　替代品、互补品的价格对需求的影响

类型	说明
替代品	使用价值接近，可以相互替代满足人们的同一需求，如牛肉和羊肉、可口可乐和百事可乐
	其价格提高，会引起被替代品需求量的增加，商品的需求量与其替代品价格呈同方向变动
互补品	需要共同使用才能完整发挥其使用功能的商品
	某种商品价格提高，会引起其互补品需求量的降低，商品的需求量与其互补品价格呈反方向变动

（4）消费者的选择偏好。消费者喜好某种商品，会增加对其需求的数量；需求量与偏好程度同方向变化。消费者选择偏好，不仅体现出消费者个人的需要、兴趣和嗜好，也受到其所处的社会环境、文化习俗等因素影响，并非一成不变。

（5）对商品价格变动的预期。消费者预期某种商品价格会下降，会降低当期购买的欲望，造成该商品需求量减少；反之，如果预期商品价格会上升，会增加当期购买的意愿，导致该商品需求量增加。

（6）其他因素。影响商品需求的其他因素还包括人口的数量、结构和年龄，政府的消费政策，社会文化习俗等。

需求影响因素如图5-7所示。

（二）需求函数

需求函数用来表示一种商品的需求数量与其各种影响因素之间的关系。各种影响因素为

自变量，需求数量是因变量。

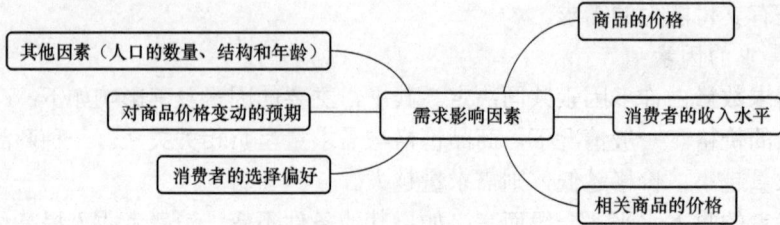

图 5-7　需求影响因素

其公式为：$D=f(a, b, c, d, \cdots, n)$。其中，$a, b, c, d, \cdots, n$ 代表影响需求数量的各因素。

（三）需求表及需求曲线

1. 含义

（1）需求表：用来表示某种商品的价格与需求量相互关系的数字序列表。

（2）需求曲线：根据需求表画出的反映商品价格与需求量关系的曲线。

2. 需求函数

假定在一定时期和特定的地区，除价格之外的其他因素相对稳定不变，需求就是消费者对应每一价格水平愿意且能够购买的某种商品数量。

需求函数公式为：

$$Q_d=f(P)$$

式中　P —— 商品的价格；

Q_d —— 商品的需求量。

某商品的需求见表 5-4，根据表中的数字绘制价格和需求量的关系图，横坐标表示需求量 Q_d（单位为数量单位或质量单位等），纵坐标代表商品的市场价格 P，就得到该商品的需求曲线，如图 5-8 所示。

表 5-4　　　　　　　　　　　　　某 商 品 的 需 求 表

商品名称	A	B	C	D	E	F	G
价格 P（元）	1	2	3	4	5	6	7
需求量 Q_d	350	300	250	200	150	100	50

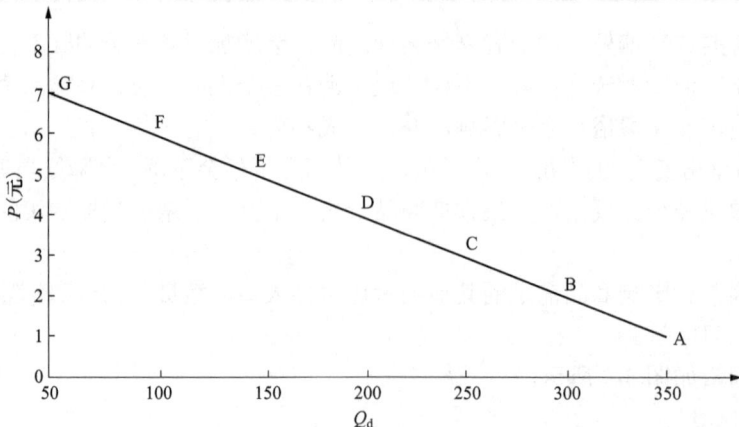

图 5-8　某商品的需求曲线

3. 需求曲线的变化分析

由于需求量与市场价格成反比，"需求曲线"是一条向右下方倾斜的曲线。

需求曲线向右下方倾斜，体现了边际效用递减规律。某种商品，拥有的数量越多，消费者从新增一单位的相同商品中所增加的效用满足感就越低，愿意为每新增单位商品所支付的代价也就越低。把整个消费者市场看作一个整体，随着商品购买数量的增加，市场愿意支付的价格自然就低，需求曲线就呈现向右下方倾斜的负斜率形式。

当影响需求的其他因素不变，仅仅是商品价格出现变动时，该商品的需求量会沿着需求曲线发生移动，表现为同一条需求曲线上相应点的移动，被称为需求量的变动，如图5-9所示。

当商品的价格不变，影响需求的其他因素发生变化时，该商品需求数量的变动表现为需求曲线的位置发生移动，称为需求的变动。例如，在商品价格不变的前提下，消费者的收入发生变化时，随着消费者收入的减少，需求量相应减少，需求曲线向左移动；反之，消费者的收入增加时，需求曲线将向右移动，如图5-10所示。

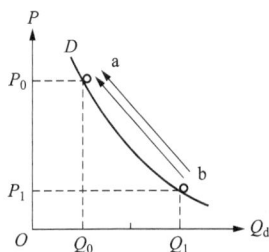

图 5-9　价格变化对需求量的影响　　　　图 5-10　消费者收入变化引起的需求曲线变化

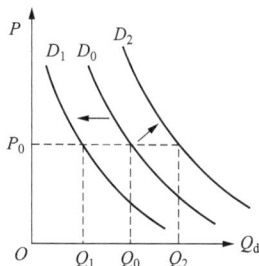

（四）需求关系的特殊情形

商品的需求量与其价格成反比，是商品需求的一般规律。但经济学家在研究中也发现了需求关系存在特殊的情形，如吉芬商品和凡勃伦效应。

在解释这两种现象前，我们先来了解替代效应、收入效应和总效应的概念。

替代效应是某种产品价格变化而其他产品价格不变时，产品之间的相对价格会发生变化，导致消费者在保持总效用不变的前提下，用更便宜的产品替代更贵的产品，从而引起该产品需求数量的变化。当该产品价格上升时，替代效应会减少其需求量；而当该产品价格下降时，替代效应会增加其需求量。

收入效应是指在消费者货币收入不变的情况下，当某种产品的价格改变时，消费者的实际收入（即购买能力或支付能力）随之发生改变，造成对该产品的需求量发生变化。当该产品价格上升时，收入效应会减少其需求量；而当该产品价格下降时，收入效应会增加其需求量。

在消费者货币收入不变的情况下，某产品价格发生变化时，替代效应和收入效应同时发生作用，两种效应的叠加表现为价格总效应，即总效应＝替代效应＋收入效应，如图5-11所示。

图5-11中，x 和 y 分别表示两种商品，横轴和纵轴分别代表 x、y 两种商品的数量。当商品 x 的价格下降时，其预算线由 a_j 变动到 a_{j2}，导致其对商品 x 的需求量由 q_0 增加到 q_2，q_2-q_0 是由于商品 x 的价格下降所引起的该商品需求量变动的总效应。其中，q_2-q_1 属于收入效

应，是由于商品 x 价格下降，使得消费者的实际收入水平提高，从而增加对商品 x 的需求量；q_1-q_0 属于替代效应，是由于商品 x 价格下降，使得商品 x 相对于价格不变的商品 y 更为便宜，从而消费者会增加对商品 x 的购买而减少对商品 y 的购买。这是反映正常商品价格下降时所产生的收入效应和替代效应的分析示意图。

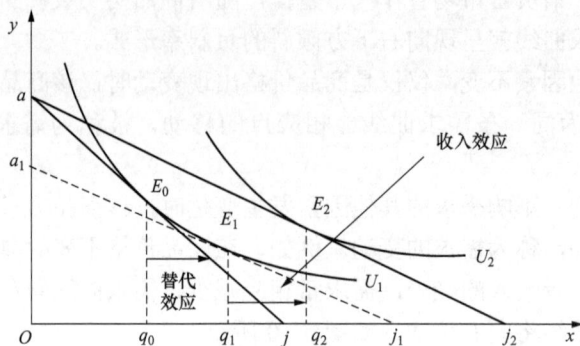

图 5-11　替代效应和收入效应

【知识链接】

在消费者购买商品 1 和商品 2 两种商品的情况下，当商品 1 的价格下降时，会产生两种影响：一方面，虽然消费者的货币收入不变，但购买力增强了，即实际收入水平提高，会改变对两种商品的购买量，从而达到更高的效用水平，这就是收入效应；另一方面，由于商品 2 价格不变，商品 1 的相对价格下降，消费者会增加对商品 1 的购买而减少对商品 2 购买，即替代效应。替代效应不考虑实际收入水平变动的影响，所以，替代效应不改变消费者的效用水平。

商品的需求量与其价格成反比，是商品需求的一般规律。

对于正常商品来说，替代效应与价格变动方向相反，收入效应与价格变动方向相反。正常商品的需求曲线向右下方倾斜，如图 5-12 所示。

对于低档商品来说，替代效应与价格变动方向相反，收入效应与价格变动方向相同。多数情况下，低档商品替代效应作用大于收入效应作用，低档商品的需求曲线向右下方倾斜，如图 5-13 所示。

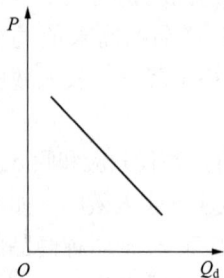

图 5-12　正常商品的需求曲线

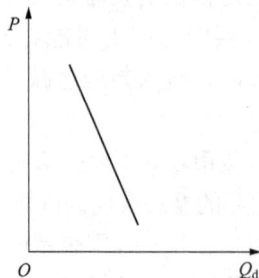

图 5-13　低档商品的需求曲线

1. 吉芬商品

英国人罗伯特·吉芬发现，在 1845 年爱尔兰发生饥荒时，土豆价格上升，需求量反而出现增加，这一现象在当时被人们称为吉芬之谜，并把具有这种性质的商品称为吉芬商品。经济学中的吉芬商品指的就是在特定条件下，需求量与价格同方向变动的特殊低档商品。

作为低档商品，吉芬商品的替代效应与价格变动方向相反。但是吉芬商品的特殊性就在于，吉芬商品收入效应作用很大，并且超过了替代效应的作用，从而使总效应与价格变动方向相同。所以吉芬商品的需求曲线最后呈现出向右上方倾斜的现象，如图 5-14 所示。

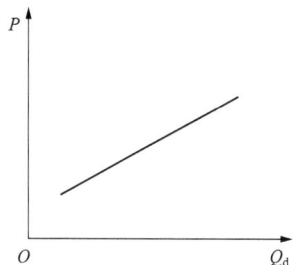

图 5-14 吉芬商品的需求曲线

表 5-5 对三种商品的替代效应和收入效应与价格的关系进行了对比总结。

表 5-5 三种商品的替代效应和收入效应与价格的关系对比

商品类别	替代效应与价格的关系	收入效应与价格的关系	总效应与价格的关系	需求曲线的形状
正常商品	反方向变化	反方向变化	反方向变化	向右下方倾斜
低档商品	反方向变化	同方向变化	反方向变化	向右下方倾斜
吉芬商品	反方向变化	同方向变化	同方向变化	向右上方倾斜

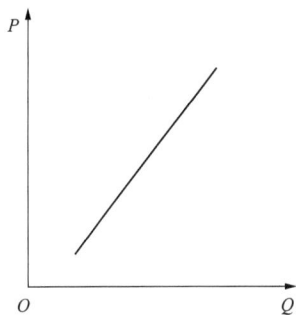

图 5-15 凡勃伦商品的需求曲线

2. 凡勃伦效应

美国经济学家托斯丹·邦德·凡勃伦发现，具有显示财富效应的商品，消费者对其需求程度会因其标价提高而增加，商品定价越高越能畅销。

凡勃伦效应反映了人们通过彰显其身份地位的炫耀性消费，追求心理满足的经济现象。

凡勃伦效应需求规律是：当商品比如旅游产品或者服务价格上升的时候，该商品被认为是质量的提高，对该商品的需求量也会上升。具备凡勃伦效应的商品与价格的关系不同于一般的商品供求规律，凡勃伦商品的需求量是随商品价格的上升而上升的，如图 5-15 所示。

知识灯塔

➢ 简单淳朴的生活，无论在身体上还是在精神上，对每个人都是有益的。
——爱因斯坦

➢ 人不能像走兽那样活着，应该追求知识和美德。
——但丁

二、供给理论

(一)供给及影响因素

1. 供给的含义

经济学上所说的供给,是指生产者在一定时期内,在各种可能的价格水平下愿意并且能够生产销售的某种产品的数量。

一个生产者希望出售某种产品,又有能力生产并提供到市场上,才能形成真实的供给。如果没有生产能力,仅仅有出售的欲望,不是现实的供给。经济学上讨论的供给是有实际生产能力的供给或有效供给。

2. 影响供给的因素

商品的供给数量由许多因素共同决定。其中,主要的因素及其影响如下:

(1)商品的自身价格。一般情况下商品价格与供给量呈正相关关系,价格越高,供给量越大;价格越低,供给量就越小。

(2)生产的成本。在其他条件不变时,生产成本降低会增加商品利润,从而刺激厂商增加商品的供给量;相反,生产成本提高会减少商品利润,厂商会因此减少商品的供给量。

(3)生产的技术水平。生产技术水平提高通常有利于提高效率或降低成本,从而增加生产者的利润空间,增加商品的供给量。

(4)与其相关的其他商品的价格。某种商品价格未变,但与其相关的其他商品的价格发生变化,也会导致供给量出现变化。例如,对某个生产小麦和玉米的农户来说,在小麦价格不变和玉米价格上升时,该农户就可能增加玉米的耕种面积而减少小麦的耕种面积。

(5)对商品价格变动的预期。生产者预期某种商品价格会上涨,往往会扩大生产,增加供给;反之,如果预期商品的价格会下降,通常会缩减生产,减少供给。

(6)生产商数量。供应一定时期及区域市场的某种商品的生产商数量增加,一般会增加该商品的供给量。

此外,政府政策等其他因素也会影响商品的供给量。

供给影响因素如图 5-16 所示。

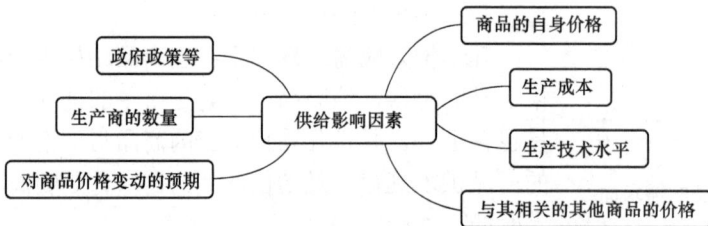

图 5-16 供给影响因素

(二)供给函数

供给函数用来表示一种商品的供给数量与其各种影响因素之间的关系。各种影响因素为自变量,供给数量是因变量。

其数学表达式为:

$$S = f(a, b, c, d, \cdots, n)$$

式中 $a, b, c, d, \cdots, n$——影响供给数量的各因素。

（三）供给表及供给曲线

供给表是用来表示某种商品的价格与供给量相互关系的数字序列表，供给曲线是根据供给表画出的反映商品价格与供给量关系的曲线。

假定在一定时期和特定的地区，价格之外的其他因素相对稳定不变，供给就是生产者对应每一价格水平愿意且能够提供的某种商品数量。

供给函数可以表达为：

$$Q_s = f(P)$$

式中　P——商品的价格；

　　　Q_s——商品的供给量。

某商品供给表见表5-6。

表5-6　　　　　　　　　　　某 商 品 供 给 表

商品名称	A	B	C	D	E
价格 P（元）	1	2	3	4	5
供给量 Q_s（单位为数量单位或质量单位等）	0	100	200	300	400

根据表中的数字绘制价格和供给量的关系图，横坐标表示供给量 Q_s，纵坐标代表商品的市场价格 P，就得到该商品的供给曲线，如图5-17所示。

由于供给量与市场价格成正比，供给曲线是一条由左下向右上方上扬的曲线。

（1）当影响供给的其他因素不变，仅仅是商品的价格出现变动时，其供给量沿着供给曲线发生变化，表现为同一条供给曲线上相应点的移动，被称为供给量的变动，如图5-18所示。

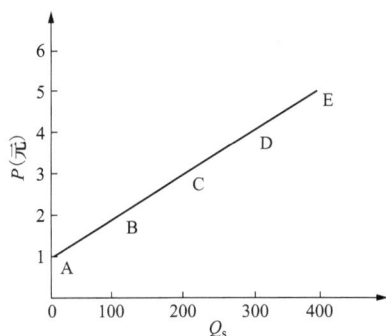

图5-17　某商品的供给曲线图

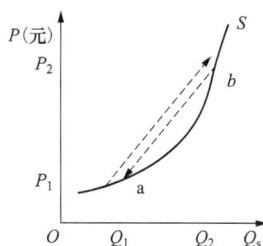

图5-18　价格变化对供给量的影响

（2）当商品的价格不变，影响供给的其他因素发生变化时，该商品供给数量的变动表现为供给曲线的位置发生移动，被称为供给的变动。

以生产成本发生变化为例：商品价格不变的情况下，随着生产成本提高，生产者因利润空间下降，而减少供给数量，供给曲线向左移动；反之，生产成本降低，生产者增加供给，供给曲线向右移动。曲线变化如图5-19所示。

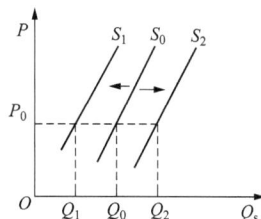

图5-19　生产成本变化引起的供给曲线变化

三、供求均衡

（一）市场均衡的概念

在经济学中，"均衡"一般指经济体系的各种影响力量在相关制约中所达到的相对静止并保持不变的状态。

市场均衡指的是影响市场供求的力量达成平衡的状态。在微观经济分析中，市场均衡分为局部均衡和一般均衡。

局部均衡是指单个市场或部分市场的供求与价格之间的关系所处的相对静止状态，它不考虑市场之间的相互联系和影响。

一般均衡是指经济社会中所有市场的供求与价格之间的关系所处的相对静止状态。一般均衡理论寻求在整体经济的框架内解释生产、消费和价格问题，假定各种商品的供求和价格都是相互影响的。只有所有市场都达到均衡，个别市场才能处于均衡。

（二）均衡价格 P_0、均衡数量 Q_0 与均衡点 E

商品的均衡价格是在市场供求两种力量博弈下形成的，是在供求双方竞争中通过市场机制自发形成的。

均衡价格（P_0）是商品的市场需求量与市场供给量相等时所对应的价格，也是该商品的需求曲线与供给曲线相交时对应的价格，这一交汇点被称为均衡点（E）。与均衡点对应的价格和供求量分别称作均衡价格和均衡数量。商品在均衡点对应的供给数量和需求数量都等于其均衡数量（Q_0）。均衡价格曲线如图 5-20 所示，其中，D 为需求曲线，S 是供给线。

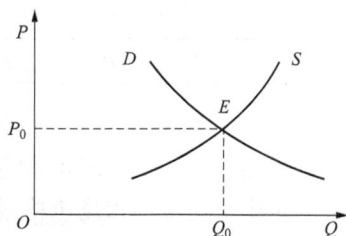

图 5-20　均衡价格曲线

（三）市场机制的作用

（1）市场价格高于均衡价格时，供大于求，市场出现商品过剩或超额供给。

在市场自发调节下，超额供给会导致商品价格下降，供给方也会减少供应量，使价格回落到均衡价格水平。

（2）市场价格低于均衡价格时，供不应求，形成商品短缺，超额需求会引发商品价格上涨，供应方也会增加供应量，使价格提升至均衡价格水平。

在市场机制的作用下，供求不相等的非均衡状态会逐步消失，商品的市场价格会趋近均衡价格水平。

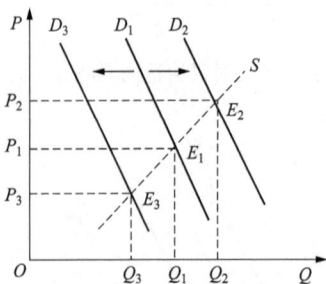

图 5-21　需求和均衡价格的变动曲线

（四）供求定理

1. 需求的变动和均衡价格的变动

如果供给不变，需求量增加使需求曲线向右上方移动，导致均衡价格上升，均衡数量增加；相反，需求量减少使需求曲线向左下方移动，使得均衡价格下降，均衡数量减少。需求和均衡价格的变动曲线如图 5-21 所示。

2. 供给的变动和均衡价格的变动

如果需求不变，供给量增加使供给曲线向右下方移动，导致均衡价格下降，均衡数量增加；相反，供给量减少会使供给曲线向左上方移动，使得均衡价格上升，均衡数量减少。供给和均衡价格的变动曲线如图 5-22 所示。

3. 供求定理

在其他条件不变时，需求变动分别引起均衡价格和均衡数量的同方向变动；供给变动将引起均衡价格的反方向变动和均衡数量的同方向变动。需求和供给同时作用下的均衡价格和均衡数量，取决于需求和供给各自变动的幅度。需求和供给的同时变动如图 5-23 所示，需求理论如图 5-24 所示，供给理论如图 5-25 所示，供求均衡如图 5-26 所示。

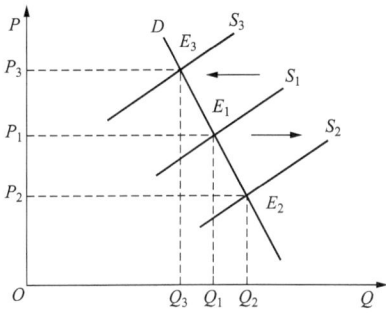

图 5-22 供给和均衡价格的变动曲线

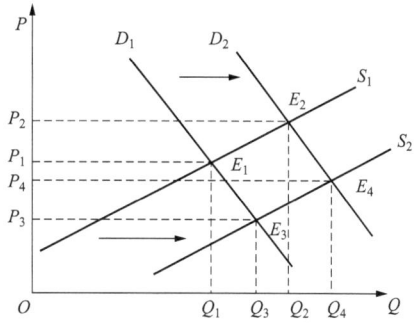

图 5-23 需求和供给的同时变动

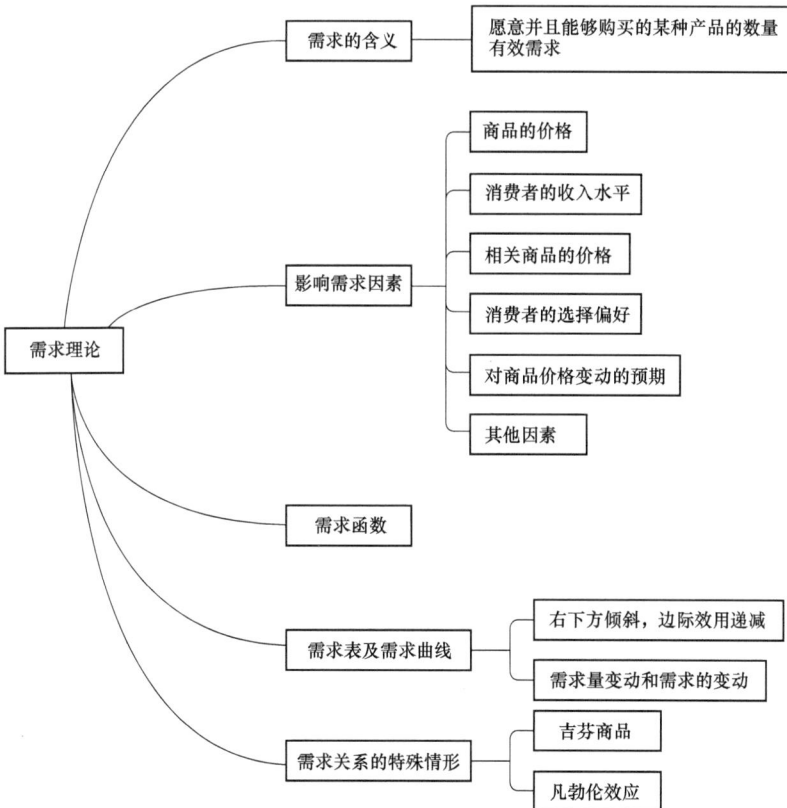

图 5-24 需求理论

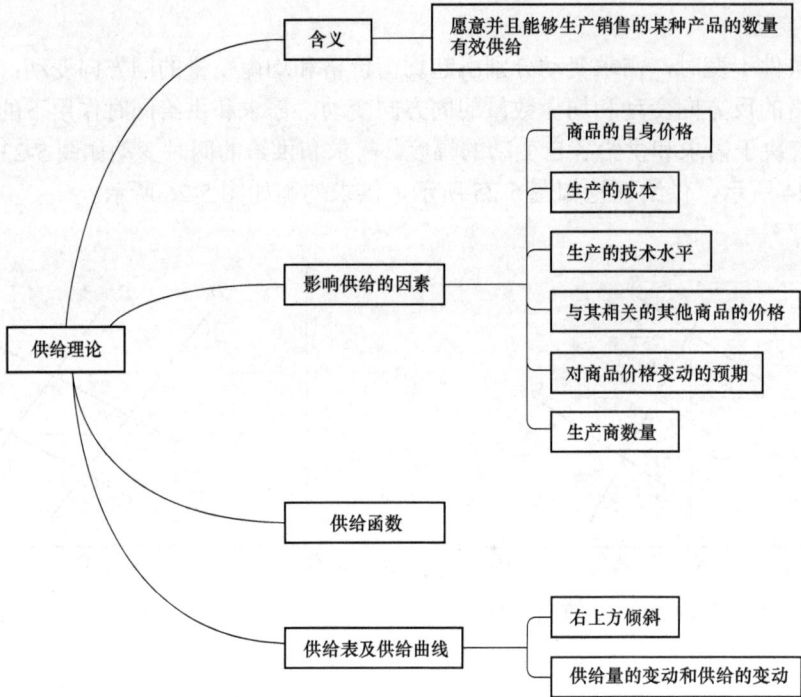

图 5-25　供给理论

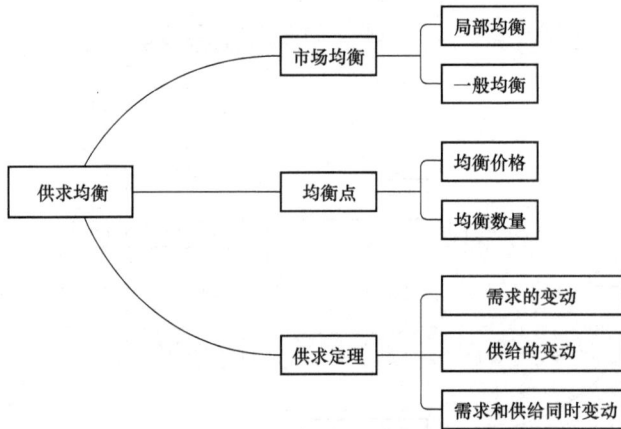

图 5-26　供求均衡

任务四　市场结构理论

一、市场结构的划分

（一）市场的概念

市场是以交易为核心，帮助交易双方相互作用、决定交易价格及数量的组织形式或制度安排。市场可以是固定、有形的交易场所，也可顺应通信手段现代化采用互联网交易平台等虚拟形式。

狭义的市场是指买卖双方商品交换的场所；广义的市场是指各种主体之间交换关系的总和。

市场主体之间的关系主要包括：买卖双方关系以及由此引发的卖方之间、买方之间的关系。

任何一种交易物品都有一个市场。经济中有多少种交易物品，就相应地有多少个市场。所有可交易的物品分为生产要素和商品两类，相应地，市场可分为生产要素市场和商品市场两类。

（二）按市场结构特征划分的市场类型

市场结构是对某种行业竞争状态和价格机制产生重要影响的市场组织特征，综合反映了一个行业买方和卖方的数量、规模及分布，行业进出难易程度和产品差别程度等。

1. 决定市场类型划分的主要因素

从市场结构特征看，决定市场类型划分的主要因素如下：

（1）厂商的数量；

（2）产品的差别程度；

（3）行业进出难易；

（4）厂商对市场价格的影响能力。

2. 按市场结构特征划分市场类型

根据不同的市场结构特征，可以把市场划分为完全竞争市场和不完全竞争市场。不完全竞争市场包括垄断竞争市场、寡头垄断市场和完全垄断市场。

不同类型的市场及其特征见表5-7。

为同一市场提供商品或服务的所有厂商组成相应行业，行业类型与市场类型一致。

表 5-7 不同类型的市场及其特征

市场类型	厂商数量	产品差别程度	行业进出难易	厂商对价格的影响能力	代表（或近似）行业
完全竞争	很多	完全同质	容易	没有影响能力	农产品
垄断竞争	很多	同种、但有差别	比较容易	影响能力小	轻工业产品、零售业、服务业
寡头垄断	少数	寡头行业有差别；纯粹寡头行业无差别	有明显进入障碍	有一定能力，但要考虑其他对手反应；厂商实力不对等时，领导型寡头厂商有率先定价优势	钢铁、汽车、石油
完全垄断	唯一	没有相近的替代产品	极为困难或不可能	可以控制和操纵市场价格（除非受到政府的价格管制）	自然垄断、特许专营行业

二、完全竞争市场

（一）概念

完全竞争市场又称为纯粹竞争市场，是指不受任何阻碍和干扰、充分竞争的市场结构。在完全竞争市场，市场以其内在的价格、供求和竞争机制自发地调节生产和消费，政府不做任何干预。

（二）完全竞争市场必备条件

（1）有大量的买者和卖者。单一买者或单独卖者不能决定市场价格，买卖双方均是价格的接受者。

（2）每个厂商提供的都是完全同质的商品。消费者无特定产品偏好，厂商不能区别定价，商品之间具有完全替代性，厂商只会按照市场已经形成的价格维持属于他们自己的市场份额。

（3）各种资源能够自由流动。厂商进出行业，资源在厂商之间流动完全自由，不存在任何阻碍和干扰。

（4）信息畅通、完全。每个市场参与者都掌握与自身经济决策相关的全部信息，并据此谋求经济利益最优化。买卖双方都按照市场既定价格进行交易，不会因信息不对称相互欺诈。

具备以上条件的市场，所有参与者既不具有市场地位差距，也不存在生产、消费和价格等差别，是没有交易者个性的非个性化市场。

现实经济社会中，真正符合完全竞争市场上述假设条件的"市场"并不存在。通常认为农产品市场的特点相对接近完全竞争市场。完全竞争市场研究，可以获得自由市场机制及其资源配置的基本原理，为分析和评价其他类型市场的竞争和效率提供借鉴。

（三）完全竞争市场需求与均衡

完全竞争市场对厂商产品的需求曲线是一条水平线，所对应的价格是整个行业的供求均衡价格，且厂商的平均收益曲线、边际收益曲线和需求曲线重合。

当受消费者收入水平、生产技术、政府政策等因素影响，使众多消费者的需求量和众多生产者的供给量发生变化，并形成新的均衡价格时，在完全竞争市场又会形成一条与该均衡价格对应的新的水平线（厂商需求曲线 P_e），如图 5-27 所示。

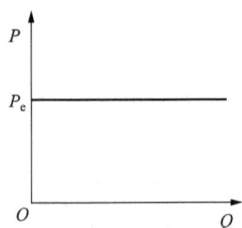

图 5-27　完全竞争市场厂商需求曲线

1. 边际收益等于边际成本

完全竞争市场的厂商可以遵循边际收益（marginal revenue，MR）等于边际成本（marginal cost，MC）的原则实现利润最大化或亏损最小化目标，即 $MR = MC$。

2. 厂商利润最大化

在完全竞争市场，厂商和消费者都是价格接受者。给定商品价格 P，厂商的销售量为 Q，总成本 TC，厂商的总收益 TR，则利润函数 $[\pi(Q)]$ 为：

$$厂商利润最大化 = a + bP，成本函数 C(Q) = cQ$$

$$\pi(Q) = TR(Q) - TC(Q) = PQ - TC(Q)，\frac{\partial \pi}{\partial Q} = 0，MR = MC = P$$

3. 短期均衡

（1）在短期，厂商在生产规模不变的情况下，可通过调整产量使边际收益等于短期边际成本，实现利润最大化；

（2）如果处于亏损状态，厂商通过比较平均收益和平均可变成本决定是否继续生产（当平均收益小于平均可变成本时须停止生产）。

4. 长期均衡

在长期，厂商可以通过调整全部生产要素使边际收益等于长期边际成本，达到利润最大化。完全竞争市场的厂商调整全部生产要素的决策，可以是选择最优的生产规模，也可以是决定进入或退出某行业。有厂商进入或退出，整个行业产量的变化可能会影响生产要素市场的需求，使成本不变行业、成本递增行业和成本递减行业的生产要素价格分别保持不变、上升和下降。

成本不变行业：行业产量变化所引起的生产要素需求的变化，不对生产要素的价格产生影响。行业的长期供给曲线是水平线。

成本递增行业：行业产量增加所引起的生产要素需求的增加，导致生产要素价格的上升。行业的长期供给曲线向右上方倾斜。

成本递减行业：行业产量增加所引起的生产要素需求的增加，导致生产要素价格的下降。行业的长期供给曲线向右下方倾斜。

完全竞争市场如图 5-28 所示。

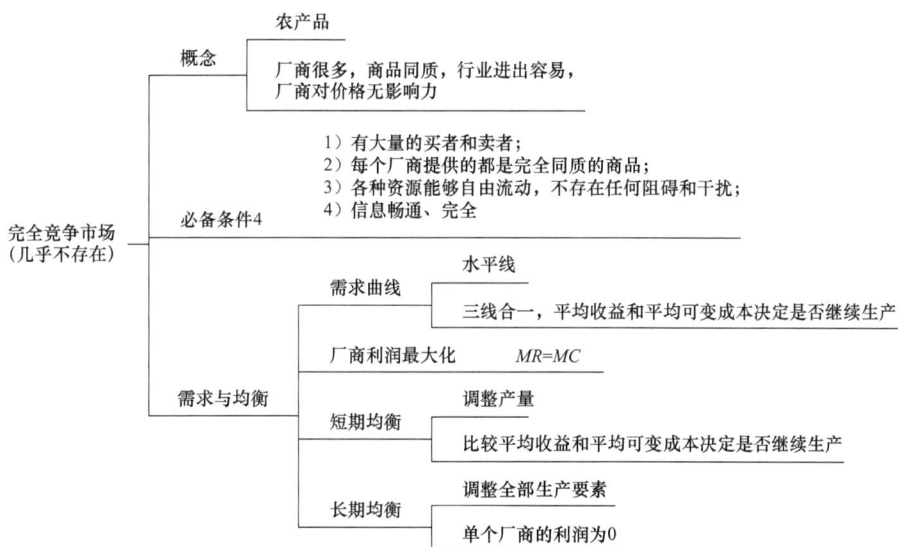

图 5-28　完全竞争市场

【小测试】根据市场结构划分市场类型的理论，完全竞争市场必须具备的条件有（　　　）。

A．厂商提供的产品无差异

B．厂商生产和销售的商品没有替代品

C．信息畅通、完全

D．资源能够自由流动

E．有大量的买者和卖者

三、垄断竞争市场

（一）概念

垄断竞争市场既有垄断，也有竞争，是介于完全竞争和完全垄断市场之间的市场结构，而不像完全竞争市场或完全垄断市场那样偏于一端。在垄断竞争市场上，有许多厂商生产和销售有差别的同种产品。

（二）垄断竞争市场的特点

（1）有许多厂商生产和销售有差别的同种产品，即形成垄断竞争市场最重要的条件。

（2）垄断竞争市场的竞争特质高于其垄断属性，比较接近完全竞争市场结构。在现实生活中，零售业和服务业比较符合垄断竞争市场组织的特点。

（3）垄断竞争市场普遍存在于现实生活中，是我们接触最多的市场类型。

（三）垄断竞争市场的条件

（1）行业中存在着大量的厂商，无法对市场形成控制。

由于厂商数量多，每个厂商都可以对市场价格施加一定的影响，但单个厂商对市场的影响能力又很小。单个厂商的决策不足以引起竞争对手的注意，也不用考虑来自其他竞争对手的反应。

（2）厂商生产有差别地同种产品，产品之间既有差别，又可相互替代。

产品的差别可能涉及质量、构造、外观、销售服务条件、商标、广告等。产品之间存在差别，使消费者可以形成选择偏好，厂商也能进行差别定价，市场由此出现垄断因素，产品差别越大，垄断程度通常越高。产品的替代意味着每一种产品都会遇到其他厂商提供的大量的相似产品，市场又同时存在竞争因素。这使得垄断竞争市场始终存在垄断和竞争因素的相互作用。

（3）厂商生产规模较小，不存在进入和退出障碍。

厂商可以比较容易地进入和退出某行业或生产集团。如服装、饮料、食品等市场，只要按照国家法律法规经营，任何人都可以进入这些行业或退出这些行业，不存在任何限制进入和退出的壁垒。

（四）垄断竞争市场的需求与均衡

1. 垄断竞争厂商需求曲线

垄断竞争厂商的需求曲线是向右下方倾斜的，这是因为垄断竞争厂商可以通过调整产品的销售量来影响其价格。但由于各垄断竞争厂商的产品具有替代性，市场又存在竞争因素，其向右下方倾斜的需求曲线较为平坦，相对接近完全竞争厂商呈水平形态的需求曲线。

2. 主观需求曲线（d）和实际需求曲线（D）

垄断竞争厂商有两条需求曲线，都向右下方倾斜，通常被区分为主观需求曲线（d）和实际需求曲线（D）。d 曲线（或预期的需求成线）是厂商单独调整价格所对应的需求曲线；D 曲线（或份额需求曲线）是所有厂商都以相同方式改变价格的条件下单个厂商所对应的需求曲线，如图 5-29 所示。

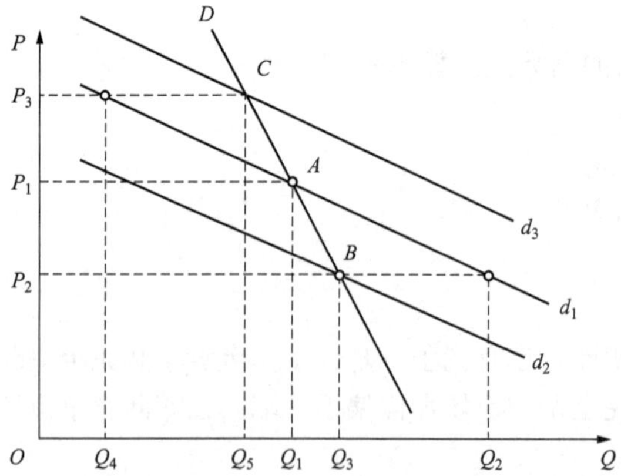

图 5-29　垄断竞争厂商所面临的需求曲线

D 曲线还用于表示某行业或生产集团所有厂商对应一定市场价格水平的实际销售份额。如果某行业或生产集团有 n 个垄断竞争厂商，不论全体厂商如何调整市场价格，D 曲线反映的每个厂商的实际销售份额总是市场总销售量的 $1/n$。

3. d 曲线和 D 曲线的一般关系

（1）某行业或生产集团内所有厂商都以相同方式改变产品价格，市场价格变化使 d 曲线沿着 D 曲线发生平移。

（2）d 曲线表示厂商单独调整价格所预期的产品销售量；D 曲线表示每个厂商在一定市场价格水平所对应的实际市场需求量。d 曲线和 D 曲线的交汇点反映垄断竞争市场的供求相等状态。

（3）d 曲线较 D 曲线更为平坦，反映出两者所对应的需求弹性差异，即 d 曲线需求弹性大于 D 曲线。

4. 不存在供给曲线

垄断竞争市场在内的所有非完全竞争厂商都没有供给曲线，因为它们都不满足商品的价格与其供给量存在一一对应关系的条件。

5. 短期均衡

垄断竞争市场，厂商短期内仍然通过调整产量和价格使边际收益等于短期边际成本，实现利润的最大化；如果处于亏损状态，厂商同样需要通过比较平均收益和平均可变成本来决定是否继续生产。

6. 长期均衡

在长期情况下，厂商可以通过调整生产规模使边际收益等于长期边际成本，追求利润的最大化。由于厂商进出行业比较容易，长期均衡时垄断竞争厂商的利润一定为零。

由于垄断竞争厂商数量过多，且每个厂商的规模都过小，垄断竞争厂商在长期均衡时的产量会小于完全竞争厂商在长期均衡条件下的理想产量，这就使单个垄断竞争厂商存在未被利用的多余生产能力。这种现象的存在是垄断竞争市场产品差异化所伴随的代价，也为要求缩减厂商数量、提高厂商生产规模和降低平均生产成本提供了理由。垄断竞争市场如图 5-30 所示。

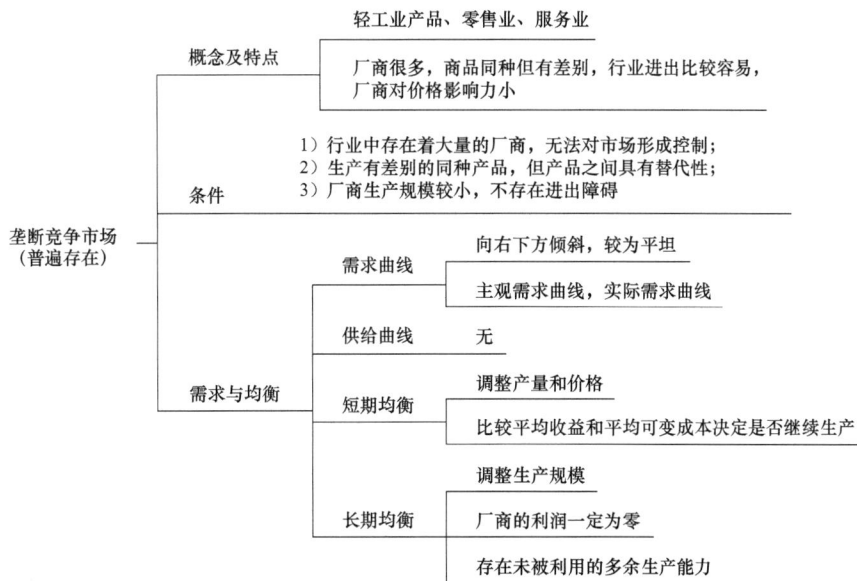

图 5-30 垄断竞争市场

【小测试】下列关于垄断竞争市场特征的说法中，错误的是（　　　　）。

A. 垄断竞争市场上有数量众多的厂商，单个厂商对市场的影响能力很小，无法对市场形成控制

B. 垄断竞争市场上的厂商为市场提供大量的产品，这些产品与该行业中的同类产品相比，既有差别性又有可替代性

C. 垄断竞争市场上厂商的规模偏小，进入或退出所在行业较为自由，没有形成行业壁垒

D. 垄断竞争市场上的厂商遵循平均收益等于平均成本的原则实现利润最大化目标

四、寡头垄断市场

（一）寡头垄断市场的概念

寡头垄断市场又称寡头市场，是包含了垄断和竞争因素、与完全垄断更接近的市场结构，是由少数卖方（寡头）起主导作用的市场状态。

（二）特点

寡头垄断市场的特点是少数厂商垄断了某行业市场，控制了整个市场的产品生产和销售。寡头垄断市场在现代经济中比较常见，汽车、钢铁、石油等行业具备寡头垄断市场的特点。

（三）寡头垄断市场的形成原因

寡头垄断市场形成的原因与完全垄断市场相似，主要原因如下：

（1）规模经济效益促使行业生产向大规模厂商集中；

（2）少数厂商控制了行业基本生产资源的供给；

（3）法律或政策的推动等。

寡头垄断市场存在明显的行业进入壁垒。竞争和规模经济要求降低了行业的平均成本，使大规模生产具有明显优势，小厂商逐步丧失生存空间，形成了占据绝大部分市场份额的少数厂商共享或角逐市场的行业态势。试图新进入的厂商，如果不具备与原有厂商相抗衡的生产规模和市场份额，就无法加入行业或通过竞争在行业立足。

（四）寡头垄断市场的分类

（1）按照产品特征分类，可分为纯粹寡头行业和差别寡头行业。纯粹寡头行业厂商的产品没有差别，厂商的相互依存程度高；差别寡头行业厂商的产品则是有差别的，厂商的相互依存度低。

（2）根据寡头厂商数量，可分为双头垄断、三头垄断和多头垄断。

（3）依据厂商的行动方式，可分为勾结（合作）寡头和独立（不合作）寡头。

（五）寡头垄断市场的典型模型

1. 古诺模型（产量竞争）

法国经济学家安东尼·奥古斯丁·古诺于1938年提出了古诺模型（又称作双头模型），反映两个实力相当厂商的寡头垄断模式。每个厂商都以自己的产量去适应对方已确定的产量，在已知对方产量的情况下，各自确定能给自己带来最大利润的产量。古诺模型内容见表5-8。

表 5-8 古 诺 模 型 内 容

分类	特点	生产决策
古诺模型（双头模型）	反映两个实力相当厂商的寡头垄断模式	每个厂商都以自己的产量去适应对方已确定的产量，在已知对方产量的情况下，各自确定能给自己带来最大利润的产量

2. 伯特兰德模型（价格竞争）

伯特兰德模型是由法国经济学家约瑟夫·伯特兰德于 1883 年建立的。伯特兰德模型是价格竞争模型，该模型假定当企业制定其价格时，认为其他企业的价格不会因它的决策而改变，并且 n 个（为简化，这里取 $n=2$）寡头企业的产品是完全替代品。厂商 1 和厂商 2 的价格分别为 P_1 和 P_2，边际成本都等于 C。根据该模型的假定，厂商 1 和厂商 2 的产品是完全替代品，所以消费者的选择就是价格较低的企业的产品；如果厂商 1 和厂商 2 价格相等，则两个厂商平分需求。于是，每个企业的需求函数为：

$$Q_i(P_i,P_j)=\begin{cases}Q(P_i) & ,\ P_i<P_j \\ \frac{1}{2}Q(P_i) & ,\ P_i=P_j \\ 0 & ,\ P_i>P_j\end{cases}$$

因此，两个企业会竞相削价以争取更多的顾客。当价格降到 $P_1=P_2=C$ 时，达到均衡，即伯特兰德均衡。只要有一个竞争对手存在，企业的行为就同在完全竞争的市场结构中一样，价格等于边际成本。伯特兰德模型与古诺模型的比较见表 5-9。

表 5-9 伯特兰德模型与古诺模型的比较

模型	相同点	不同点
伯特兰德模型	均研究寡头垄断市场结构，生产同质产品，行业内一般仅有两家企业	预测企业将像完全竞争条件下行动。市场价格等于边际成本，利润为零
古诺模型		预测市场价格将处于垄断和完全竞争之间，获得正利润

3. 斯塔克伯格模型

斯塔克伯格模型由德国学者冯·斯塔克伯格于 1934 年提出。在他所建立的寡头厂商行为理论中，斯塔克伯格提出了将寡头厂商的角色定位为"领导者"或"追随者"的分析范式。该模型中有两个寡头厂商，一个是实力相对雄厚、居于支配地位的"领导者"；另一个则成为前者的"追随者"。领导型厂商在了解并考虑追随型厂商对其决策的反应方式基础上作出追求自身利润最大化的产量决策；追随者厂商则在领导型厂商所确定产量的前提下做出利于自身利润最大化的产量决策。斯塔克伯格模型见表 5-10。

表 5-10 斯 塔 克 伯 格 模 型

分类	特点	生产决策
领导者—追随者模型（冯·斯塔克伯格）	针对两个生产相同产品但市场地位不对等的厂商的寡头垄断模式。其中一个是实力相对雄厚、居于支配地位的"领导者"；另一个则是前者的"追随者"	领导型厂商在了解并考虑追随型厂商对其决策的反应方式基础上作出追求自身利润最大化的产量决策；追随者厂商则在领导型厂商所确定产量的前提下做出有利于自身利润最大化的产量决策

注 市场中有两个厂商，厂商甲为领导者，厂商乙为追随者，甲先决定自己的产量，而乙在确定的指导甲的选择之后再进行决策。

4. 价格领导模型

斯塔克伯格模型中寡头对产量的决策和反应模式同样可用于厂商对价格的确定过程。即领导型厂商率先确定价格，其他厂商跟随定价。这成为"价格领导模型"所反映的内容。

价格领导通常有三种形式：支配型价格领先、成本最低型价格领先和晴雨表型价格领先。

（1）支配型价格领先，是由行业中占支配地位的寡头按照利润最大化原则确定产品售价，其余寡头据此确定各自的产销量。

（2）成本最低型价格领先，是由行业中成本最低的寡头按照利润最大化原则确定其产品产销数量和价格，其他寡头按同一价格销售各自的产品。

（3）晴雨表型价格领先，是由行业中获取信息、判断市场趋势等方面有公认特殊能力的寡头确定产品价格，其他寡头根据该价格相应调整自身的产品价格。价格领导模型见表 5-11。

表 5-11 价 格 领 导 模 型

分类		特点	生产决策
价格领导模型		同"领导者—追随者模型"	领导型厂商率先确定价格，其他厂商跟随定价
价格领导的三种形式	支配型价格领先	由行业中占支配地位的寡头按照利润最大化原则确定产品售价，其余寡头据此确定各自的产销量	
	成本最低型价格领先	由行业中成本最低的寡头按照利润最大化原则确定其产品产销数量和价格，其他寡头按同一价格销售各自的产品	
	晴雨表型价格领先	由行业中获取信息、判断市场趋势等方面有公认特殊能力的寡头确定产品价格，其他寡头根据该价格相应调整自身的产品价格	

在寡头垄断市场，各寡头厂商都拥有可以影响竞争对手决策的市场份额，每个寡头做出涉及产量、价格的决策前都需了解或判断其他竞争对手可能的反应。这种行为关系和决策影响的复杂性和不确定性，也加深了研究寡头厂商价格和产量决策的难度。可以说，针对不同类型的寡头以及不同的决策和反应条件，就会存在不同的市场竞争结果，形成不同的研究结论。寡头垄断市场如图 5-31 所示。

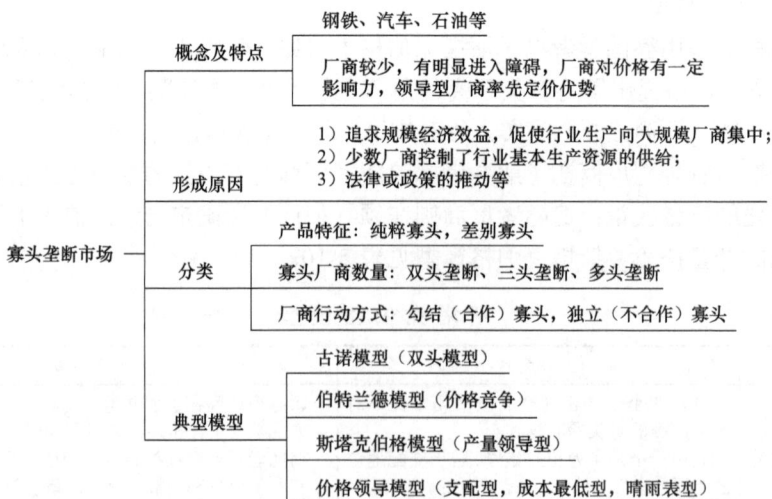

图 5-31 寡头垄断市场

五、完全垄断市场

（一）完全垄断市场的概念

完全垄断市场（又称垄断市场），是与完全竞争市场对立的市场类型，行业中只有唯一的供给者。

（二）完全垄断市场需要具备的条件

主要包括：

（1）只有唯一的供给厂商和众多的需求者。

（2）厂商生产和销售的商品没有替代品。

（3）其他厂商无法进入该行业。

与完全竞争市场一样，完全垄断市场也只是一种极端的理论抽象，在现实经济生活中几乎不存在。为维护社会和消费者利益，大多数垄断企业的经营实际上会受到法律的规范和政府的管控。

完全垄断市场模型，作为完全竞争市场的对立物，为研究评价其他市场结构的经济效率提供了理论参照。研究完全垄断市场，还有助于分析垄断市场所形成的各种经济关系，把握政府、各市场参与主体的关系和行为。

（三）完全垄断市场形成的主要原因

完全垄断市场中，独家垄断厂商完全排除了竞争，控制了行业的生产、销售和价格，消费者没有其他选择。

形成垄断的原因主要有：

（1）竞争和规模经济要求引起生产和资本的集中，使得单独厂商控制了行业生产所需的全部资源。

（2）专利保护使得拥有生产专利的厂商可在规定的保护期内独家垄断产品生产。

（3）国家基于财政、国家安全和社会管理需要，通过法律规定和行政措施授予厂商独家生产经营权，使其形成垄断。

（4）厂商利用先行进入行业的条件或凭借所拥有的自然、地理优势，控制了行业生产资源，阻碍其他厂商进入行业，形成了对行业生产经营的自然垄断。

（四）完全垄断市场的需求与均衡

1. 垄断市场的需求曲线

垄断市场只有一个厂商，市场的需求曲线也是垄断厂商的需求曲线，该曲线也是向右下方倾斜的。

令垄断厂商产量为 Q，那么商品价格为 $P(Q)=a-bQ$，$P(Q)<0$，厂商成本函数为 $C(Q)$，厂商利润为 $\pi(Q)=Q\cdot P(Q)-C(Q)$。

垄断厂商求取利润最大化，那么 $\pi(Q)=MR-MC=0$，即需要 $MR=MC$。

垄断厂商的销售量与市场价格呈反向变动关系。垄断厂商可通过减少销售量提高市场价格，也可借助增加销售量压低市场价格，通过改变销售量达到控制市场价格的目的。完全垄断市场的均衡如图 5-32 所示。

2. 垄断厂商的短期均衡

在短期内，垄断厂商在生产规模不变的情况下，通过调整产量和价格，使边际收益等于短期边际成本，达到利润最大化。垄断厂商按照上述原则调整产量与价格后的盈利情况，还需分析其平均成本状况。

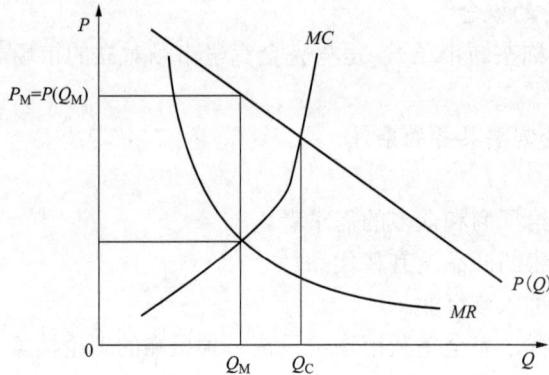

图 5-32 完全垄断市场的均衡

3. 垄断厂商的长期决策

在长期内，垄断厂商可以通过调整生产规模，使边际收益等于长期边际成本，实现最大的利润。与完全竞争厂商不同，由于排除了其他厂商的加入，垄断厂商可以通过调整规模在长期内获得更大的利润，其长期均衡的利润总是大于短期均衡的利润。完全垄断市场如图 5-33 所示，市场结构理论如图 5-34 所示。

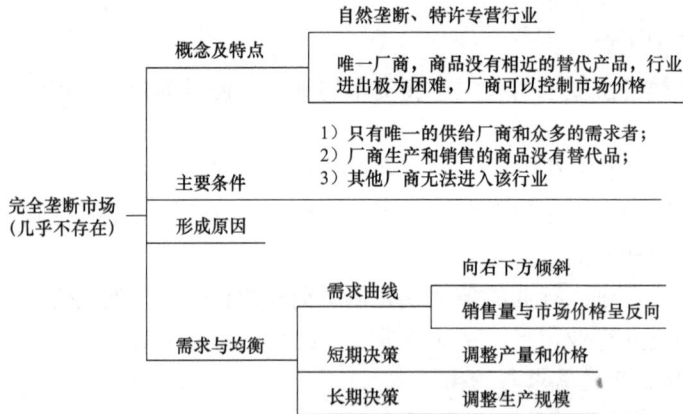

图 5-33 完全垄断市场

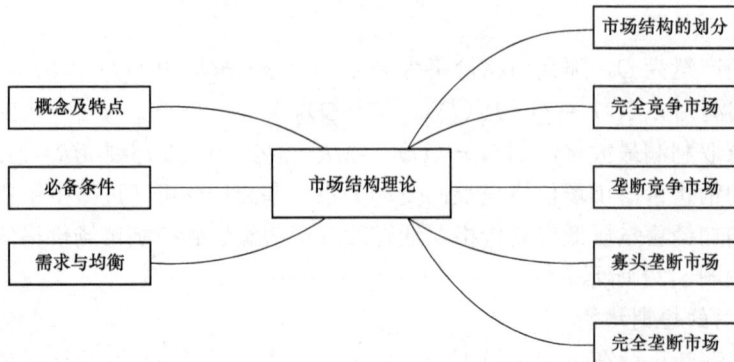

图 5-34 市场结构理论

任务五 有效市场理论

美国芝加哥大学金融学教授尤金·法玛于 1970 年系统地提出了有效市场假说。该假说一经提出就成为证券市场研究的热门课题，在现代金融市场理论框架占据重要地位，也是目前最具争议的投资理论之一。

一、有效市场理论

（一）有效市场理论概念

有效市场是价格完全反映了全部所获得信息的证券市场。

一个特定信息在信息交流和竞争充分的市场能迅速被投资者知晓，股票市场的竞争将使股价及时、充分地反映该信息的影响，据此交易的投资者不可能获得高于市场平均水平的超额利润，只能赚取市场平均水平的报酬。

有效市场的影响因素包括信息有效、投资者理性和市场理性。三个因素统一影响造就了有效的市场。

（二）有效市场假说的前提条件

（1）市场上的投资者都是理性的经济人，以追求利益最大化为行动目标，投资人都力图利用所获信息谋取最高的利润。

（2）与投资相关的信息都以随机方式进入市场，信息的发布各自独立。

（3）市场对信息的反应迅速而准确，股票价格因而反映了市场的全部信息。

（4）整个市场完全竞争，有大量的投资者参与，大家都是价格的接受者。

【小测试】下列关于有效市场假说前提条件的说法中，错误的是（　　　）。

A．市场对信息的反应迅速而准确，股票的价格反映了市场的全部信息

B．市场上的投资者是理性的经济人，力图利用所获信息谋求最高的利润

C．市场是垄断竞争的，参与的投资者能赚取高于平均水平的超额利润

D．与投资者相关的信息以随机的方式进入市场，信息的发布各自独立

（三）有效市场的形态

1. 证券市场包含以下三个层级的信息

（1）反映了证券历史价格的信息，如已发生的股票交易数量、价格、回报率等。

（2）已公开的所有信息。除上述反映证券历史价格的信息外，还包括上市公司公开披露的信息，已公开的行业信息和证券市场及公司分析信息，有关的经济、政治新闻等信息。

（3）所有的可知信息。除上述已公开信息外，还包括未公开的内部及私人信息。

根据证券价格对市场信息的反应程度，有效市场划分为弱式有效市场、半强式有效市场和强式有效市场三种形态。

2. 有效市场的分类

根据证券价格对市场信息的反应程度将有效市场划分为弱式有效市场、半强式有效市场、强式有效市场三种形态。

（1）弱式有效市场。在弱式有效市场，股票的市场价格已充分反映了股票所对应的历史价格信息。历史资料无法影响股票的未来价格，也无法准确预测股票价格，投资者无法利用

股票的历史交易信息获得超额收益。技术分析手段不再有效，基本分析还可能对投资者有所帮助。

（2）半强式有效市场。在半强式有效市场，股票的市场价格已充分反映了全部已公开信息，投资者无法利用已公开信息获得超额收益，技术分析和基本分析都不再有效，但掌握内幕信息可能获得超额利润。

（3）强式有效市场。在强式有效市场，股票市场价格已充分反映了已知的全部信息，投资者无法利用已知的信息获得超额收益，不仅任何分析手段都失效，甚至连垄断、利用内幕信息也无法获取超出投资对象风险水平之上的收益。

【小测试】根据有效市场假说，下列关于有效市场形态的说法中，错误的是（　　　）。

A．在强式有效市场，股票市场价格已充分反映了已知的全部信息，但投资者通过掌握高超的股票技术分析手段，仍然可能获取超额收益

B．在弱式有效市场，股票的市场价格已充分反映了股票所对应的历史价格信息，历史资料无法有效影响股票的未来价格

C．在半强式有效市场，股票的市场价格已充分反映了全部已公开信息，投资者无法利用已公开信息获取超额收益，但掌握内幕信息可能获得超额利润

D．在强式有效市场，股票市场价格已充分反映了已知的全部信息，投资者无法利用已知的信息获得超额收益，这些信息包括内幕信息

（四）有效市场假说的检验

研究者针对有效市场假说提出的有效市场形态，在特定资本市场进行了实证分析与检验。

1．弱式有效市场检验

检验原理：技术分析对股票价格（收益）的预测是否有用，有用则意味着不支持弱式有效市场假说。

检验方法：

（1）股票价格的时间序列分析。通过检验不同时间序列价格数据之间的系列相关性或自相关性，判断价格数据是否独立。如果不同时间序列的数据存在显著相关，就说明历史价格可以影响现在的价格，可以运用这种相关模式预测未来的价格，证明技术分析有效，弱式有效就不能成立。

大量研究表明，从股票价格数据无法检验出具有统计显著相关性的序列相关性，支持了弱式有效市场假说。

（2）股票价格变化的随机性分析。如果股票价格变化不存在随机性，那么可以利用该非随机特征谋求超额收益。

大量研究表明，从股票价格变化无法检验出具有统计显著性的非随机特征，说明股票价格变化具有随机性，弱式有效市场假说成立。

（3）检验股票交易策略的有效性。针对一些股票交易策略（如滤嘴法则）的应用效果进行了统计检验。

滤嘴法则又称过滤规则，是股票投资者利用股票的涨跌规律，设定愿意牺牲或放弃的利润比率，在涨势的次高点卖出股票，在跌势的次高点买进股票，以追求预期利润的股票投资策略。

研究比较利用滤嘴法则投资和长期持有策略所获得的收益，如果前者所获利润高，说明股价的变动相互关联，利用技术分析手段可以获取超额利润，市场不符合弱式有效特点。

研究结果证明，这类基于技术分析的股票交易策略不能为投资者带来交易成本和交易风险之上的超额收益，支持了弱式有效市场假说。

2. 半强式有效市场检验

检验原理：基本分析对股票价格（收益）的预测是否有用，有用则意味着不支持半强式有效市场假说。

检验方法：事件研究法。

事件指已公布的新信息，如新股上市、上市公司财务报表公布、股票的分割及巨额交易等。事件研究法是指检验反映公司基本面的事件发生时，能否引起股价的快速反应。

检验结论：如果能引起股价的快速反应，表明投资人不能利用新的基本面公开信息获得超额利润，基本分析失灵，半强式有效市场假说成立。

目前对半强式有效市场假说的检验结果还存在一定的分歧。有学者通过股价对公司盈利信息公布的反应、银行利率调整对股价的影响、股票除权效应等实证研究，支持了半强式有效市场假说。另外，有的实证研究结果所发现的特例，如后面提到的小公司效应、时间效应等现象可能会被投资人利用谋求超常收益，引发了对半强式有效市场假说的争议。

3. 强式有效市场检

检验原理：内幕消息是否有用。

检验方法：对专业投资机构项（如共同基金）或可能知悉内幕信息人士的投资行为和绩效进行研究，研究他们是否具有对某类投资信息的垄断权，对投资信息的反应是否快于其他投资者，投资绩效表现是否优于市场平均水平。

检验结论：如果研究结论对上述现象给予肯定，则说明他们有能力利用信息优势从股市赚取超额收益，说明强式有效市场假说不成立。

国内外不少学者的实证研究支持了依靠内部信息能得超额收益的观点，说明强式有效市场假说在实际市场尚未得到支持。

（五）有效市场理论的形成

有效市场理论的形成见表 5-12。

表 5-12　　　　　　　　　　　　有效市场理论的形成

研究者	代表作及其主要贡献
乔治·吉布森（1889 年）	《伦敦、巴黎和纽约的股票市场》； 最早讨论市场有效问题；初步描述了类似有效市场的思想
路易斯·巴切利尔（1900 年）	《投机理论》； 将统计分析用于收益分析，运用随机游走模型，研究了布朗运动及股价变动的随机性，发现股票收益率波动的数学期望值总是为零，提出了股价遵循公平游戏模型
莫里斯·乔治·肯德尔（1953 年）	《经济时间序列分析》； 发现股票价格遵循随机游走规律
保罗·萨缪尔森与伯努瓦·曼德尔布罗特（1965 年和 1966 年）	研究了公平游戏模型与随机游走理论的关系，论述了有效市场与公平游戏模型之间的关系

研究者	代表作及其主要贡献
尤金·法玛	《股票市场价格行为》（1965 年）； 首次提出"有效市场"的概念。在有效市场中，存在着大量理性的、追求利益最大化的投资者。他们积极参与竞争，每一个人都试图预测单个股票未来的市场价格，每一个人都能轻易获得当前的重要信息。在一个有效市场上，众多精明投资者之间的竞争导致这样一种状况：在任何时候，单个股票的市场价格都反映了已经发生的以及尚未发生、但市场预期会发生的事情
	《有效资本市场：理论与实证研究回顾》（1970 年）； 提出了有效市场假说以及研究市场有效性的完整理论框架

二、有效市场理论的局限

迄今为止，有效市场理论并未被业界所有人士接受，围绕有效市场理论的争议也一直存在。

（一）实证研究中发现的"特例"现象

对有效市场理论实证研究中所发现的"特例"现象主要有以下三方面：

1. 小公司效应

罗尔夫·本茨在 1981 年以纽约证券交易所的股票为样本所做的研究发现，小规模组公司的股票具有相对高的收益率，说明股票收益率与公司大小有关。凯姆等学者的研究也印证了相似规模效应的存在。

2. 时间效应

约瑟夫和吉米在 1976 年对纽约证券交易所 1904—1974 年股价指数的研究发现，无论大小类型股票，都存在一月份的平均收益率高于其他月份的"一月份现象"。

居尔特金等在 1983 年对 17 个国家股票收益率的研究中发现有 13 个国家也存在"一月份现象"。

除此之外，研究者还发现了诸如股票收益的周末效应、季度波动等时间效应现象，说明股票收益率与时间有关。

3. 账面市值比效应

法玛和弗伦希在 1992 年对纽约证券交易所、美国证券交易所和纳斯达克交易所的公司股票研究发现，账面市值比高的股票在次年的收益率高于账面市值比低的股票。他们的结论也被兰考内斯特、施莱弗和维希尼的研究所印证。

按照有效市场理论，有效市场不会出现股票收益的规律性现象。因为一旦出现，理性的投资人就会利用这种规律性赢得超额回报，最终会使收益率之间出现不平衡。有效市场中的投资只能补偿与投资对象相应的正常风险，从而消除了获得超额收益的投资机会。

（二）对有效市场理论相关假设的不同看法

1. 理性经济人

理性经济人假设要求投资者有明确的投资预期，都以追求个人经济利益最大化为目标。股票价格波动是投资人基于完全信息采集的理性预期结果，投资人的智力水平、分析能力和对信息的解释不存在差异。

现实市场的投资者并非都具有各项理性预期。具有不同预期的投资者使得市场价格在不断的随机波动中趋向均衡。

对金融决策行为"理性经济人"假设的质疑，产生了研究金融活动行为方式及心理特质的新领域——行为金融学。

2. 信息相关假设

有效市场理论要求，市场参与者之间不存在信息占有不对称、信息加工不同步、信息解释差异；新信息完全随机出现，信息的获取、传输和运用是自由而高效的，信息在市场中充分且均匀分布。这里面所暗含的假设为信息的获取成本为零。

这也与市场现实存在以下偏离：

（1）信息搜集、整理和发布过程实际存在成本，获取和使用信息并非完全免费。

（2）信息传播的速度和范围会因客观条件限制，不能及时、全面地被投资者接受。这些条件可能包括传播的程序、途径、载体和技术等。

（3）发布者出于利益考虑，会对信息公开的数量、规模和时间施加影响。

（4）投资者实施交易的时间及交易决策的有效性，可能受其所在交易地点、交易手段、交易条件和交易技术等因素的影响。

（5）受个人风险偏好、知识背景和信息掌控能力等差别影响，投资者对信息的判断存在个体差异。

三、有效市场理论的主要作用

（一）证券市场方面

（1）有效市场理论揭示了股票价格形成机制及股票投资期望收益率的变动模式。有效市场理论的研究者认为，股票价格遵循随机游走规律，并无规律可循。

（2）有效市场理论以信息为纽带，通过股票市场信息披露水平、股票价格对相关信息的反应效率等，研究不同信息作用形态下股票市场的特点。

（3）利用有效市场假说的理论和实证研究成果，研究分析不同证券市场之间在信息披露、交易规则、投资理念等方面的差异，可以为我国资本市场的规范和发展提供理论支持。

综合前文及以上分析，有效市场理论与证券投资分析的关系见表 5-13。

表 5-13　　　　　　　　　　有效市场理论与证券投资分析的关系

类型	技术分析	基本分析	内幕消息	组合管理
无效市场	有效	有效	有效	积极进取
弱式有效	无效	有效	有效	积极进取
半强式有效	无效	无效	有效	积极进取
强式有效	无效	无效	无效	消极保守

（二）金融理论方面

法玛将经济学的竞争均衡理论引入对资本市场研究，指明了收益和风险的均衡关系。有效市场假说与资本结构理论、资本资产定价模型相互紧密依赖，通过市场效率和均衡模型相互为用、彼此促进，推动了金融理论的发展。有效市场假说及其实证研究，为资本结构理论、资本资产定价模型和期权定价理论被普遍、迅速接收提供了有力支持。有效市场理论如图 5-35 所示。

```
                    ┌──────────┐
              ┌─────│   概念    │
              │      └──────────┘
              │      ┌──────────┐
              ├─────│  前提假设  │
              │      └──────────┘
              │                          ┌──────────────┐
              │                    ┌─────│  弱式有效市场  │
              │      ┌──────────┐  │     └──────────────┘
              ├─────│有效市场的分类│──┼─────│ 半强式有效市场 │
              │      └──────────┘  │     └──────────────┘
              │                    └─────│  强式有效市场  │
              │                          └──────────────┘
              │                          ┌────────────────────┐
              │                    ┌─────│   技术分析是否有用    │
              │                    │     └────────────────────┘
              │              ┌────┐│     ┌────────────────────────┐
              │              │弱式││     │方法:                    │
              │              └────┘└─────│股票价格的时间序列分析;     │
              │                          │股票价格变化的随机性分析;    │
              │                          │检验股票交易策略的有效性     │
┌──────────┐  │      ┌──────────────┐    └────────────────────────┘
│ 有效市场理论 │──┼─────│有效市场假说的检验│         ┌────────────────────┐
└──────────┘  │      └──────────────┘   ┌─────│   基本分析是否有用    │
              │              ┌──────┐    │     └────────────────────┘
              │              │半强式 │────┤     ┌────────────────────┐
              │              └──────┘    └─────│    时间研究法        │
              │                                └────────────────────┘
              │              ┌────┐          ┌────────────────────┐
              │              │强式│     ┌─────│   内幕消息是否有用    │
              │              └────┘     │     └────────────────────┘
              │                         │     ┌──────────────────────────┐
              │                         └─────│对专业投资机构项(如共同基金)或可能知│
              │                               │悉内幕信息人士的投资行为和绩效进行研究│
              │      ┌──────────────┐          └──────────────────────────┘
              ├─────│有效市场理论的形成│
              │      └──────────────┘
              │                                   ┌──────────┐
              │                             ┌─────│  小公司效应 │
              │                             │     └──────────┘
              │      ┌────────────────────┐│     ┌──────────┐
              │   ┌──│实证研究中发现的"特例"现象│────│  时间效应  │
              │   │  └────────────────────┘│     └──────────┘
              │   │                         └─────│ 账面市值比效应│
              │   │                               └──────────┘
              ├───┤                               ┌──────────┐
              │   │  ┌────────────────────┐  ┌───│ 理性经济人  │
              │   └──│对有效市场理论相关假设的不同看法│──┤   └──────────┘
              │      └────────────────────┘  └───│ 信息相关假设 │
              │                                   └──────────┘
              │      ┌────────────────┐
              └─────│有效市场理论的主要作用│
                     └────────────────┘
```

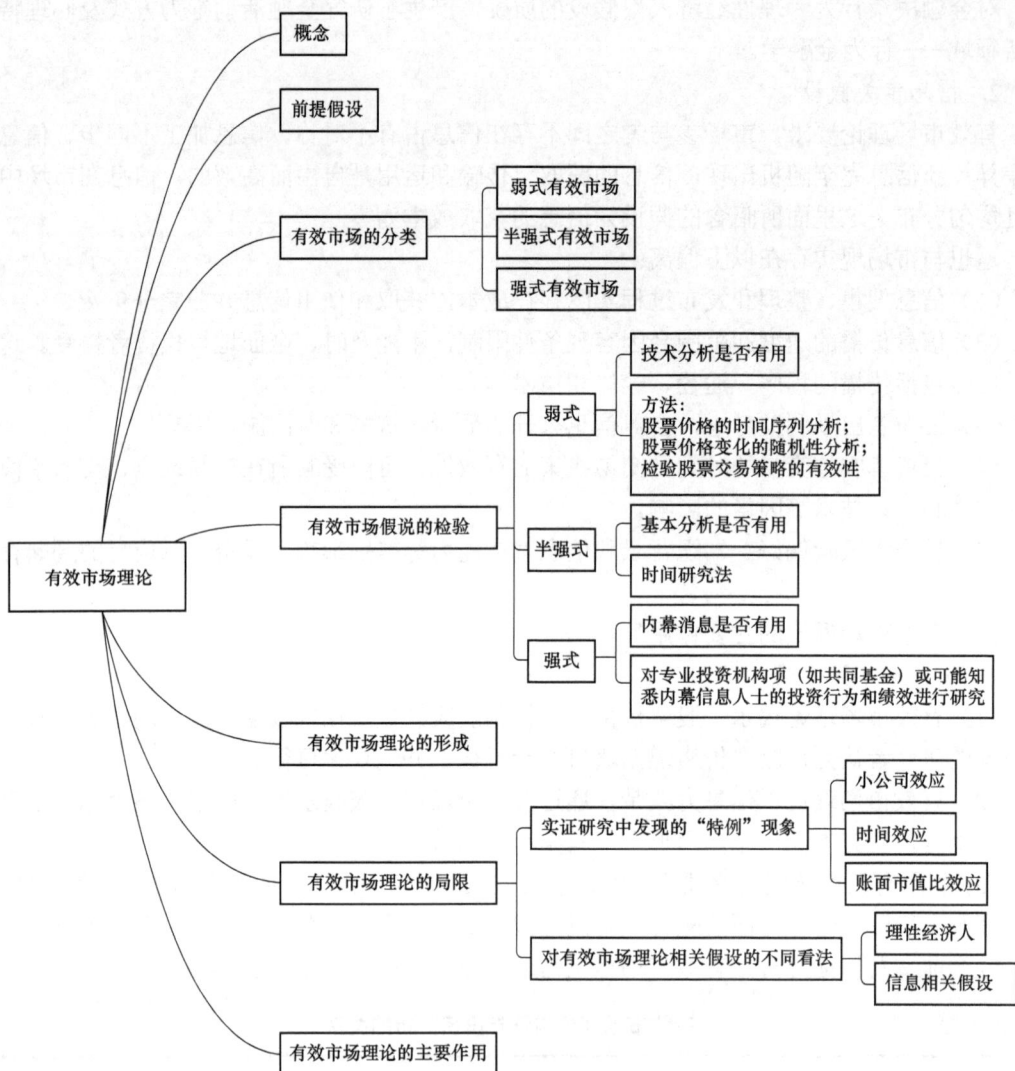

图 5-35　有效市场理论

本 章 总 结

　　本章主要介绍了资产评估的基础理论,包括劳动价值论、效用价值论、供求理论、市场结构理论与有效市场理论,各种理论的基本原理、内涵与影响。

练 习 题

一、单选题

1. 不属于亚当·斯密主要观点的是（　　）。

A. 决定商品价值量的是生产商品所耗费的劳动

B. 一个人占有某货物，但不愿自己消费，而愿用以交换他物，对他说来，这货物的价值，等于使他能购买或能支配的劳动量

C. 斯密所说的商品的"真实价格"也叫"交换价值"，实际指的是商品的价值

D. 商品价值由工资、利润构成，并决定商品价值

2. 人们购物时对商品"物美价廉"的追求是（ ）的体现。

A. 任何商品都是使用价值和价值的统一体

B. 有使用价值的劳动产品没用于交换，就不具有价值也不是商品

C. 凡有使用价值的东西一定有价值，一定是商品

D. 价值不能离开使用价值独立存在

3. 价值规律的图示中，正确表述的是（ ）。

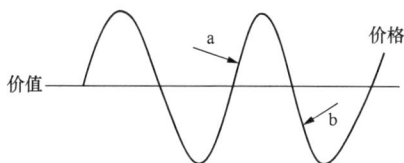

A. a 表示吸引社会资源流入该部门，b 表示社会资源流出

B. a 表示吸引社会资源流出该部门，b 表示社会资源流入

C. a 表示促使生产者提高劳动生产率，b 表示促使整个社会技术进步和劳动生产力提高

D. a 表示生产者降低劳动生产率，b 表示整个社会技术进步和劳动生产力降低

4. 关于商品价值量说法正确的是（ ）。

①由个别劳动时间决定的；②由社会必要劳动时间决定的；③与个别劳动生产率成正比；④与社会劳动生产率成反比。

A. ①③   B. ②③   C. ②④   D. ①④

5. 生产同样的商品，不同生产者有赚有赔，其根本原因在于（ ）。

A. 生产技术条件及材料不同   B. 所售商品的价格不同

C. 所耗费的个别劳动时间不同   D. 所耗费的社会必要劳动时间不同

6. 某集团近年来不断投入技术研发资金，提高研发能力，提高劳动生产率，这种率先改进技术设备，提高个别劳动生产率做法，使在同一时间内生产的（ ）。

A. 单位商品价值量增加，价值总量增加，交换中获利就会增大

B. 单位商品价值量降低，价值总量不变，交换中获利就会增大

C. 单位商品价值量不变，价值总量增加，交换中获利就会增大

D. 单位商品价值量降低，价值总量增加，交换中获利就会增大

7. "贵上极则反贱，贱下极则及贵"（《史记·货殖列传》）。从经济学角度看，此为（ ）。

A. 供求关系对价值的影响   B. 计划机制作用的结果

C. 劳动决定价值的体现   D. 价值规律的表现形式

8. 消费者欲拥有甲商品的心情胜于乙商品，是因为（ ）。

A. 甲有更多效用   B. 甲价格较低

    C．甲更紧缺   D．甲满足精神需要

9．对于正常商品来说，当价格上升时（   ）。

    A．替代效应引起了更少的消费   B．收入效应引起了更少的消费

    C．需求的数量下降了   D．以上都对

二、多选题

1．价格围绕价值上下波动并不违背价值规律，是因为（   ）。

    A．是价值规律的表现形式

    B．价格的波动是以价值为中心，不是脱离价值无限地上升或下降，所以仍然是价值决定价格

    C．供求与价格之间是一种相互制约的关系，供求关系影响价格，但价格反过来也影响供求

    D．虽然在每一次交易中价格与价值并不一致，但从较长时间看，商品的平均价格还是与价值相一致

    E．现实市场上出现价格偏离价值现象，就是因为价格受市场供求关系变动的影响所致

2．价格是由价值决定的，说明价值规律在发挥作用。可见（   ）。

    A．价值决定价格，供求影响价格

    B．商品的质量、性能、使用价值会影响价格

    C．供求决定价格

    D．商品的质量、性能、使用价值的好坏决定商品价格的高低

    E．价格及时准确地反映市场供求关系的变化，成为真实的市场信号

3．生产商品的劳动二重性表述正确的有（   ）。

    A．具体劳动是形式上各不相同的劳动

    B．抽象劳动是人的体力和脑力的耗费，即无差别的人类劳动

    C．二者不是两种劳动，也不是两次劳动，是生产商品的同一劳动过程的两个方面

    D．具体劳动创造出价值

    E．缝衣、织布、砍柴等，表现为不同的工具、动作、劳动对象、生产目的、劳动产品。即具体劳动所涉及的具体形式不同

4．交换价值表述正确的有（   ）。

    A．商品的价值不能自我表现，必须通过交换由另一种商品表现出来

    B．交换价值是一种使用价值与另一种使用价值相交换的量的关系或比例

    C．价值是交换价值的基础和内容，交换价值是价值的表现形式

    D．货币产生后，交换价值是价值的货币表现形式，即价格

    E．价值的大小由交换价值决定

5．价值规律的作用表现为（   ）。

    A．自发地使社会资源在不同的生产部门之间流动，实际上就是市场价格在起调节作用

    B．需获得额外收益加之商品生产者之间的激烈市场竞争，促使企业改进技术改善经营管理提高个别劳动生产率

C．促使商品生产者在竞争中优胜劣汰

D．等价交换是否意味着在每一次商品买卖中，商品的价格与其价值都相符

E．甲公司收集同行业的技术情报，以更快的速度利用这种新技术生产商品，然后向全国乃至全世界各地倾销，这是价值规律作用的体现

6．下列关于"需求量的变动"说法中正确的有（ ）。

A．其他因素不变，商品自身价格变动引起的该商品需求量的变化

B．表现为同一条需求曲线上价格与需求量的组合点的移动

C．商品本身价格不变，由于其他因素变化所引起的商品需求量的变化

D．表现为整条需求曲线位置的变动

E．一般需求由各种因素决定，需求量由价格决定

7．下列影响供给的因素中呈同向变化的有（ ）。

A．商品的自身价格   B．生产的成本

C．各种产品（替代品）的盈利性   D．生产者对未来价格的预期

E．供给者的数量

8．关于供给曲线描述正确的有（ ）。

A．供给曲线一般向右上方倾斜

B．在其他因素保持不变的条件下，商品的价格和供给量之间呈同方向变动的关系。即商品的供给量随着商品价格的上升而增加

C．横轴为数量轴，表示因变量 Q（供给量）；纵轴为价格轴，表示自变量 P（价格）

D．由于技术进步和规模经营，价格下降，但供给量增加，表现为向右上倾斜

E．建筑工人工资上升则新房子供给曲线左移并使房子价格上升

9．下列关于"供给的变动"描述正确的有（ ）。

A．商品本身价格不变，由于其他因素变化所引起的商品供给量的变化，表现为整条供给曲线位置的变动

B．供给增加，供给曲线向右平移；供给减少，供给曲线向左平移

C．其他因素不变，商品自身价格变动引起的该商品供给量的变化

D．表现为同一条供给曲线上价格与需求量的组合点的移动

E．工资、利息、每单位产品的成本下降，供给曲线向右下方移动

10．供给不变，需求变化对均衡的影响表述正确的有（ ）。

A．需求增加，需求曲线向右平移。例如："非典"时期板蓝根价格

B．需求减少，需求曲线向左平移。例如：禽流感时期鸡蛋的价格

C．需求减少，需求曲线向右平移。例如：电脑、手机

D．需求增加，需求曲线向左平移。例如：天气不好时，粮食价格

E．以上表述均正确

项目六

资产评估法律责任

与职业道德

项目六

📖 **知识目标**

（1）了解资产评估的职业道德准则规范的主要内容、要求及具体应用；

（2）掌握资产评估法律责任，包括资产评估行政责任、民事责任和刑事责任的规定及应用。

💬 **能力目标**

（1）能够遵循职业道德开展资产评估业务；

（2）能够熟练应用资产评估相关法律法规处理资产评估业务。

👤 **素质目标**

遵守资产评估职业道德准则，培养诚实守信的职业精神，做知法、懂法、守法的合格评估人员。

资产评估法律与职业道德如图 6-1 所示。

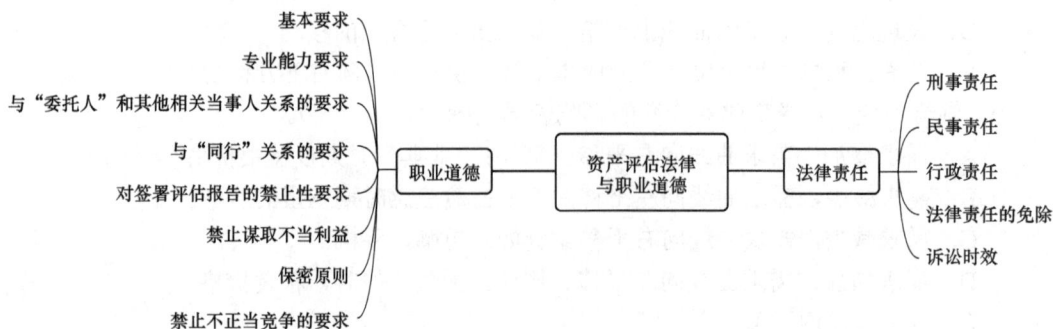

图 6-1　资产评估法律与职业道德

任务一　资产评估的法律责任

资产评估的法律责任包括行政责任、民事责在和刑事责任。

规定和追究资产评估的法律责任主要是对违法、违约或侵权的主体实施惩罚，对遭受损失或侵害的资产评估相关法律关系主体提供救济，通过法律的警示和威慑作用预防、遏制涉及资产评估的违法、违约或侵权行为。

一、行政责任

（一）相关法律知识

1. 行政责任的概念

行政责任是行政法律责任的简称，是指存在违反有关行政管理的法律、法规规定，但尚未构成犯罪的行为依法所应承担的法律后果。

承担行政责任的制裁形式包括行政处分和行政处罚。

行政处分是对国家工作人员及由国家机关委派到企业事业单位任职的人员的行政违法行为，所给予的一种制裁性处理。行政处分的种类包括警告、记过、记大过、降级、撤职、开除等。

行政处罚是指国家行政机关及其他依法可以实施行政处罚权的组织，依法定职权和程序对违反法律、法规规定，尚不构成犯罪的公民、法人及其他组织实施的一种制裁行为。行政处罚的种类包括警告，罚款，没收违法所得、扣或者吊销许可证、暂扣或者吊销执照，行政拘留，法律、行政法规规定的其他行政处罚。

2. 行政处罚原则

（1）处罚法定原则。这是行政合法性原则在行政处罚行为的集中体现，要求行政处罚的依据、实施主体、职权行使和实施程序都应于法有据，依法而行。

（2）公正公开原则。这一原则要求行政处罚的依据、过程和结果应公开，程序上应公正，处罚裁定应依法公平。

（3）一事不再罚原则。该原则包括以下内容：

1）当行政主体对行为人的第一个处理尚未失去效力时，不能基于同一事实和理由给予第二次处理，除非第二个处理是对第一个处理的补充、更正或者补正。如果第一个处理确属不当，行政主体也应先行撤销，再作重新处理。

2）除法律有明确规定或者依基本法理和法律规则合理推定之外，行政主体应严格遵循一个行为一次处罚的原则。

3）对于行为人的同一个违法行为，行政主体不能给予两个以上相同种类的处罚。

4）对于行为人的同一个违法行为，无论触犯几个法律条文，构成几个处罚理由以及由几个行政主体实施处罚为能给予一次罚款。

（4）处罚与教育相结合原则。行政处罚虽然是对违法行为的惩戒，但其目的仍在于通过处罚违法行为，警醒和教育违法对象，其他组织和个人能够引以为鉴、遵守法律。因此处罚本身也兼具教育作用。行政执法主体在运用行政处罚时应坚持处罚与教育相结合的原则。

（5）保障权利原则。相对方对行政主体给予的行政处罚依法享有陈述权、申辩权；对行政处罚决定不服的，有权申请复议或者提起行政诉讼。如果因违法行政处罚受到损害，被处罚的相对方有权依法提出赔偿要求。

尽管行政处罚是对违法行为所实施的惩戒，但违法行为如对他人造成损害，违法者还应依法承担民事责任，构成犯罪的还应追究其刑事责任，不能因接受行政制裁就免除其应承担的民事、刑事责任。

3. 行政处罚的追究时效

行政处罚追究时效，是指在违法行为发生后，对该违法行为有处罚权的行政机关在法律规定的期限内未发现这一违反行政管理秩序行为的事实，超出法律规定的期限才发现的，对当时的违法行为人不再给予处罚。

《中华人民共和国行政处罚法》第二十九条第一款规定，违法行为在二年内未被发现的，再给予行政处罚，法律另有规定的除外。第二款规定，前款规定的期限，从违法行为发生之日起计算；违法行为有连续或者继续状态的，从行为终了之日起计算。

（二）资产评估行政责任的相关法律规定

1. 《资产评估法》的相关规定

（1）对资产评估机构、资产评估专业人员的责任规定。

1）签署、出具虚假评估报告的责任。《资产评估法》第四十五条、第四十八条分别针对评估专业人员和评估机构作出了规定。

对评估专业人员违反规定，签署虚假评估报告的，第四十五条规定：由有关评估行政管理部门责令其停止从业两年以上五年以下；有违法所得的，没收违法所得；情节严重的，责令其停止从业五年以上十年以下；构成犯罪的，依法追究其刑事责任，终身不得从事评估业务。

对评估机构违反规定，出具虚假评估报告的，第四十八条规定：由有关评估行政管理部门责令其停业六个月以上一年以下；有违法所得的，没收违法所得，并处违法所得一倍以上五倍以下罚款；情节严重的，由工商行政管理部门吊销其营业执照；构成犯罪的，依法追究其刑事责任。

签署、出具虚假评估报告的处罚见表 6-1。

表 6-1　　　　　　　　　　签署、出具虚假评估报告的处罚

适用对象	执法主体	处罚措施
评估专业人员	评估行政管理部门	责令其停止从业两年以上五年以下； 情节严重的，责令其停止从业五年以上十年以下； 有违法所得的，没收违法所得； 构成犯罪的，依法追究刑事责任，终身不得从事评估业务
评估机构		责令其停业六个月以上一年以下； 情节严重的，由工商行政管理部门吊销其营业执照； 有违法所得的，没收违法所得，处违法所得一倍以上五倍以下罚款； 构成犯罪的，依法追究其刑事责任

2）评估机构未经工商登记从业的责任。对违反规定，未经工商登记以评估机构名义从事评估业务的，《资产评估法》第四十六条规定：由工商行政管理部门责令其停止违法活动；有违法所得的，没收违法所得，并处违法所得一倍以上五倍以下罚款。

3）评估专业人员违反其他禁止性规定的责任。《资产评估法》第四十四条，对评估专业人员存在该法第十四条（除签署虚假评估报告之外）所列举的违法行为，规定了相应的法律责任。

该条规定，评估专业人员违反规定，有下列情形之一的，由有关评估行政管理部门予以警告，可以责令停止从业六个月以上一年以下；有违法所得的，没收违法所得；情节严重的，责令停止从业一年以上五年以下；构成犯罪的，依法追究其刑事责任：

a．私自接受委托从事业务、收取费用的；

b．同时在两个以上评估机构从事业务的；

c．采用欺骗、利诱、胁迫，或者贬损、诋毁其他评估专业人员等不正当手段招揽业务的；

d．允许他人以本人名义从事业务，或者冒用他人名义从事业务的；

e．签署本人未承办业务的评估报告或者有重大遗漏的评估报告的；

f．索要、收受或者变相索要、收受合同约定以外的酬金、财物，或者谋取其他不正当利益的。

4）评估机构违反其他规定的责任。对评估机构存在《资产评估法》第二十条（除出具虚假评估报告之外）所列举的违法行为以及违反该法第十七条和第二十九条的规定，《资产评估法》第四十七条也规定了相应的法律责任。

该条规定，评估机构违反规定，有下列情形之一的，由有关评估行政管理部门予以警告，可以责令其停业一个月以上六个月以下；有违法所得的，没收违法所得，并处违法所得一倍以上五倍以下罚款；情节严重的，由工商行政管理部门吊销其营业执照；构成犯罪的，依法追究其刑事责任：

a．利用开展业务之便，谋取不正当利益的；

b．允许其他机构以本机构名义开展业务，或者冒用其他机构名义开展业务的；

c．以恶性压价、支付回扣、虚假宣传，或者贬损、诋毁其他评估机构等不正当手段招揽业务的；

d．受理与自身有利害关系业务的；

e．分别接受利益冲突双方的委托，对同一评估对象进行评估的；

f．出具有重大遗漏的评估报告的；

g．未按本法规定的期限保存评估档案的；

h．聘用或者指定不符合本法规定的人员从事评估业务的；

i．对本机构的评估专业人员疏于管理，造成不良后果的。

对于评估机构未按《资产评估法》第十六条的要求备案或者不符合第十五条规定的设立条件，该条规定由有关评估行政管理部门责令改正；拒不改正的，责令停业，可以并处一万元以上五万元以下罚款。

5）对屡次违法增加处罚的规定。《资产评估法》第四十九条是针对资产评估机构、资产评估专业人员屡次违法的增加处罚规定。该条规定"评估机构、评估专业人员在一年内累计三次因违反本法规定受到责令停业、责令停止从业以外处罚的，有关评估行政管理部门可以责令其停业或者停止从业一年以上五年以下"。

（2）对资产评估委托人（或法定业务委托责任人）的责任规定。

1）未依法履行资产评估委托义务的责任。《资产评估法》第五十一条是针对法定资产评估业务委托责任人未依法履行资产评估委托义务的法律责任规定。具体内容为：

违反本法规定，应当委托评估机构进行法定评估而未委托的，由有关部门责令改正；拒不改正的，处十万元以上五十万元以下罚款；情节严重的，对直接负责的主管人员和其他直接责任人员依法给予处分；造成损失的，依法承担赔偿责任；构成犯罪的，依法追究其刑事责任。

2）资产评估委托人的违法责任。对法定资产评估业务委托人违反《资产评估法》第二十二条、第二十三条、第二十七条、第三十二条规定应承担的法律责任，该法在第五十二条作出了规定。

该条规定，委托人违反规定，在法定评估中有下列情形之一的，由有关评估行政管理部门会同有关部门责令改正；拒不改正的，处十万元以上五十万元以下罚款；有违法所得的，没收违法所得；情节严重的，对直接负责的主管人员和其他直接责任人员依法给予处分；造成损失的，依法承担赔偿责任；构成犯罪的，依法追究其刑事责任：

a. 未依法选择评估机构的；

b. 索要、收受或者变相索要、收受回扣的；

c. 串通、唆使评估机构或者评估师出具虚假评估报告的；

d. 不如实向评估机构提供权属证明、财务会计信息和其他资料的；

e. 未按照法律规定和评估报告载明的使用范围使用评估报告的。

非法定评估业务是否选择资产评估机构属于自愿行为，一旦确立评估委托将会通过资产评估委托合同约定各自的权利和义务。因此，《资产评估法》第五十二条还规定，法定评估之外评估活动的委托人"违反本法规定，给他人造成损失的，依法承担赔偿责任"。

（3）对资产评估行业协会及其工作人员、国家机关工作人员的责任规定。

《资产评估法》第五十三条和第五十四条分别规定了资产评估行业协会及其工作人员、国家机关工作人员的法律责任。

评估行业协会违反《资产评估法》的，由有关评估行政管理部门给予警告，责令改正；拒不改正的，可以通报登记管理机关，由其依法给予处罚。

有关行政管理部门、评估行业协会工作人员违反《资产评估法》规定，滥用职权、玩忽职守或者徇私舞弊的，依法给予处分；构成犯罪的，依法追究刑事责任。

2. 《企业国有资产法》涉及资产评估的相关规定

（1）国家出资企业的董事、监事、高级管理人员的相关法律责任。《中华人民共和国企业国有资产法》（以下简称《企业国有资产法》）第七十一条规定：

国家出资企业的董事、监事、高级管理人员有下列行为之一，造成国有资产损失的，依法承担赔偿责任；属于国家工作人员的，并依法给予处分：

1）利用职权收受贿赂或者取得其他非法收入和不当利益的。

2）侵占、挪用企业资产的。

3）在企业改制、财产转让等过程中，违反法律、行政法规和公平交易规则，将企业财产低价转让、低价折股的。

4）违反本法规定与本企业进行交易的。

5）不如实向资产评估机构、会计师事务所提供有关情况和资料，或者与资产评估机构、会计师事务所串通出具虚假资产评估报告、审计报告的。

6）违反法律、行政法规和企业章程规定的决策程序，决定企业重大事项的。

7）有其他违反法律、行政法规和企业章程执行职务行为的。

对于国家出资企业的董事、监事、高级管理人员因上述违法行为取得的收入，该条要求依法予以追缴或者归国家出资企业所有。

如果履行出资人职责的机构任命或者建议任命的董事、监事、高级管理人员出现上述任何一项违法行为，造成国有资产重大损失的，则由履行出资人职责的机构依法予以免职或者提出免职建议。

（2）相关资产评估机构、会计师事务所出具虚假报告的法律责任。《企业国有资产法》第七十四条规定：

接受委托对国家出资企业进行资产评估、财务审计的资产评估机构、会计师事务所违反法律、行政法规的规定和执业准则，出具虚假的资产评估报告或者审计报告的，依照有关法律、行政法规的规定追究法律责任。

3.《公司法》涉及资产评估的相关规定

《公司法》第二百零七条规定了承担资产评估、验资或者验证的机构及人员的法律责任。

对于承担资产评估、验资或者验证的机构提供虚假材料的，该条规定：由公司登记机关没收违法所得，处以违法所得一倍以上五倍以下的罚款，并可以由有关主管部门依法责令该机构停业、吊销直接责任人员的资格证书，吊销营业执照。

对于承担资产评估、验资或者验证的机构因过失提供有重大遗漏报告的，该条规定：由公司登记机关责令改正，情节较重的，处以所得收入一倍以上五倍以下的罚款，并可以由有关主管部门依法责令该机构停业、吊销直接责任人员的资格证书，吊销营业执照。

行政责任如图 6-2 所示。

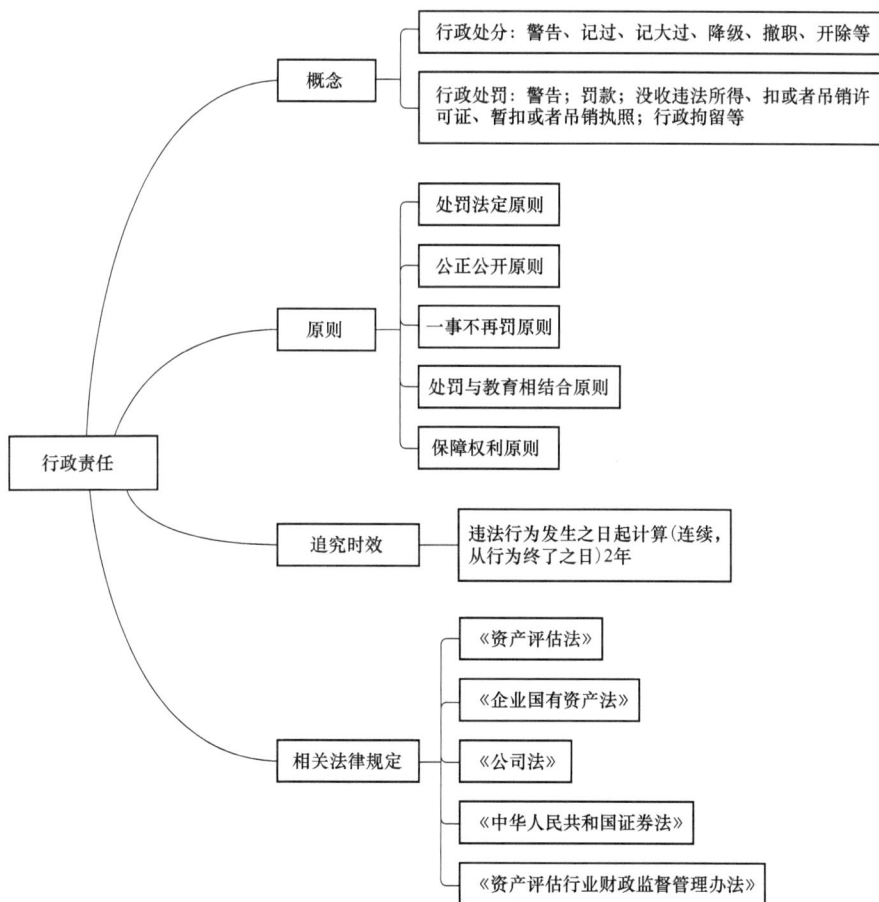

图 6-2　行政责任

> 法有三点水，一点是和谐社会的源泉，一点是经济发展的源泉，一点是立足世界的源泉。
> 法律面前，人人平等。

二、民事责任

（一）相关法律知识

1. 民事责任的概念

民事责任是对民事法律责任的简称，是指民事主体在民事活动中，因违反民事义务或者侵犯他人的民事权利所应承担的民事法律后果。

民事义务包括法定义务和约定义务，也包括积极义务和消极义务、作为义务和不作为义务。

《民法典》第一千一百六十五条规定，行为人因过错侵害他人民事权益造成损害的，应当承担侵权责任。

《民法典》第三条规定，民事主体的人身权利、财产权利以及其他合法权益受法律保护，任何组织或者个人不得侵犯。

财产权利包括物权和债权。物包括不动产和动产。物权包括所有权、用益物权和担保物权。

《民法典》第一百七十九条规定，承担民事责任的方式主要有：①停止侵害；②排除妨碍；③消除危险；④返还财产；⑤恢复原状；⑥修理、重作、更换；⑦继续履行；⑧赔偿损失；⑨支付违约金；⑩消除影响、恢复名誉；⑪赔礼道歉。

法律规定惩罚性赔偿的，依照其规定。

以上承担民事责任的方式，可以单独适用，也可以合并适用。

规定民事责任是保障民事权利和民事义务实现的重要措施，运用民事救济手段，使受害人遭受的损失或被侵犯的权益依法得以赔偿或恢复。

2. 民事责任的种类

可以按照不同标准对民事责任进行分类。

（1）合同责任、侵权责任与其他责任。这是按照责任发生的根据所进行的一种民事责任分类。

合同责任是指因违反合同约定的义务、合同附随义务或违反《民法典》规定的义务而产生的责任。

侵权责任是指因侵犯他人的财产权益与人身权益而产生的责任。

其他责任是指除合同与侵权之外的原因（如不当得利、无因管理等）所产生的民事责任。

（2）财产责任与非财产责任。这是根据是否具有财产内容所进行的民事责任分类。

财产责任是指由民事违法行为人承担财产上的不利后果，使受害人得到财产上补偿的民事责任，如损害赔偿责任。

非财产责任是指采取防止或消除损害后果（如消除影响、赔礼道歉等）措施，使受损害的非财产权利得到恢复的民事责任。

（3）无限责任与限责任。这是根据承担民事责任的财产范围所进行的民事责任分类。

无限责任是指责任人以自己的全部财产承担的责任。

有限责任是指债务人以一定范围或一定数额的财产为限所承担的民事责任。如有限责任公司股东以其对公司认缴的出资额为限对公司的债务承担有限责任；特殊的普通合伙企业的合伙人，对其他合伙人在执业活动中因故意或重大过失造成的合伙企业债务，以其在合伙企业中的财产份额为限承担责任等。

（4）单方责任与双方责任。这是民事责任由民事行为相对方单方，还是相互承担所形成的民事责任分类方式。

单方责任是指只有一方当事人对另一方所承担的责任，如合同履约方对违约方，侵权方对被侵权方等。

双方责任是指法律关系双方当事人之间相互承担责任的形态。

（5）单独责任与共同责任。这是按承担民事责任主体的数量所进行的民事责任分类，单独责任是指由一个民事主体独立承担的民事责任；共同责任是指两个以上的人共同实施违法行为并且都有过错，从而共同对损害的发生承担的责任。

（6）按份责任、连带责任与不真正连带责任。这是对共同责任进一系区分形成的民事责任分类。

1）按份责任。按份责任是指多数当事人按照法律规定或者合同约定，各自承担一定份额的民事责任。如果法律没有规定或合同没有约定各方当事人应承担的责任份额，则推定为均等的责任份额。在按份责任中，债权人如果请求某一债务人超出了其应承担的份额清偿债务，该债务人可以予以拒绝。

2）连带责任。连带责任是指多数当事人因合同关系、代理行为或上下级关系，按照法律规定或者合同约定，连带地向权利人承担责任。

民法上的连带责任主要有合伙人对合伙债务的连带责任、共同侵权人的连带责任、代理关系中发生的连带责任、担保行为形成的连带责任等。

连带责任确定后，依债务人承担责任的先后顺序不同，可将连带责任划分为一般连带责任与补充连带责任。

一般连带责任的各债务人之间不分主次，对整个债务无条件地承担连带责任。债权人可以不分顺序地要求任何一个债务人清偿全部债务。如前述的合伙人对合伙债务的连带责任。

补充连带责任须以连带责任中其他人（主要是主债务人）不履行或不能完全履行为前提，补充连带责任人只在第二顺序上承担连带责任。如在被保证人不能偿还债务时，保证人才承担连带责任。

3）不真正连带责任。各债务人基于不同的发生原因而对于同一债权人负有以同一给付为标的的数个债务，因一个债务人的履行而使全体债务均归于消灭，此时数个债务人之间所负的责任即为不真正连带责任。比如，甲乘坐的出租车与货车发生交通事故，导致甲受伤，交警认定货车负全责。这时甲既可依合同关系要求出租车方承担违约责任，也可根据事故责任认定要求货车方承担侵权损害责任，二者只要履行其一，受害人的损害就可以依法得到救济。

（7）过错责任、无过错责任和公平责任。这是按照承担责任是否以当事人具有过错为条件所进行的民事责任分类。

过错责任是指行为人违反民事义务并致他人损害时，应以过错作为责任的要件和确定责任范围的依据。我国一般侵权行为责任采取过错责任的归责原则。对行为人的主观过错，根据"谁主张，谁举证"原则，由受害人负责举证。

过错推定责任是过错责任的特殊形式。按照过错推定责任原则，侵害人对其行为所造成的损害不能证明自己主观无过错时就推定其主观有过错并承担民事责任。该原则的特殊之处在于举证责任倒置，即行为人的主观过错不是由受害人举证，而是由行为人自己予以举证反驳。过错推定责任原则的适用范围是由法律特别规定的。

无过错责任是指行为人只要给他人造成损失，不问其主观上是否有过错而都应承担的责任。一般认为，我国《民法典》中的违约责任与侵权法中的特别侵权责任的归责原则是无过错责任原则。违约方或特别侵权方只有符合法定或特约的免责条件才能免除其相应责任。

公平责任是指双方当事人对损害的发生均无过错，法律又无特别规定适用无过错责任原则时，法院根据公平原则，在考虑当事人双方的财产状况及其他情况的基础上，确定由当事人公平合理分担的责任。

3. 民事责任的构成要件

一般民事责任构成要件是指适用过错责任的责任行为的构成要件。我国司法实践采用四要件学说。

（1）存在民事违法行为。行为的违法性是构成民事责任的必要条件之一。这里所说的民事违法行为包括作为的违法行为和不作为的违法行为，前者是指实施了法律禁止的行为，后者是指没有履行法律所要求实施的行为（即没有履行法律所规定的义务）。

（2）存在损害事实。民事违法行为必须引起损害后果，权利人才能够请求法律救济。这里所说的损害事实可以是财产方面的损害，也可以是非财产方面的损害。损害使被损害主体的民事权利遭受某种不利影响。

（3）损害事实与民事违法行为存在因果关系。这强调的是损害事实与民事违法行为之间应存在前因后果的必然关系。

（4）行为人应有过错。民法上的过错，首先应是指行为人的一种主观心理状态，即是否存在故意或过失（包括一般和重大过失）。但在推定过失状态时，又是以是否尽一个通常人注意义务作为客观判断标准的。

4. 民事主体承担多种法律责任

《民法典》第一百八十七条规定：民事主体因同一行为应当承担民事责任、行政责任和刑事责任的，承担行政责任或者刑事责任不影响承担民事责任；民事主体的财产不足以支付的，优先用于承担民事责任。

5. 民事责任的诉讼时效

诉讼时效依据时间的长短和适用范围分为一般诉讼时效和特殊诉讼时效。

（1）一般诉讼时效指在一般情况下普遍适用的时效，这类时效不是针对某一特殊情况规定的，而是普遍适用的。

我国《民法典》第一百八十八条规定，向人民法院请求保护民事权利的诉讼时效期间为三年，法律另有规定的，依照其规定。该条还规定，诉讼时效期间自权利人知道或者应当知道权利受到损害以及义务人之日起计算，法律另有规定的，依照其规定。

（2）特殊诉讼时效指针对某些特定的民事法律关系而制定的诉讼时效。特殊时效优于普通时效。

特殊诉讼时效包括短于普通时效的短期诉讼时效和长于普通时效的长期诉讼时效。

比如，《民法典》第五百九十四条规定的国际货物买卖合同和技术进出口合同的诉讼时效为四年，《中华人民共和国产品质量法》规定的因产品缺陷造成损害的请求权最长保护期为十年。

我国《民法典》第一百八十八条规定，自权利受到损害之日起超过二十年的，人民法院不予保护。有特殊情况的，人民法院可以根据权利人的申请决定延长。

特殊时效优于普通时效见表6-2。

表6-2 特殊时效优于普通时效

种类	时效	计算起点
一般诉讼时效	三年	自权利人知道或者应当知道权利受到损害以及义务人之日起
特殊诉讼时效		国际货物买卖合同和技术进出口合同的诉讼时效为四年
		因产品缺陷造成损害的请求权最长保护期为十年
		自权利受到损害之日起超过二十年的，人民法院不予保护。有特殊情况的，人民法院可以根据权利人的申请决定延长

（3）不适用诉讼时效的请求权。我国《民法典》第一百九十六条规定的不适用诉讼时效的请求权包括：①请求停止侵害、排除妨碍、消除危险；②不动产物权和登记的动产物权的权利人请求返还财产；③请求支付抚养费、赡养费或者扶养费；④依法不适用诉讼时效的其他请求权。

（4）我国《民法典》对诉讼时效约定、抗辩及主动适用的规定如下：

1）诉讼时效遵从法定。《民法典》第一百九十七条明确规定，诉讼时效的期间、计算方法以及中止、中断的事由由法律规定，当事人约定无效。该条同时规定当事人对诉讼时效利益的预先放弃无效。

2）当事人的抗辩权。《民法典》第一百九十二条明确，诉讼时效期间届满的，义务人可以提出不履行义务的抗辩。该条同时还规定，诉讼时效期间届满后，义务人同意履行的，不得以诉讼时效期间届满为由抗辩；义务人已自愿履行的，不得请求返还。

3）法院不得主动适用诉讼时效的规定。《民法典》第一百九十三条规定，人民法院不得主动适用诉讼时效的规定。这项规定体现了民法的意思自治和自由处分原则，也符合法院居中裁判的中立地位。

（二）资产评估民事责任的相关法律规定

1.《资产评估法》的相关规定

（1）对资产评估机构、资产评估专业人员的规定。《资产评估法》第五十条规定：评估专业人员违反本法规定，给委托人或者其他相关当事人造成损失的，由其所在的评估机构依法承担赔偿责任。评估机构履行赔偿责任后，可以向有故意或者重大过失行为的评估专业人员追偿。

（2）对资产评估委托人或法定业务委托责任人的规定。按照《资产评估法》第五十一条、第五十二条规定，法定资产评估业务的委托责任人"应当委托评估机构进行法定评估而未委托"且"造成损失的，依法承担赔偿责任"；委托人在法定评估中存在违反该法规定的行为"造成损失的，依法承担赔偿责任"；非法定业务委托人违反该法规定"给他人造成损失的，依法承担赔偿责任"。

2.《企业国有资产法》的相关规定

《企业国有资产法》仅对国家出资企业的董事、监事、高级管理人员违法行为应承担的民事责任作出了明确规定。该法第七十一条规定，国家出资企业的董事、监事、高级管理人员出现该法规定的违法行为造成国有资产损失的，"依法承担赔偿责任"。该条所列举的违法行为包括"不如实向资产评估机构、会计师事务所提供有关情况和资料，或者与资产评估机构、会计师事务所串通出具虚假资产评估报告、审计报告"。

3.《公司法》的相关规定

《公司法》第二百零七条规定，承担资产评估、验资或者验证的机构因其出具的评估结果、验资或者验证证明不实，给公司债权人造成损失的，除能够证明自己没有过错的外，在其评估或者证明不实的金额范围内承担赔偿责任。

【知识链接】

虚假记载，是指信息披露义务人在披露信息时，将不存在的事实在信息披露文件中予以记载的行为。

误导性陈述，是指虚假陈述行为人在信息披露文件中或者通过媒体，做出使投资人对其投资行为发生错误判断并产生重大影响的陈述。

重大遗漏，是指信息披露义务人在信息披露文件中，未将应当记载的事项完全或者部分予以记载。

不正当披露，是指信息披露义务人未在适当期限内或者未以法定方式公开披露应当披露的信息。

（三）民事责任的案例分析

1. 基本案情

2015年原告甲公司、乙公司与丙公司签订了《重组协议》，约定重组后的A公司注册资本为1500万元人民币，丙公司以其子公司B开发公司评估后的净资产作为出资，并约定由丙公司办理评估立项和报批手续。重组协议签订后，丙公司委托X评估公司对下属B开发公司实际占有的资产进行评估。原告方在评估报告的基础上，与丙公司共同重组为A公司。但在后续的工作交接中，原告认为被告X评估公司出具的资产报告中存在诸多不实情况，其中主要包括：

（1）长期股权投资不实。其一，B开发公司投资的丙1公司，被人民银行以违规经营、财务恶化为由予以关闭。但X评估公司在评估报告中对此项长期投资的评估值却是250万元，而其他长期投资项目中有资不抵债或不存在的公司，其长期投资均评估为零。原告认为被告有选择性地将该笔投资按账面价值进行评估，违反了资产评估应恪守的客观、公正原则。其二，B开发公司投资的丙2有限公司15%的股权不实。经原告进行工商登记档案资料调查，证明 B 开发公司只拥有丙 2 公司 5% 的股权，由此认为评估虚增 500 万元。

（2）评估房产转让所得，而未评估转让相关税费及应支付地价款。

（3）应收账款不实。原告认为评估报告应收账款明细表中应收 GM 公司房产转让款 300 万元没有事实依据，属于虚增资产。

原告认为，鉴于上述评估虚增资产的不实评估报告误导，原告与丙公司重组成功，并造成原告投入的大量资本金被债务侵蚀。2017 年 10 月，原告甲公司、乙公司作为 A 公司股东向法院提起诉讼，要求 X 评估公司更正评估报告失实之处，并赔偿误导原告投资造成的经济损失 190 万元。

2．被告方答辩

在被告提交的答辩状中，针对原告认为的评估不实事项分别予以答辩：

（1）长期股权投资方面。其一，答辩人认为《资产评估报告》真实、合法列示了 B 开发公司对于丙 1 公司的长期投资，并对该长期投资作出了特别提示。评估过程中已注意到被投资方关闭的事实，但该公司尚在清算中，无清算结果，因此评估作价时按账面值列示。被投资公司已关闭但无结算结果时，对于该项投资可视具体情况按账面值列示并作特别事项说明，提醒报告使用人注意，这是评估行业认可的处理方式。由于评估报告特别事项说明部分已对此作出了详细说明，原告应关注到特别事项说明，其投资损失因其自身过错造成，而非评估的责任。其二，答辩人真实、合法评估了 B 开发公司持有丙 2 有限公司的股权。评估方法采用的 B 开发公司对丙 2 有限公司股权投资的股权比例，依据的是《丙 2 公司出资协议书》《会计师事务所验资报告》《丙 2 公司股权结构的证明书》《丙 2 公司章程》等资料，特别是会计师事务所的验资报告，具有充分的说服力。因此，答辩人认为已获得了确凿、充分、完整的文件资料，依据相应法规和事实依据，作出了 B 开发公司占丙 2 有限公司 15% 股权在评估基准日的价值评估，对评估报告日后发生的股权变化没有义务承担评估责任。

（2）关于评估房产转让应补交地价款及相关税金，均为估算数，具体金额应以办完手续及有关部门核定的结果为准。

（3）应收账款方面。答辩人认为评估报告应收账款明细表中所列应收 GM 公司房产转让款 300 万元依据充分，不属于虚增资产。评估的依据是房产证和《房地产转让协议》。房产证显示 B 开发公司拥有转让协议中的标的物，同时房地产转让协议也明确了转让双方的主体及交易价格。答辩人认为，B 开发公司合法拥有该房产的所有权，如房产不出售，应以固定资产的形式体现在资产负债表中，而房产出售后收回价款前，应反映为应收账款，这仅是资产形态的不同，而非"虚增"。

3．审理意见

法院认为，评估机构制作的评估报告属于参考性文件，而非最终决定性结论，报告使用方应根据相关财务制度正确理解、使用报告，要特别关注报告中特别事项的说明及或有事项的表述。

对于原告方提出被告更正报告内容的主张，法院认为，由于评估报告中明确规定了评估基准日，且根据财政部的审核意见函，评估结果的使用已于基准日一年后丧失有效期，对报告内容更正已缺乏现实意义，原告方可以另行委托其他评估机构重作评估。

法院在该案审理过程中，认为评估报告是否存在不实，应从评估程序合法性和评估结论客观真实性上分析。

（1）评估程序方面，法院认为经过财政部的审核意见函确认，评估公司具有资产评估资格证书，签字人员具有评估执业资格，评估选用的方法符合规定。因此，财政部已对评估报告进行了程序性的审核。除非评估报告具有非专业人员知识水平所能判断的明显错误，应当认定具有评估资格的机构和人员所得出的评估结论是正确的。

（2）评估结论是否客观真实，法院认为应对当事人双方存在的争议具体分析认定。如对原告方提出质疑的长期股权不实问题，被告方已在评估报告中作为特别事项加以说明。对于客观上受限而无法评定，评估方已做出揭示的部分，法院认为评估机构已完成了应当履行的善意注意义务，而不属于对资产评估值的错误判断。另如，判断股权比例评估不实问题，鉴于评估委托方有全面、真实提供会计资料的义务，而委托与受托这一民事行为是基于互相信任而产生的民事法律关系，在此"诚实信用"原则显得尤为重要，委托方应提供客观真实的资料。法院据此认为，评估方根据委托方提供资料得出的评估结论没有违反法律规定，不应承担相应责任。

法院最后认为，基于受害人过错导致的损失，其民事损失赔偿请求法庭不予支持。

4. 案例启示

（1）资产评估机构对资产价值的评估应有充分的依据和必要的信息披露，否则一旦使用资产评估报告的利益相关人产生损失，资产评估机构就可能面临侵权诉讼。资产评估机构及其资产评估专业人员应关注资产评估业务的法律责任风险。

（2）要规避法律责任风险，资产评估机构及其资产评估专业人员应当在执行资产评估业务时勤勉尽责，尽到所规定的注意义务，严格按照法律法规和评估准则要求执业，对于评估中存在的争议或受到的限制应在资产评估报告中合理披露，对涉及评估对象权属和评估结论的证明及资料应履行必要的查验程序，谨慎采用。

本案中，X评估公司对B开发公司持有丙2有限公司的股权、B开发公司向GM公司转让的房产，均以取得的合法证明文件、合同作为评估处理的依据；对B开发公司投资的丙1公司所存在的清算待定事项及采用的评估处理，在资产评估报告的特别事项说明中进行了必要披露。因此，法院裁定该评估公司对原告因自身过错出现的投资损失不承担责任。

民事责任如图6-3所示。

三、刑事责任

（一）相关法律知识

1. 刑事责任的概念及种类

刑事责任是由司法机关依据国家刑事法律规定，对犯罪分子依照刑事法律的规定追究的法律责任。我国刑法规定，故意犯罪，应当负刑事责任；过失犯罪，法律有规定的才负刑事责任。

承担刑事责任是行为人实施刑事法律禁止的行为所承受的法律后果。接受刑法处罚是刑事责任与民事责任、行政责任和道德责任的根本区别。

根据《中华人民共和国刑法》（以下简称《刑法》）规定，刑罚分为主刑和附加刑。

主刑分为管制、拘役、有期徒刑、无期徒刑和死刑。

附加刑分为罚金、剥夺政治权利、没收财产。对犯罪的外国人也可以独立适用或者附加适用驱逐出境。附加刑可以独立或附加适用。

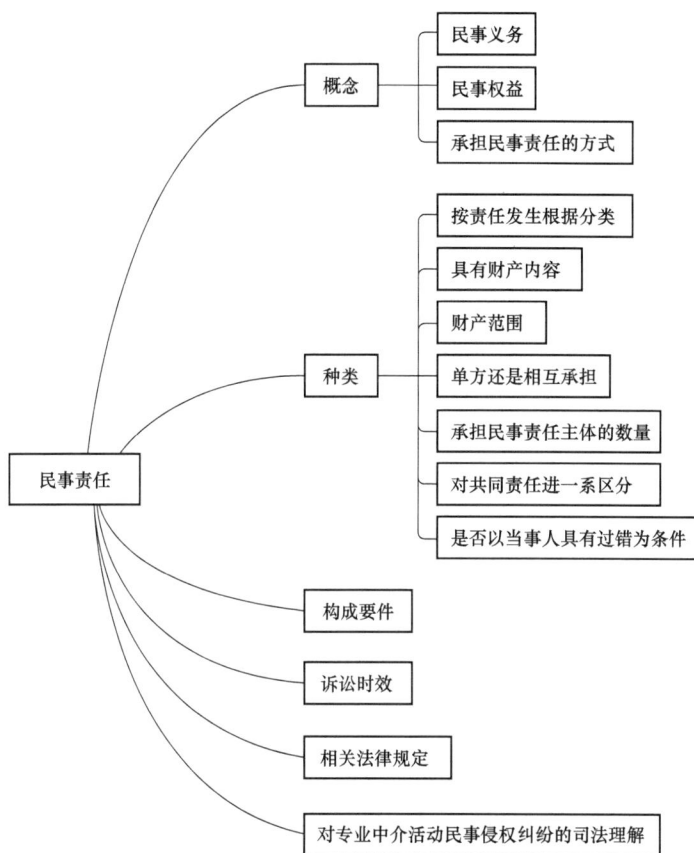

图 6-3　民事责任

《刑法》第三十七条规定：对于犯罪情节轻微不需要判处刑罚的，可以免予刑事处罚，但是可以根据案件的不同情况，予以训诫或者责令具结悔过、赔礼道歉、赔偿损失，或者由主管部门予以行政处罚或者行政处分。

因利用职业便利实施犯罪，或者实施违背职业要求的特定义务的犯罪被判处刑罚的，人民法院可以根据犯罪情况和预防再犯罪的需要，禁止其自刑罚执行完毕之日或者假释之日起从事相关职业，期限为三年至五年。

《刑法》第二条和第三条分别规定了罪刑法定和罪责刑相适应的原则。

罪刑法定原则规定，法律明文规定为犯罪行为的，依照法律定罪处刑；法律没有明文规定为犯罪行为的，不得定罪处刑。

罪责刑相适应原则要求，刑罚的轻重，应当与犯罪分子所犯罪行和承担的刑事责任相适应。

2. 刑事责任的追诉时效

《刑法》第八十七条规定，犯罪经过下列期限不再追诉：

（1）法定最高刑为不满五年有期徒刑的，经过五年。

（2）法定最高刑为五年以上不满十年有期徒刑的，经过十年。

（3）法定最高刑为十年以上有期徒刑的，经过十五年。

（4）法定最高刑为无期徒刑、死刑的，经过二十年。如果二十年以后认为必须追诉的，须报请最高人民检察院核准。

追诉期限的延长。根据《刑法》第八十八条规定，在人民检察院、公安机关、国家安全机关立案侦查或者在人民法院受理案件以后，逃避侦查或者审判的，不受追诉期限的限制。被害人在追诉期限内提出控告，人民法院、人民检察院、公安机关应当立案而不予立案的，不受追诉期限的限制。

追诉期限的计算与中断。根据刑法第八十九条规定，追诉期限从犯罪之日起计算；犯罪行为有连续或者继续状态的，从犯罪行为终了之日起计算。在追诉期限以内又犯罪的，前罪追诉的期限从犯后罪之日起计算。

根据《刑法》第二百二十九条的规定，与资产评估相关的提供虚假证明文件罪、出具证明文件重大失实罪的追诉时效一般为五年；犯提供虚假证明文件罪的人员索取他人财物或者非法收受他人财物的追诉时效为十年。

（二）资产评估刑事责任的相关法律规定

对涉及资产评估的刑事责任的具体规定体现在我国刑法中。

1. 提供虚假证明文件罪、出具证明文件重大失实罪

（1）法律规定条款。对于提供虚假证明文件罪、出具证明文件重大失实罪应承担的刑事责任，根据 2020 年 12 月 26 日通过的《中华人民共和国刑法修正案（十一）》，修正后的《刑法》第二百二十九条规定：承担资产评估、验资、验证、会计、审计、法律服务、保荐、安全评价、环境影响评价、环境监测等职责的中介组织的人员故意提供虚假证明文件，情节严重的，处五年以下有期徒刑或者拘役，并处罚金；有下列情形之一的，处五年以上十年以下有期徒刑，并处罚金：①提供与证券发行相关的虚假的资产评估、会计、审计、法律服务、保荐等证明文件，情节特别严重的；②提供与重大资产交易相关的虚假的资产评估、会计、审计等证明文件，情节特别严重的；③在涉及公共安全的重大工程、项目中提供虚假的安全评价、环境影响评价等证明文件，致使公共财产、国家和人民利益遭受特别重大损失的。

有前款行为，同时索取他人财物或者非法收受他人财物构成犯罪的，依照处罚较重的规定定罪处罚。

第一款规定的人员，严重不负责任，出具的证明文件有重大失实，造成严重后果的，处三年以下有期徒刑或者拘役，并处或者单处罚金。

（2）提供虚假证明文件罪的构成特征。

1）特定的主体。本罪犯罪主体是中介机构的人员。这里所说的中介机构是指承办相关业务的资产评估、会计、审计、保荐、法律、验证、安全评价、环境影响评价和环境监测等事项专业服务的法人或非法人组织。其中，承担保荐、安全评价、环境影响评价、环境监测职责的中介组织人员是《中华人民共和国刑法修正案（十一）》新增的。

而根据《刑法》第二百三十一条，本罪的犯罪主体还包括上述中介机构及其直接负责的主管人员和其他直接责任人员。所不同的是对中介机构本身的处罚适用第二百三十一条。

2）行为人实施了故意提供虚假证明文件的行为。虚假证明文件主要是承接资产评估、验资、验证、会计、审计、法律服务等业务出具的证明文件。虚假证明文件既包括伪造的证

明文件，也包括内容虚假的证明文件。符合本罪条件的犯罪行为人提供虚假证明文件必须属于主观故意行为，即明知所提供的证明文件存在虚假仍决定提供。

3）情节严重。情节严重是就违法犯罪行为及过程的性质、影响的范围与后果、造成的危害程度而言的。比如犯罪手段恶劣、造假次数多或程度严重、给国家或相关当事人利益造成严重损害等。通过"情节严重"这一构成要件要素对涉罪的范围进行限定，以避免刑事责任的扩大化。关于"情节严重"情形的认定，最高检察院和公安部有专门规定。根据 2010 年《最高检察院公安部股公安机关管辖的刑事案件立案追诉标准的规定（二）》的规定，承担资产评估、验资、验证、会计、审计、法律服务等职责的中介组织的人员故意提供虚假证明文件，涉嫌下列情形之一的，应予立案追诉：

a．给国家、公众或者其他投资者造成直接经济损失数额在五十万元以上的。

b．违法所得数额在十万元以上的。

c．虚假证明文件虚构数额在一百万元且占实际数额百分之三十以上的。

d．虽未达到上述数额标准，但具有下列情形之一的：在提供虚假证明文件过程中索取或者非法接受他人财物的；两年内因提供虚假证明文件，受过行政处罚两次以上，又提供虚假证明文件的。

e．其他情节严重的情形。

《中华人民共和国刑法修正案（十一）》还规定，对出现下列情形之一的犯罪行为应当适用更高一档的刑期：

a．提供与证券发行相关的虚假的资产评估、会计、审计法律服务、保荐等证明文件，情节特别严重的。

b．提供与重大资产交易相关的虚假的资产评估、会计、审计等证明文件，情节特别严重的。

c．在涉及公共安全的重大工程、项目中提供虚假的安全评价、环境影响评价等证明文件，致使公共财产、国家和人民利益遭受特别重大损失的。判处五年以上十年以下有期徒刑，并处罚金。

4）侵犯的客体。本罪侵犯的客体是国家对中介组织的监督管理制度和市场中介组织的正常活动。中介组织及其人员的活动，事关市场经济发展和市场经济秩序。提供虚假证明文件的行为本身，就是在破坏市场秩序，就是在损害其他市场主体对中介组织公正性的信赖。本罪的本质危害是损害了市场条件下人们对中介组织及其人员的基本信赖。

（3）出具证明文件重大失实罪的构成特征。

1）特定的主体。本罪的犯罪主体与"提供虚假证明文件罪"相同。

2）行为人提供的证明文件存在重大失实。本罪所指的证明文件也与"提供虚假证明文件罪"相同。"重大失实"指的是出具的证明文件存在重大的不符合实际的内容。

3）行为人严重不负责任。这是本罪与"提供虚假证明文件罪"的主要区别。"提供虚假证明文件罪"是行为人存在犯罪的故意，本罪的行为人主观不存在犯罪故意，但存在严重不负责任的过失。这种过失或者表现为该为的不为，或者表现为不认真而为。

4）造成严重后果。提供的重大事实证明文件的后果是，给国家或相关当事人造成严重损失或者产生了特别恶劣的影响等。关于"造成严重后果"的认定，最高检察院和公安部有具体规定。根据2010年《最高检察院公安部关于公安机关管辖的刑事案件立案追诉标准的规定（二）》的规定，承担资产评估、验资、验证、会计、审计、法律服务等职责的中介组织的人员严重不负责任，涉嫌下列情形之一的，应予立案追诉：

　　a. 给国家、公众或者其他投资者造成直接经济损失数额在一百万元以上的。

　　b. 其他造成严重后果的情形。

　　5）侵犯的客体。本罪侵犯的客体也与"提供虚假证明文件罪"相同。

　　2. 单位犯扰乱市场秩序罪

　　对于单位犯扰乱市场秩序罪应承担的刑事责任，《刑法》第二百三十一条规定：单位犯本节第二百二十一条至第二百三十四条规定之罪的，对单位判处罚金，并对其直接负责的主管人员和其他直接责任人员；依照本节各条的规定处罚。

　　根据《刑法》第三十条的规定，技术罪所指的单位是指公司、企业、事业单位、机关、团体。第二百二十一条至第二百三十四条规定之罪包括：损害商业信誉、商品声誉，虚假广告，串通投标，合同诈骗，组织、领导传销活动，非法经营，强迫交易，伪造、倒卖伪造的有价票证，倒卖车票、船票，非法转让，倒卖土地使用权，提供虚假证明文件，出具证明文件重大失实，逃避商检罪。

　　本条对单位犯罪规定了双罚制，既依法对单位处以罚金，又规定按照相应条款的规定依法处罚导致单位犯罪的单位直接负责的主管人员和其他直接责任人员。

　　（三）刑事责任案例

　　【甲公司案件】

　　甲公司在201X年委托A资产评估公司对其进行资产评估；201X年发行股票并上市，后被证券监管部门立案调查，201Y年甲公司原董事长被一审法院认定犯欺诈发行股票罪，A资产评估公司的负责人也被认定构成欺诈发行股票罪。201Z年二审法院采纳律师意见判决本案被告人无罪。

　　1. 一、二审争论的主要焦点

　　（1）进口设备的所有权。涉案的进口设备中大约有1/3是境外股东的直接投资，另外2/3是融资租赁进口。

　　一审指控，甲公司签订虚假融资租赁合同，由当地海关出具了内容虚假的《中华人民共和国海关对外商投资企业减免进口货物解除监管证明》（案发后经侦查机关调查，该证明虽系海关出具，但内容是虚假的）。资产评估公司明知企业无法提供进口设备报关单，却仍按企业补充的一份内容虚假的《中华人民共和国海关对外商投资企业减免进口货物解除监管证明》界定产权。

　　资产评估专业人员征求了企业聘请的律师意见，律师认为海关解除监管证明应该也能作为进口设备的产权依据，评估专业人员依据该证明及融资租赁合同等将该批进口设备作为企业资产的一部分进行评估。

　　二审辩护律师查到外商设备进口的海关资料，该资料经过海关的进出境货物统计核实，并已报企业所在地政府备案。

　　融资租赁进口的设备，虽然没有直接支付租金的原始单据，但在加工增值的分配上，可以充分显示外商已经获得充分的对价。该外商投资者以加工增值冲抵融资租赁的租金，双方有协议约定，境外投资者获取上述加工增值后，融资租赁设备的产权归上市公司享有。律师还查到企业上市前夕，当地国有股东向境外股东支付款项的证据，其中的大部分款项是直接付给外商的。由此可以证明外商获得了补充对价，可以证明其补签的融资租赁协议、设备产权转让协议是其真实意思表示。在法庭调查和质证阶段，律师通过证据证明原甲公司的外商及其中一个主要经办人在公安、检察机关所作关于融资租赁合同虚假的供述不足采信，融资租赁合同虽然是补签，但有原始的交易及款项交付的证据支持，当事人的意思表示真实。

针对海关监管的定性问题，公安、检察机关一直认为，进口设备在海关的监管期内属于海关所有，海关提前解除监管，证明海关弄虚作假，不能证明设备产权归属甲公司。辩护律师认为，海关监管是行政措施，是对当事人财产所有权的限制，并不代表海关享有当事人进口财产的所有权，设备的产权归属上市公司，海关提前解除监管只是扩大了当事人的设备处分权。

（2）进口设备的真实价值。一审指控甲公司将200Q—200X年进口的设备，由不足1400万外币的原进口报关价格提高到超过1亿外币，虚增了设备价值。资产评估公司没有进行询价，只按企业提供的虚构设备清单价格核算评估值。为了增加进口设备评估值，资产评估公司先分别调增了三类设备1%、3%和1%的成新率，又将进口设备成新率调增了1个百分点。法院取得了反映成新率修改的工作底稿和证实设备真实价值的书证。

一审辩方认为，是否询价是一个职业判断问题，在询价较困难时采用物价指数调整法也是合理的；成新率的调整是评估过程中的正常的调整，其量的变化在业内规范允许范围之内。

二审辩护律师向商检部门的资产评估所申请对涉案设备进行了价值鉴定：根据涉案设备在201Y年的价值，反算上市基准日的成新率，并考虑关税减免因素，证实该设备的上市价值确实在1亿外币以上。律师认为，依据商检部门的价值鉴定，证明设备的进口报关价不是设备的真实价值，经多家机构评估，设备的真实价值与上市的评估价值相一致，甚至高于上市评估价。同时，引用国内同行业采用相同设备的厂家的上市报价，从侧面证明本案的上市价格的合理与公允。因此，不认为甲公司存在虚增资产的行为。

2. 案例的启示

（1）合理界定对专业证据的职业关注程度。企业所提供的《减免进口货物解除监管证明》是由海关出具的，但是内容是假的，法院认为评估机构没有进行必要的核实。这就涉及资产评估专业人员对所取得资料履行核查程序的问题，也引起了资产评估行业对资产评估专业人员关注评估对象权属问题的思考，要求合理界定资产评估专业人员对评估对象权属的职业关注的程度。

一方面，界定和确认评估对象的权属是一个既专业又复杂的法律问题。评估对象的权属既存在通过登记发证确认的情形，也包括通过其他手段加以界定的情况；资产评估专业人员既要关注、查验和恰当披露评估对象的权属，又不应超出专业界限明示或暗示具有对评估对象法律权属确认或发表意见的能力，不应对评估对象的法律权属提供保证。另一方面，资产评估专业人员应加强职业谨慎，对容易出现舞弊的领域增加关注程度，向相关权利人收集评估对象的权属文件及证明资料，按照规定履行核查和验证程序，不因程序和工作疏失导致评估失误。

（2）重视工作底稿的证据作用。一审控方以资产评估机构参加券商主持的上市协调会，会上提出了上市公司的目标，认为资产评估公司构成造假的故意；同时将资产评估机构调增进口设备成新率作为其故意造假的佐证。

应该说客户对资产的价值有预期是资产评估专业人员无法左右的，出现评估结论与客户预期一致的情况也并不必然反映资产评估存在造假。这个案件很重要的一个事实是资产评估专业人员可评估结果进行了调整，而调整后的评估值又恰好满足了客户的预期，这就构成一个重要的争议点。

虽然在合理范围内依据专业判断对资产成新率等参数做出适当调整并非不可接受，但本案中成新率地调整在底稿中没有注明理由及依据，未能体现调整的合理性，而且这种调整又发生在评估的初步结果形成之后，这就成为不利于被告的证据。

评估档案中的工作底稿是反映评估过程、支持评估结论的重要依据，也是发生资产评估纠纷时监管部门和公检法查证和界定资产评估责任的重要证据。资产评估机构及其资产评估专业人员应当重视对工作底稿的编制和整理，防止因工作底稿差错或缺失引发资产评估法律风险。

刑事责任如图 6-4 所示。

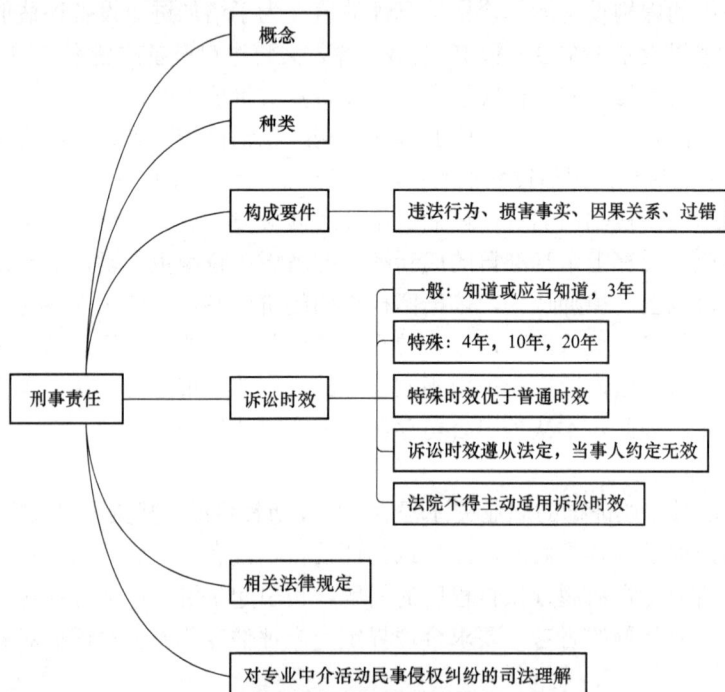

图 6-4　刑事责任

四、法律责任的免除

（一）法律责任免除的含义

法律责任的免除是指当出现法定条件时，法律责任被部分或全部免除。

（二）我国法律规定的免责条件

不可抗力、正当防卫和紧急避险等是法律所认可的免责条件。除此之外的免责情形还包括：

（1）时效免责。依照法律规定，在违法行为发生一定期限后［超过规定的诉讼（追诉）时效］，违法行为人不再承担强制性、惩罚性的法律责任。

（2）不诉及协议免责。如果受害人或有关当事人不向法院起诉要求追究行为人的法律责任，行为人的法律责任实际上被免除，或者受害人与加害人在法律允许的范围内协商同意免责。

（3）自首、立功免责。刑法规定犯罪者在犯罪后有自首、立功表现的，可以减轻或免除处罚。这是一种将功抵过的免责形式。

（4）人道主义免责。在财产责任中，责任人确实没有能力履行或没有能力全部履行的情况下，有关的国家机关免除或部分免除其责任。

（5）有效补救免责。在国家机关归责之前对于实施违法行为所造成的损害，采取及时补救措施，得以免除其部分或全部责任。

法律责任的免除如图 6-5 所示。

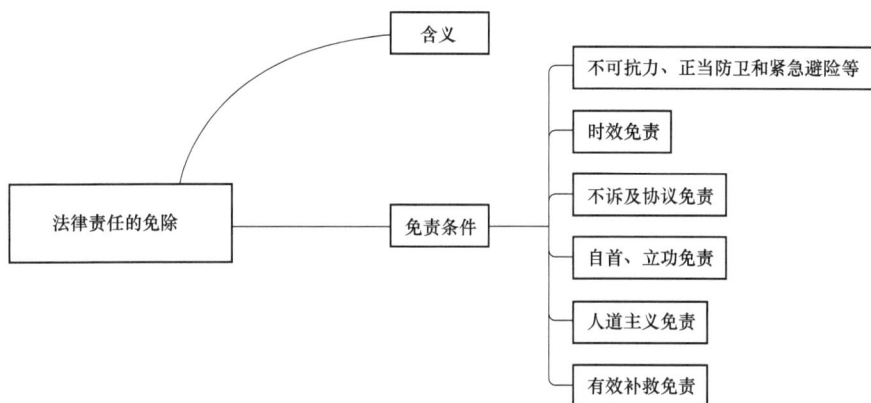

图 6-5　法律责任的免除

📖 特别提示

注册资产评估师在具体评估过程中应做到：

（1）要独立地进行专业判断，不得以委托方或相关当事方预先设定的价值量作为评估结果；

（2）不得利用工作之便为自己或他人谋取不正当利益；

（3）应当遵守保密守则，除法律、法规和有关制度另有规定外，未经委托方书面许可，不得对外提供在执业过程获知的各种商业秘密和相关业务资料；

（4）不应同时在两家以上（含）评估机构执业，也不得以个人名义从事资产评估业务活动；

（5）对参与评估人员的工作进行指示、督促和复核，保证评估人员执行执业标准、程序和遵守职业道德规范；

（6）要维护评估行业的职业形象，不得从事与注册资产评估师身份不符或可能损害其职业形象的活动；

（7）在每个具体的工作过程形成能够支持评估结论的工作底稿，并按照有关规定管理和保存好评估工作档案；

（8）要自觉接受中国资产评估协会的管理，积极履行对资产评估行业协会义务等要求。

任务二 资产评估的职业道德

资产评估机构及其资产评估专业人员在从业时应当严格遵守资产评估职业道德，树立良好的职业形象，提高资产评估作为中介服务行业的公信力。

资产评估机构及其资产评估专业人员的职业道德素质主要是由其职业理想、职业态度、职业责任、职业胜任能力、职业良知、职业荣誉和职业纪律等要素综合反映出来的道德品质。规范职业道德行为旨在使资产评估机构及其资产评估专业人员树立职业理想、端正职业态度、明确职业责任、提升职业胜任能力、唤起职业良知、增强职业荣誉感和强调职业纪律等，提高资产评估专业人员的职业道德素质。

资产评估职业道德准则对资产评估机构及其资产评估专业人员职业道德方面的基本遵循、专业能力、独立性、资产评估专业人员与委托人和其他相关当事人的关系、资产评估专业人员与其他资产评估专业人员的关系等进行了规范。

一、资产评估职业道德的基本要求

诚实守信，勤勉尽责，谨慎从业，坚持独立、客观、公正的原则是对资产评估机构及其资产评估专业人员职业道德的基本要求。

（一）诚实守信、勤勉尽责、谨慎从业要求

诚实守信是在合同或其他经济活动中遵循民法基本原则的必然要求，已越来越广泛地成为各行业普遍性的职业道德规范，并被直接写入《资产评估法》中。

诚实守信和勤勉尽责是资产评估行业得以存在和被认可的关键因素，也是取得委托人和社会公众信任的重要支撑。资产评估机构及其资产评估专业人员在开展资产评估业务中应当将诚实守信放在首位，诚实履行职业责任，提供诚信可靠的专业服务。这也是中介服务行业立法和职业道德建设通常会提出的要求。资产评估机构及其资产评估专业人员在执业过程中应当维护当事人的合法权益和公共利益，努力维护资产评估的客观性和公正性。只有这样才能赢得社会公众的信任与尊重，树立应有的社会地位。

第一，资产评估机构及其资产评估专业人员在执业过程中必须严格遵守资产评估准则，不得随意背离。这是对资产评估机构及其资产评估专业人员履行勤勉尽责义务的基本要求。资产评估活动的客观性、公正性靠行业准则、规范予以保证，准则和规范从原则上保证了资产评估服务的质量。

第二，鉴于资产评估对象的复杂性，任何准则都难以对资产评估机构及其资产评估专业人员在执业活动中的具体行为给出量化的标准，这就需要在具体执业行为中，根据评估项目的具体情况进行必要的专业判断。因此资产评估机构及其资产评估专业人员应当以追求评估结论的客观性、公正性为工作目标，来检查自己的执业行为，做到勤勉尽责。例如，由于客观条件的限制，资产评估专业人员在执业过程中，对评估对象调查或勘查的程度，所获得信息的真实性、完整性等都会受到不同程度的影响。资产评估专业人员应当判断这些因素对评估结论的影响程度，并根据上述影响程度和评估目的要求合理确定其工作范围及工作程度，不得单纯以工作量或工作的难易程度作为确定工作范围及工作程度的标准。

第三，资产评估机构及其资产评估专业人员不可以使用敷衍的手段规避应尽的努力。包括：

（1）在报告中滥用免责声明。在执业过程中，由于情况的复杂和客观条件的限制，存在一些无法查清的事项，可以在报告日予以声明，但必须判断上述事项的重要性，并在报告中详细披露其为该事项所做的努力，尽可能披露该事项对评估结论的影响。

（2）不当利用第三方的工作，或相关当事人的保证书、承诺函等。资产评估机构及其资产评估专业人员可以利用第三方的工作，如审计师出具的审计报告、律师出具的法律意见书等，也可以要求相关当事人提供保证书或承诺函等文件。但在利用专家工作时必须保持必要的职业谨慎，不可以丧失独立性。

（3）使用不合理的假设。执行资产评估业务时，对于不断变化的影响评估对象和评估工作的因素，需要通过使用评估假设来明确资产评估的边界条件，支持资产评估过程及结论。这是资产评估的理论和工作特点所决定的。但使用的评估假设，应当是基于已经掌握的知识和事实，对资产评估中需要依托的前提和未被确切认识的事物做出合乎情理地推断和设定，不可以滥用不合理假设，规避勤勉尽责义务。

（4）滥用专业判断。执业过程中，在获取必要信息的基础上可以依照经验和专业知识作出独立判断。但是判断必须建立在科学基础上，不可以滥用专业判断，否则会丧失评估结论的客观性和公正性。

谨慎从业，需要资产评估机构及其资产评估专业人员在提供资产评估专业服务时，应当保持必要的职业谨慎态度和专业怀疑精神，重视风险辨识及防范，审慎作出专业判断，预防和减少因评估执业过失引致的质量风险。在洽谈资产评估业务前，资产评估机构及其资产评估专业人员应对自身专业能力进行评价，对客户的诚信和财务状况、评估业务的风险水平进行判断；在受理资产评估业务后，针对评估目的和风险控制要求制定评估计划；在业务实施环节，认真履行现场调查、资料收集及检查验证等评估程序实施要求；在信息披露方面，充分提示和披露可能影响评估报告理解和使用的风险等，这都体现了谨慎从业的执业要求。

（二）独立、客观、公正要求

独立、客观、公正是资产评估的基础，是资产评估机构及其资产评估专业人员应该遵守的基本工作原则。

1. 独立性

坚持独立性是资产评估的核心原则。资产评估机构、资产评估专业人员及外聘专家认为其独立性受到损害时，应当对由此可能产生的影响和能够采取的措施进行分析判断，如果相关损害会影响其得出公正的评估结论，则应当拒绝进行评估活动、拒绝发表评估意见。

资产评估的独立性要求包含以下内容：

（1）资产评估机构应当是依法设立的独立法人或非法人组织。

（2）资产评估机构及其资产评估专业人员应当严格按照国家有关法律、行政法规、资产评估准则、独立开展评估业务，并独立地向委托人提供资产评估意见。

（3）资产评估机构、资产评估专业人员从事资产评估活动不受任何行政部门控制，也不受其他机关、社会团体、企业、个人等对资产评估行为和评估结论的非法干预。

（4）资产评估专业人员依据国家法律及资产评估准则进行资产评估活动以及发表评估意见时不受所在资产评估机构的非法干预。

（5）资产评估机构、资产评估专业人员应与资产评估的委托人、被评估对象产权持有人及其他当事人无利害关系。

一些资产评估业务中，委托人试图将资产评估服务费收取标准或支付条件等与评估目的能否实现相挂钩的诉求会对资产评估机构及其资产评估专业人员的独立性要求产生不利影响，资产评估机构在洽谈资产评估业务和订立资产评估委托合同时应注意避免。

资产评估准则要求资产评估机构及其资产评估从业人员开展资产评估业务，应当识别可能影响其独立性的情形，合理判断其对独立性的影响。

可能影响独立性的情形通常包括资产评估机构及其资产评估专业人员或者其亲属与委托人或者其他相关当事人之间存在经济利益关联、人员关联或者业务关联。

根据《民法典》规定，亲属包括配偶、血亲和姻亲；近亲属包括配偶、父母、子女、兄弟姐妹、祖父母、外祖父母、孙子女、外孙子女。根据《资产评估职业道德准则》的规定，亲属是指配偶、父母、子女及其配偶，这是一个比较狭义的界定。

经济利益关联是指资产评估机构及其资产评估专业人员或者其亲属拥有委托人或者其他相关当事人的股权、债权、有价证券、债务，或者存在担保等可能影响独立性的经济利益关系。

人员关联是指资产评估专业人员或者其亲属担任委托人或者其他相关当事人的董事、监事、高级管理人员或者其他可能对评估结论施加重大影响的特定职务。

业务关联是指资产评估机构从事的不同业务之间可能存在利益输送或者利益冲突关系。

资产评估机构应当在承接评估业务之前，就本机构和资产评估专业人员的经济利益关联、人员关联、业务关联情况进行独立性核查。在执业过程中发现影响独立性的事项并可能导致不利影响时，应当及时采取相应措施消除可能的不利影响，并就该事项与委托人进行沟通。

消除不利影响的措施通常包括人员回避、业务回避、消除关联关系、第三方审核等。当所采取措施不能消除对独立性的不利影响时，资产评估机构和资产评估专业人员不得承接该评估业务，或者应当终止该评估业务。

《资产评估法》第二十四条也规定，委托人有权要求与相关当事人及评估对象有利害关系的评估专业人员回避，对资产评估的业务回避作出了规定，以保障执行资产评估业务的公正性。

《资产评估法》第二十条规定，评估机构不得分别接受利益冲突双方的委托，对同一评估对象进行评估。这也是保障资产评估执业独立性的法律要求，有利于防止资产评估机构在利益冲突双方的不同诉求面前，有失客观公正；也可以防范利益冲突双方在彼此不知情的情况下同时委托同一家资产评估机构，资产评估机构在利益驱动下分别接受双方委托的现象发生。

2. 客观性

客观性要求资产评估机构及资产评估专业人员，应当以事实为依据，客观地发表评估意见。具体要求包括：

（1）作为资产评估活动的重要主体，应当公正无私，摒除偏见，不为"偏见""谬误"所蒙蔽。

（2）对资产评估活动中涉及的事项应当坚持科学的方法和态度，实事求是。

（3）在资产评估过程中，应当完整、客观地收集信息、数据；保障赖以形成评估结论信息的完整性、客观性、有效性、合法性；不得使用缺乏依据的信息、数据。

（4）对于实务性资产进行必要的现场勘查是保证客观性的要求，应该通过勘查确定资产的客观存在，并取得评估所必需的客观信息，勘查的程度应满足获得作出客观评估所需要的基本信息。如因各种原因，无法通过勘查获得评估所需信息而必须通过其他第三方取得，应当采取必要措施关注这些信息的客观性和合理性，并进行必要披露。

（5）对非实物性资产，应当根据资产的特征，通过有效的方法确定资产的客观存在，并取得评估所必需的客观信息。如因各种原因，必须通过其他第三方取得评估所需信息，应当采取必要措施关注这些信息的客观性和合理性，并予以必要披露。

（6）有责任核查所获得信息的客观性，对于从其他第三方获得的信息，应当关注其客观性。有责任了解和判断所获得的信息是否能够支持其客观地确定资产价值，不得因信息缺失影响评估结论的客观性。

（7）应当尽量避免专业判断过程中主观因素的不利影响，在进行评估分析、预测、判断过程中，应当使用科学的方法作为评估手段，不得以主观经验代替科学分析。

（8）应当依据所收集的信息、数据，遵守法律法规、资产评估准则等相关规定，通过合理履行资产评估程序客观作出评估结论、发表专业意见。

（9）应对执业能力作出客观评价，对于无法胜任的业务，应当放弃承接或通过寻求有效支持手段满足胜任要求。

（10）对机构内部或不同评估机构所持有的不同评估观点不应抱有任何偏见。

（11）资产评估报告应当客观完整、描述适当，不得使用夸大或容易引起异议或歧义的文字语言。

3. 公正性

公正性要求资产评估机构和资产评估专业人员，在从事资产评估业务过程中，遵照国家有关法律、法规及行业准则，独立、客观执业，保持应有的职业中立态度，公平地对待有关利益各方，公正地发表资产评估意见，不得损害委托人、其他当事人的合法权益和公共利益。

资产评估机构及其资产评估专业人员不应当故意以牺牲一方的利益使另外的当事方受益，包括偏袒、迁就委托人的不当诉求，故意出具对其他当事人，甚至社会公众不利的评估报告。

特别提示

注册资产评估师恪守独立性、客观性、公正性的要求如下。

1. 恪守独立性原则要求

（1）独立性包括实质上的独立和形式上的独立。

1）实质上的独立是指注册资产评估师与服务对象之间没有利害关系。

2）形式上的独立是指注册资产评估师在为委托方提供服务时所表现的在社会公众或第三者面前呈现出一种独立于委托人的形象。

（2）要保证注册资产评估师在执业过程中恪守独立性原则，应该注意以下几个方面：

1）要避免注册资产评估师与委托方或与被评估资产有关单位或个人之间存在利害关系，只有这样才能真正得到实质上的独立（实质上的独立）。

2）要保持在社会公众面前独立于委托人的身份，只有这样才能获得社会公众的信任（形式上的独立）。

3）要在委托方配合的具体过程中把握好独立性，不能片面理解独立性。

独立性应表现为：在广泛与委托方接触和自己深入了解和掌握情况的基础上，认真听取委托方的意见，经过全面分析和思考后，独立对评估业务作出判断的意见。

2. 恪守客观性原则要求

注册资产评估师要保证执业过程恪守客观性原则，应该注意以下几点：

（1）在执行资产评估业务时应公平、理智，摆脱利益冲突的影响。

（2）应当基于客观的立场，以客观事实为依据，实事求是，真实地反映资产现状、充分考虑市场条件并通过占有尽可能多的资料数据，对被评估资产做出分析、判断、预测，在此基础上出具基于客观立场、以客观事实为依据的评估报告。

（3）在执行资产评估业务时，应当排除个人感情、成见或偏见的影响。

3. 恪守公正性原则要求

（1）要恪守独立性、客观性原则。

（2）要求注册资产评估师正确处理好服务与报酬的关系。

（3）在资产评估过程中建立和健全必要的监督和约束制度，尽量消除评定价值和服务收费之间的因果关系。

知识灯塔

> 诚信为人之本。
> ——鲁迅
> 言必诚信，行必忠正。
> ——孔子

二、专业能力要求

《资产评估基本准则》对专业能力的规定包括：资产评估专业人员应当具备相应的评估专业知识和实践经验，能够胜任所执行的评估业务；资产评估专业人员应当完成规定的继续教育，保持和提高专业能力；资产评估机构及其资产评估专业人员执行某项特定业务缺乏特定的专业知识和经验时，应当采取恰当的弥补措施，包括利用专家工作及相关报告等。专业能力是对任何专业工作的基本执业要求。由于资产评估工作的专业性和复杂性，从事资产评估工作的资产评估专业人员必须具备相关的专业知识和经验，以确保能够合理完成相关评估业务。

（1）资产评估专业人员应当具备相应的专业知识和经验。资产评估专业人员除了应具的专业知识和专业技能，也应具备一定的专业经验。

我国法律要求取得资产评估师职业资格，需要通过全国性资产评估行业协会按照国家规定组织实施的资产评估师资格全国统一考试；能够承办非法定资产评估业务的其他资产评估专业人员，也必须具有评估专业知识和实践经验。

（2）资产评估专业人员必须具有胜任所执行评估业务的能力。由于资产评估的复杂性以及资产评估专业人员专业背景的限制，资产评估专业人员的执业范围可能仅限于某个特定领域。如某些评估专业人员仅从事房地产评估或机器设备评估，仅取得资产评估师职业资格并不意味着具备了承接各类资产评估业务的能力。

资产评估专业人员在接受评估业务或资产评估机构在签署评估委托合同之前，应当了解执行该评估项目所必备的专业知识、专业技能及经验，并对自己的能力作出客观判断。资产评估机构、资产评估专业人员对所承接的资产评估项目，必须确信具有相应的专业知识和经验，能够胜任该项业务，不得接受其能力无法完成的资产评估项目，除非采取其他有效措施保证能够有效地完成该项评估业务，包括：①与具有相关专业知识和经验的资产评估机构或资产评估专业人员联合进行评估；②聘用具有所需专业知识或经验的专业人士；③资产评估专业人员通过学习达到要求等。但是，即使评估机构和资产评估专业人员可以采取有效的措施确保评估业务的完成，在接受评估业务前也必须向客户披露自己缺乏与该业务相关的专业知识、经验之事实，说明将采取取得所有必要措施，承诺通过上述措施可以确保圆满完成评估业务。评估机构和资产评估专业人员也必须在评估报告中披露专业知识、经验的缺乏，并披露所有为完成评估业务所采取的措施。

我国资产评估准则还要求，资产评估机构及其资产评估专业人员，应当如实声明其具有的专业能力和执业经验，不得对其专业能力和执业经验进行夸张、虚假和误导性宣传。

（3）资产评估专业人员应当保持和提高专业能力。资产评估是一项专业性很强的、跨学科的工作，涉及工程技术、经济、管理、会计等多个专业，仅仅具有某方面的知识无法满足资产评估对专业知识的要求。接受资产评估的专业教育及训练，通过资产评估师的职业资格统一考试，在资产评估机构从事业务实践等，都是获得胜任资产评估工作所需知识和经验的有效途径。

由于资产评估的复杂性，要求资产评估专业人员在整个职业生涯过程中不断进行知识更新和能力提升。通过职业资格统一考试，取得资产评估师职业资格，只说明具备了从事资产评估工作的基本技能。资产评估专业人员要在职业生涯中保持并提高自己的执业能力，不断地接受必要的继续教育培训是切实可行的必要措施。

知识灯塔

➤ 学而不厌，诲人不倦人。
——孔子
➤ 倘能生存，我当然仍要学习。
——鲁迅

特别提示

（1）专业胜任能力要求包括两个方面的内容：

1）要从事资产评估业务的人应当先经过专门教育和培训，获得评估方面的专业知识、专业训练，并取得评估的实践经验，具备从事资产评估业务的分析、判断和表达能力，才能进入这一行业从事评估活动。

2）已进入资产评估行业从事资产评估业务的注册资产评估师在承揽、接受和进行资产评估业务时，一般只能在其专业技能和时空安排等方面能够胜任的范围内进行，对超越其专业技能和时空安排等胜任能力的业务应当放弃、拒绝或采取恰当的措施加以解决。

（2）要保证注册资产评估师的专业胜任能力，应该注意以下几个方面：

1）应当经过专门教育和培训，具备相应的专业知识和经验。

2）应当接受后续教育，继续学习相关专业理论知识，保持和提高专业胜任能力。

3）注册资产评估师在承揽、接受和进行资产评估业务时，一般只能在其专业技能和时空安排等方面能够胜任的范围内，对超越其专业技能和时空安排等胜任能力的业务应当放弃、拒绝或采取恰当的措施加以解决。

三、与委托人和其他相关当事人关系的要求

（1）资产评估专业人员与委托人、其他相关当事人和评估对象有利害关系的，应当回避。

在承揽和接受业务时，对与委托人或其他相关当事人存在利害关系的，资产评估专业人员应主动回避。这里所指的利害关系，是利益与损害关系的简称，它包括两个方面：一是利益一致关系，二是利益对立关系。而这种利害关系的存在，很可能会影响资产评估专业人员在执行业务时所处的立场，也极可能妨碍资产评估专业人员作出客观的专业判断。在评估中，资产评估专业人员与委托人或其他相关当事人之间存在以下利害关系时，应当向其所在评估机构提出声明，并实行回避：

1）持有客户的股票、债券或与客户有其他经济利益关系的。

2）与客户的负责人或委托事项的当事人有利害关系的。

3）其他可能直接或间接影响执业的情况。

（2）资产评估机构、资产评估专业人员应当履行评估委托合同中规定的义务。

资产评估委托合同明确规定了资产评估机构及其资产评估专业人员的责任和义务，一经签订，即成为评估机构与委托人之间在法律上生效的契约，具有法定约束力。因此，资产评估机构、资产评估专业人员应当履行评估委托合同中规定的义务，坦诚、公正地对待客户，在不违背国家与公共利益以及不伤害其他相关当事人利益的前提下，在保持廉洁、公正的基础上，努力为委托人提供高质量的专业服务。资产评估机构及其资方评估专业人员应当按照评估委托合同明确的业务性质、范围要求等各项约定，在客户提供了必要资料的前提下，在规定的时间内，按资产评估专业标准的要求，在保证质量的情况下完成委托评估业务。

（3）资产评估机构及其资产评估专业人员不得向委托人或其他相关当事人索取约定服务费之外的不正当利益。

资产评估是一种有偿的社会中介服务，资产评估机构及其资产评估专业人员在完成委托评估业务后，向委托人出具资产评估报告并收取合理的评估服务费属正当的行为，但是不能收取评估费以外的费用。

这里的服务费用以外的不正当利益，主要是指约定服务费用以外的其他酬金，如佣金、回扣、好处费、介绍费等。严格意义上讲，不正当利益包括各种不正当的经济利益和不正当的非经济利益。

特别提示

注册资产评估师与委托方和相关当事方关系的要求如下。

（1）对资产评估业务质量的责任要求。

（2）对客户责任要求。具体包括应当做到按时按质完成委托的资产评估业务；坚持保密原则，做好为客户保密的工作；竭诚为客户服务。

（3）在完成评估任务的整个过程中，不得向委托方或相关当事方索取约定服务费之外的不正当利益。

（4）提示客户恰当使用评估报告，并声明不承担相关当事人决策失误的责任。

（5）对社会责任要求。

四、与其他资产评估机构及资产评估专业人员关系的要求

（1）资产评估机构及其资产评估专业人员在开展资产评估业务过程中，应当与其他资产评估专业人员保持良好的工作关系。

这里的"其他资产评估专业人员"通常指符合以下条件之一的资产评估专业人员：

1）与资产评估专业人员在同一资产评估机构执业。在这种情况下，其他资产评估专业人员根据资产评估机构的安排共同从事资产评估业务，资产评估专业人员之间应当相互尊敬、相互学习、相互帮助、共同提高。

2）与资产评估专业人员不在同一资产评估机构执业，但一起执行联合评估业务。在这种情况下，资产评估专业人员之间应当精诚合作，及时沟通。在完成各自负责业务部分的基础上，共同高质量地完成整体评估业务。

在上述两种情况下，资产评估专业人员在同一项评估业务与"其他资产评估专业人员"共同作业时，应当注意加强彼此间的分工与合作；工作过程存在不同意见时，应当以相应的法律、法规和制度为依据，共同认真分析和协调，对确实无法协调的，应将不同意见同时披露。

3）与资产评估专业人员不在同一资产评估机构执业，但由于知识结构、专业技能、职业资格、所在区域等不同，在执业过程中应约向其提供（或接受对方提供）相关技术支持。

在这种情况下，资产评估专业人员依靠专业技术范围内，虚心向其他资产评估专业人员请教，或真诚地向其他资产评估专业人员提供帮助。

4）对资产评估专业人员所执行评估业务中的评估对象在不同时间发表过专业意见。在这种情况下，资产评估专业人员仍应独立形成专业意见。在形成专业意见过程中，资产评估专业人员可以了解"其他资产评估专业人员"的专业意见，或就评估对象的状况向"其他资产评估专业人员"进行咨询，但应认真分析"其他资产评估专业人员"意见的基准日、限制条件、假设条件等，不得对"其他资产评估专业人员"的意见进行不负责任的批评。

资产评估专业人员向"其他资产评估专业人员"了解、咨询，应尊重委托关系，遵守保密原则。

5）曾经或正在执行与资产评估专业人员所执行评估业务相关的评估业务。在这种情况下，如果资产评估专业人员与"其他资产评估专业人员"需要进行业务沟通，应当经委托方同意。如果委托方要求资产评估专业人员向"其他资产评估专业人员"提供相关情况，资产评估专业人员应当在职业道德框架内配合"其他资产评估专业人员"的工作。

（2）资产评估机构及其资产评估专业人员不得贬损或者诋毁其他资产评估机构及资产评估专业人员。

这是以禁止性规定的方式对资产评估机构及其资产评估专业人员在开展资产评估业务中，应当与其他资产评估机构及资产评估专业人员保持良好的工作关系进行了阐释。

资产评估机构及其资产评估专业人员不得以任何理由、任何方式对其他资产评估机构及其资产评估专业人员进行公开或非公开的贬损或诋毁。评估行业应提倡同行相睦，反对同行相轻。

这里的"其他资产评估机构及其资产评估专业人员"还包括在拓展业务过程中潜在的竞争对手。资产评估机构及其资产评估专业人员不得为争揽业务而贬损或诋毁竞争对手。这既是资产评估机构及其资产评估专业人员职业素质和职业道德的要求，也是向社会公众昭示资产评估行业形象和公信力的需要。

五、禁止不正当竞争的要求

（1）资产评估机构及其资产评估专业人员不得采用欺诈、利诱、胁迫等不正当手段招揽业务。

这是对资产评估机构及其资产评估专业人员招揽业务行为的规定，禁止资产评估专业人员采用不正当手段获取评估业务。

1）欺诈，指采用欺骗、误导等手段向客户招揽业务的行为。

a．超越自身专业能力范围招揽业务。

b．编造与客户的商务主管部门或利害相关单位有密切关系，可以帮助客户解决难题招揽业务。

c．编造自己从未执行过的评估项目的工作经验，骗取业务等。

d．采取虚假和引人误解的宣传骗取客户信任，招揽业务。

2）利诱，指利用财物、权势等利益引诱手段向客户招揽业务的行为。

a．承诺提供满足客户预期结果的凭借结果，引诱客户，招揽业务。

b．以答应帮助客户解决具体困难为条件，招揽业务等。

c．以帮助客户获取权势、名位等诱惑客户，招揽业务。

d．采取给客户赠送财物、支付回扣等手段招揽业务。

反不正当竞争法将"采用财物或者其他手段进行贿赂以销售或者购买商品"作为禁止性行为，规定"在账外暗中给予对方单位或者个人回扣的，以行贿论处；对方单位或者个人在账外暗中收受回扣的，以受贿论处"。

3）胁迫，指通过向客户施加压力、迫使其接受委托业务的行为。

a．借助行政、司法等力量，通过行业垄断、地区垄断等形式强行拖拉业务。

b．动用各种关系施压，强行拖拉业务。

c．利用客户的弱点威胁强迫，拖拉业务。

（2）资产评估机构及其资产评估专业人员不得以恶性压价等不正当的手段与其他资产评估机构及资产评估专业人员争揽业务。

这条要求旨在维护资产评估行业的正常竞争秩序。

1）资产评估机构及其资产评估专业人员应当维护行业竞争秩序，合理参与竞争。资产评估机构及其资产评估专业人员应当意识到维护行业形象和职业声誉的重要性，并以此指导自己的行为。资产评估服务也存在一定的竞争，但行业提倡开展公平的竞争。在招揽业务方面，资产评估机构和资产评估专业人员应当表现出较高的素质，以良好的信誉、优质的服务质量确立自己的竞争优势。以恶性压价等不正当手段与其他资产评估机构及资产评估专业人员争揽业务，是一种不道德行为。规范的竞争秩序符合行业整体利益，也符合行业内每个参与竞争的主体的利益。

恶性压价以远低于行业平均价格甚至低于成本的价格提供评估服务，不仅恶意排挤了竞争对手，而且由于评估质量得不到保证也损害了委托人的利益。评估机构自身最终也难以为继，从而破坏了评估行业的正常经营秩序。

2）恶性压价是当前主要的不正当竞争手段之一。在拓展业务过程中，恶性压价已经成为当前评估行业争揽业务和恶性竞争的主要方式和手段。

关于服务费的收取，应当注意以下几个方面：

a．在确定服务费收取标准时，资产评估机构及其资产评估专业人员应当考虑以下因素，合理确定收费标准：①执行评估兴趣所需的技能和知识；②需配备的评估专业人员的水平和经验；③完成评估业务所需要的时间；④评估业务的风险和需承担的责任。

b．在拓展业务过程中，资产评估机构及其资产评估专业人员应当以优良的执业质量获得委托人的信任，而不应通过降低服务费的方式获得业务。

c．在项目竞争中，资产评估机构及其资产评估专业人员可以根据项目的具体情况，如复杂程度等在一定范围内合理降低服务费，但应当保持应有的职业谨慎，确保服务费降低不会影响获取评估业务后的执业质量，并遵守执业准则和质量控制程序。

d．若不考虑评估业务性质、专业胜任能力、服务质量，仅仅通过降低服务费收取标准获取业务，属恶意降低服务费。

e．长期业务关系中，单项业务服务费的收取应当合理。以某一单项业务服务费弥补另一单项业务服务费不足的做法，应当禁止。

六、保密原则

资产评估机构及其资产评估专业人员应当遵守保密原则评估活动中知悉的国家秘密、商业秘密和个人隐私予以保密。

（一）保密的重要性

资产评估机构、资产评估专业人员的职业性质决定其能够掌握客户的大量信息和资料。其中，有些属于客户的商业秘密，如客户的重大经营决策、企业财务安排、生产经营技术、供货和销售渠道和即将进行的并购整合行为等。这些商业秘密和有关业务资料一旦外泄或被利用，可能会给客户造成经济损失。因此，保守商业秘密和有关业务资料是资产评估机构、资产评估专业人员应尽的义务和应具备的职业道德。由于对客户或委托人保密的重要性，所有已发布的资产评估职业道德准则或资产评估行为准则都有对客户或委托人保密的具体要求。

保密要求是资产评估机构及其资产评估专业人员独立、客观、公正从事业务的必然要求，也是遵守保守国家秘密法、反不正当竞争法等的必然要求。《资产评估法》也将此作为资产评估专业人员应当履行的义务进行了规范。

（二）保密的要求

（1）资产评估机构应当制定业务保密制度，承担国家涉密业务的还应具备规定的组织、人员和设施条件，加强对从业人员的保密教育和保密事项的监督管理，不得泄露相关国家秘密和商业秘密。

（2）资产评估专业人员在评估机构及外勤工作时不得在规定的工作场所之外谈论客户的业务情况、评估目的等可能涉及客户的机密情况。同样，在公共场所应尽量不提客户的单位名称，未经客户允许不得对外发布有关客户的信息资料等。

（3）资产评估专业人员除本人不得泄露客户商业秘密外，还应约束协助工作的助理人员保守秘密。

（4）除委托人具体授权，或经过法律程序正式授权的执法机构以及为了配合评估监管之外，资产评估机构及其资产评估专业人员不得将所知悉的客户商业秘密和业务资料或为委托人编制的评估报告披露给任何其他人。

【知识链接】

当今信息化发展在为工作生活带来便利的同时，对新时代保密工作也带来了新的挑战。如何做好新形势下的保密工作也是非常重要的问题。现今大数据时代计算机、网络信息面临着易发性、隐蔽性、危害性的特点，并利用案例警示教育使我单位职工充分认识到在工作中加强"两识"（保密意识、保密常识）教育，牢固树立敌情意识、风险意识、责任意识的重要性。作为公民我们应当从思想上深刻认识到新形势下保密工作的极端重要性，使职工对身边的泄密隐患有了高度警惕，进一步提升了全体干部职工的保密意识，丰富了保密知识，提升了保密工作水平。作为评估工作人员，更要严守保密工作规定，严防泄密事件发生，筑牢坚强的保密防线。

七、禁止谋取不当利益

资产评估机构及其资产评估专业人员不得利用开展业务之便为自己或他人谋取不正当的利益。

本条是禁止资产评估机构及其资产评估专业人员利用职业机会为自己或他人谋取不正当利益的规定。不论是什么人，也不论其从事何种职业，只要是利用其职务之便为自己或他人谋取不正当利益都是不遵守职业道德的行为，这种行为严重者甚至会违法犯罪。所以在许多禁止性的法律条款中都有类似的规定。

资产评估是社会中介服务行业，该职业要求执业者必须恪守独立、客观、公正的职业道德原则，一旦突破了不得利用职业机会为自己或他人谋取不正当利益的道德防线，其职业行为不仅与"坚持独立、客观、公正"原则相冲突，也会与"应当遵守相关法律、行政法规和资产评估准则"的要求相矛盾，还会与维护职业形象、不得从事损害职业形象的活动的规定相违背，进而对资产评估行业的形象和公信力产生恶劣影响。所以，这条规定实质上是从利益角度与相关职业道德要求相呼应，进一步巩固和充实相关职业道德的规定。

八、对签署评估报告的禁止性要求

（1）资产评估专业人员不得签署本人未承办业务的资产评估报告，资产评估机构和资产评估专业人员也不得允许他人以自身名义开展资产评估业务，或者冒用他人名义从事资产评估业务。

资产评估专业人员在资产评估报告上签名，既是资产评估专业人员在从事资产评估业务中的一项权利，也是一项义务。它表明资产评估专业人员对该项资产评估发表了专业意见，同时意味着该资产评估专业人员要对该项评估承担相应的责任。

资产评估专业人员在自己未承办业务的评估报告上签名，不仅严重违背独立、客观、公正的职业道德规范，也给自己带来了巨大的责任风险。

因此，资产评估专业人员既不得签署本人未承办业务的资产评估报告，也不得允许他人以本人名义从事资产评估业务。

资产评估报告必须由实际承办该项目的资产评估专业人员签名，并加盖评估机构印章。资产评估专业人员如果在报告上签名，就表示该资产评估专业人员已经承办了相关评估工作。因此，资产评估专业人员要对评估报告的内容负责，同时要承担法律责任。

禁止资产评估专业人员签署本人未承办业务的资产评估报告以及禁止资产评估机构、资产评估专业人员允许其他机构或人员以自身名义从事资产评估，或者禁止资产评估机构、资产评估专业人员冒用其他机构或人员名义从事业务，有利于规范资产评估行业管理，惩治扰乱行业秩序的行为，使资产评估机构和资产评估专业人员抵制利益诱惑，守住"诚实守信"底线，防止不符合条件的资产评估机构通过人员弄虚作假违法承揽业务。

（2）资产评估机构及其资产评估专业人员不得出具或签署虚假评估报告或者有重大遗漏的资产评估报告。

资产评估报告作为评估行为的最终成果，是发挥评估功能的重要载体。所谓虚假评估报告，是指资产评估专业人员或评估机构故意签署、出具的不实评估报告。有重大遗漏的评估报告，是指因资产评估专业人员或评估机构的过失而对应当考虑或者披露的重要事项有遗漏的评估报告。签署虚假评估报告或者有重大遗漏的评估报告，违反了基本的诚实守信和勤勉尽责义务，是严重违反职业道德的行为，更为法律所禁止。因此，《资产评估法》也相应规定了禁止性条款以及违反相关规定应承担的法律责任。

资产评估职业道德如图 6-6 所示。

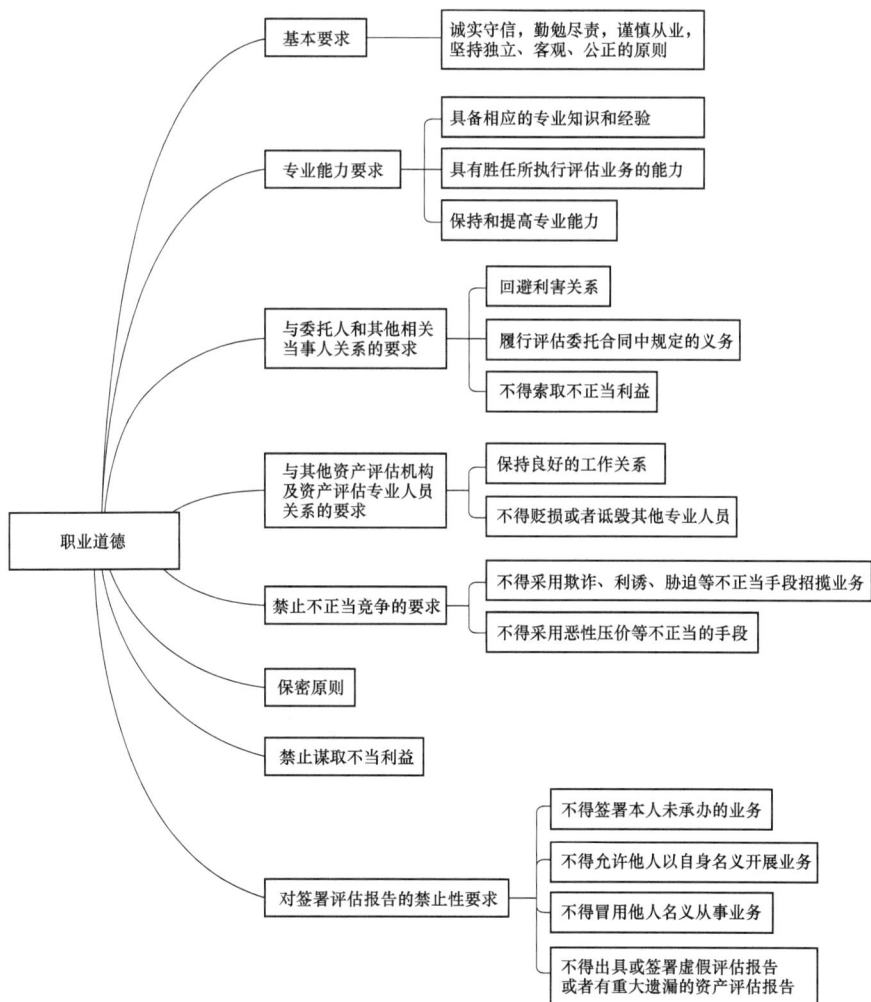

图 6-6 资产评估职业道德

本 章 总 结

本章主要介绍了资产评估行业的发展概况，资产评估法律责任，包括行政责任、民事责任和刑事责任，不同责任的相关法律规定，如行政处罚的种类、原则和追究时效；民事责任的构成要件、诉讼时效；法律责任的免除等。资产评估职业道德素质的主要内容及我国职业道德准则规范的主要内容与基本要求。

思 考 题

（1）我国资产评估行业在形式和实质上都真正成为一个独立的中介行业的标志是什么？

（2）我国资产评估法律规范体系有哪些最主要的内容？

（3）我国资产评估准则体系设计的指导思想是什么？

（4）我国资产评估业务准则体系在纵向关系上是如何划分的？

（5）《资产评估准则——基本准则》对评估师提出了哪些基本要求？

（6）《资产评估准则——基本准则》为什么要明确资产评估师的责任？

（7）《资产评估职业道德准则——基本准则》对资产评估师遵纪守法的要求有哪些？

（8）《资产评估职业道德准则——基本准则》要求资产评估师承担的社会责任的有哪些？

练 习 题

一、单选题

1. 下列关于独立性要求的说法中，正确的是（　　）。

A. 资产评估机构在执行资产评估业务过程中发现了影响独立性的情况，在无法消除其影响时，应在评估报告中充分披露

B. 资产评估机构应当识别可能影响其独立性的情形

C. 除了所在的资产评估机构，资产评估专业人员的执行行为不受其他单位和人员的非法干预

D. 除了国家行政部门，资产评估机构、资产评估专业人员的执业行为不受其他机构和人员的控制和非法干预

2. 资产评估机构及其资产评估专业人员在开展资产评估业务中应当将（　　）放在首位。

A. 诚实守信　　　　　　　　　　B. 谨慎从业

C. 客观公正　　　　　　　　　　D. 提高执业水平

3. 资产评估机构及其资产评估专业人员在执业过程中必须严格遵守资产评估准则，不得随意背离。这是对资产评估机构及其资产评估专业人员履行（　　）义务的基本要求。

A. 诚实守信　　　　　　　　　　B. 谨慎从业

C. 客观公正　　　　　　　　　　D. 勤勉尽责

4. 坚持（　　）是资产评估的核心原则。

A. 客观性　　　　　　　　　　　B. 公正性

C. 独立性　　　　　　　　　　　D. 谨慎性

5．下列各种情形中，不违背资产评估独立性要求的是（　　　）。

A．承办该项目的资产评估专业人员的儿媳担任委托单位的董事

B．资产评估机构的法定代表人持有被评估单位的股票

C．承办该资产评估项目的资产评估专业人员两年前曾担任被评估单位的财务总监

D．承办该项目的资产评估专业人员的母亲在被评估对象产权持有单位担任监事

6．下列关于资产评估机构及其资产评估专业人员与其他资产评估机构及资产评估专业人员关系要求的说法中，错误的是（　　　）。

A．资产评估专业人员在同一项评估业务与"其他资产评估专业人员"共同作业的过程中，如果存在不同意见，应当以相应的法律、法规和制度为依据，共同认真分析和协调，对确实无法协调的，应将不同意见同时披露

B．其他资产评估专业人员对评估对象在不同时间发表过专业意见，资产评估专业人员应当向其他评估专业人员了解、咨询，并在其专业意见的基础上形成评估结论

C．资产评估专业人员如果需要与曾经执行相关评估业务的其他资产评估专业人员沟通，应当经委托方同意

D．如果委托方要求资产评估专业人员向"其他资产评估专业人员"提供相关情况，资产评估专业人员应当在职业道德框架内配合"其他资产评估专业人员"的工作

7．下列处罚形式中，资产评估机构及个人因承担行政责任可能受到的处罚是（　　　）。

A．返还财产 　　　　　　　　B．赔偿损失

C．没收违法所得 　　　　　　D．没收财产

8．下列关于某资产评估机构因出具虚假评估报告可能承担法律责任的说法中，错误的是（　　　）。

A．不同的行政主体可以根据不同的法律规定对同一违法行为分别给予罚款的处罚

B．如果该机构的违法行为构成犯罪的应当依法追究刑事责任

C．如果该机构的违法行为给委托人或其他相关当事人造成损失的可以依法追究其赔偿责任

D．对该机构的行政及刑事处罚不影响追究该机构的民事责任

9．根据我国《资产评估法》的规定，资产评估专业人员违反规定，签署虚假评估报告，应当责令其停止从业，期限为（　　　）。

A．两年以上五年以下 　　　　B．五年以上十年以下

C．十年以上 　　　　　　　　D．一年以上五年以下

10．我国资产评估行政处罚的追究时效为（　　　）。

A．五年 　　　　　B．二年 　　　　　C．三年 　　　　　D．一年

11．下列关于行政处罚原则的说法中，错误的是（　　　）。

A．行政处罚原则包括处罚法定原则、公正公开原则、一事不再罚原则、处罚与教育相结合原则和保障权利原则

B．对于行为人的同一个违法行为，行政主体不能给予两个以上相同种类的处罚

C．对于行为人的同一个违法行为，应根据其触犯的不同法律条文，分别给予相应的罚款

D．违法行为人不能因接受行政制裁就当然免除其应承担的民事、刑事责任

12. 下列关于行政处罚追究时效的说法中，错误的是（   ）。

    A．《中华人民共和国行政处罚法》规定，违法行为在二年内未被发现的，不再给予行政处罚。其中"发现时间"是指行政机关的立案时间

    B．行政处罚追究时效的期限是违法行为发生之日起计算。"违法行为发生之日"是指违法行为完成或者停止日

    C．行政机关在行政处罚追究时效期限内发现违法行为，但最后作出行政处罚决定时超过行政处罚追究期限的，对这种情况法院不以超出行政处罚追究时效处理

    D．某人非法占有他人财物，其行为的行政处罚追究时效应当从某人开始非法占有他人财物之日起计算

13. 某国有企业以非货币性资产出资设立 A 有限责任公司时，其聘请的资产评估机构所出具的评估结果不实，A 公司债权人因此遭受经济损失，追究资产评估机构的民事责任，可以依据的法律法规是（   ）。

    A．《中华人民共和国证券法》   B．《企业国有资产法》

    C．《资产评估行业财政监督管理办法》   D．《公司法》

14. 按照责任发生的依据，将民事责任分为（   ）。

    A．合同责任、侵权责任与其他责任   B．财产责任与非财产责任

    C．无限责任与有限责任   D．过错责任、无过错责任和公平责任

15. 各债务人基于不同的发生原因而对于同一债权人负有以同一给付为标的的数个债务，因一个债务人的履行而使全体债务均归于消灭，此时数个债务人之间所负的责任即为（   ）。

    A．按份责任   B．一般连带责任

    C．补充连带责任   D．不真正连带责任

16. 我国一般侵权行为责任采取（   ）的归责原则。

    A．过错推定责任   B．过错责任

    C．无过错责任   D．公平责任

17. 一般认为，我国《民法典》中的违约责任与侵权法中的特别侵权责任的归责原则是（   ）原则。

    A．过错责任   B．过错推定责任

    C．无过错责任   D．公平责任

18. 根据《民法典》规定，民事主体因同一行为应当承担民事责任、行政责任和刑事责任的，承担行政责任或者刑事责任不影响承担民事责任；民事主体的财产不足以支付的，优先用于承担（   ）。

    A．根据实际情况判定   B．行政责任

    C．刑事责任   D．民事责任

19. 我国《民法典》第一百八十八条规定，向人民法院请求保护民事权利的诉讼时效期间为（   ），法律另有规定的，依照其规定。

    A．一年   B．两年   C．三年   D．十年

20. 下列关于民事责任诉讼时效的说法中，错误的是（   ）。

    A．一般诉讼时效指在一般情况下普遍适用的时效，特殊诉讼时效指针对某些特定的

民事法律关系而制定的诉讼时效

  B. 除法律另有规定外，诉讼时效期间自权利人知道或者应当知道权利受到损害以及义务人之日起计算

  C. 普通时效优于特殊时效

  D. 我国《民法典》第一百八十八条规定，自权利受到损害之日起超过二十年的，人民法院不予保护

21. 当出现法定免责条件时，法律责任可被部分或全部免除。下列各项中，属于有效补救免责的是（　　）。

  A. 小李因正当防卫而伤人

  B. 小赵犯罪后主动自首

  C. 小崔因紧急避险而损害他人财物

  D. 小王偷逃税，在国家税务总局追究责任之前补交了税费

二、多选题

1. 下列关于资产评估职业道德的说法中，错误的有（　　）。

  A. 资产评估专业人员可以以要求资产评估相关当事人提供承诺函或保证书的方式替代必要的评估程序

  B. 资产评估机构及资产评估专业人员不得收取委托人给予的额外奖励，但资产评估委托合同中另有约定的除外

  C. 资产评估专业人员利用不合理的资产评估假设可能涉嫌规避其应履行的勤勉尽责义务

  D. 资产评估机构与委托人可以约定以开始现场调查、提供评估报告征求意见稿、提交正式评估报告、经济行为约束等为节点分期支付评估服务费

  E. 经卖方认可，资产评估机构可以分别与买卖双方订立资产评估委托合同对同一对象进行评估

2. 关于资产评估专业人员与委托方和相关当事方的关系中对独立性的要求，错误的有（　　）。

  A. 承办评估业务的资产评估师三年前曾在委托单位任职，应主动回避

  B. 承办评估业务的资产评估师与客户的负责人有利害关系，客户已知情，可以不回避

  C. 评估项目外聘的行业专家应与委托方和其他相关当事人无利害关系

  D. 介绍评估业务的资产评估机构员工一年前曾是委托单位的普通职员，资产评估机构应当拒绝受理该业务

  E. 承办评估业务的资产评估专业人员的配偶在委托单位担任高级管理人员，应主动回避

3. 资产评估职业道德的基本要求包括（　　）。

  A. 专业能力要求　　　　　　　　B. 诚实守信、勤勉尽责、谨慎从业要求

  C. 独立、客观、公正要求　　　　D. 禁止不正当竞争的要求

  E. 保密原则

4. 资产评估的独立性要求包括（　　）。

A. 资产评估专业人员依据国家法律及资产评估准则进行资产评估活动以及发表评估意见时不受所在资产评估机构的非法干预

B. 资产评估机构、资产评估专业人员应当在财政部门的控制下从事资产评估活动

C. 资产评估机构及其资产评估专业人员应当严格按照国家有关法律、行政法规、资产评估准则，独立开展评估业务，并独立地向委托人提供资产评估意见

D. 资产评估机构应当是依法设立的独立法人或非法人组织

E. 资产评估机构、资产评估专业人员应与资产评估的委托人、被评估对象产权持有人及其他当事人无利害关系

5. 可能影响独立性的情形通常包括资产评估机构及其专业人员或者其亲属与委托人或者其他相关当事人之间存在经济利益关联、人员关联或者业务关联。其中，亲属是指（ ）。

A. 配偶　　　　　B. 父母　　　　　C. 子女　　　　　D. 配偶的父母

E. 子女的配偶

6. 消除对独立性不利影响的措施包括（ ）。

A. 与委托人沟通　　　　　B. 人员回避

C. 业务回避　　　　　D. 消除关联关系

E. 第三方审核

7. 下列关于独立、客观、公正要求的说法中，正确的有（ ）。

A. 资产评估机构在执行资产评估业务过程中发现了影响独立性的情况，在无法消除其影响时，应在评估报告中充分披露

B. 对于实物性资产进行必要的现场勘查是保证客观性的要求，应该通过勘查确定资产的客观存在，并取得评估所必需的客观信息，勘查的程度应满足获得作出客观评估所需要的基本信息

C. 资产评估机构在分别接受利益冲突双方的委托，对同一评估对象进行评估时，应履行告知义务，分别通知委托双方

D. 资产评估机构及其资产评估专业人员不应当故意以牺牲一方的利益使另外的当事方受益

E. 资产评估机构、资产评估专业人员及外聘专家认为其独立性受到损害时，应当对由此可能产生的影响和能够采取的措施进行分析判断，如果相关损害会影响其得出公正的评估结论，则应当拒绝进行评估活动、拒绝发表评估意见

8. 在确定服务费收取标准时，资产评估机构及其资产评估专业人员应当考虑的因素包括（ ）。

A. 执行评估业务所需的技能和知识　　B. 需配备的评估专业人员的水平和经验

C. 在行业内占据的竞争优势　　　　D. 完成评估业务所需要的时间

E. 评估业务的风险和需承担的责任

9. 下列各项中，属于行政处罚的有（ ）。

A. 降级　　　　　　　　　B. 记过

C. 责令停产停业　　　　　D. 没收违法所得

E. 行政拘留

10. 下列情形中，属于《最高人民法院关于审理证券市场因虚假陈述引发的民事赔偿案件的若干规定》中证券市场"虚假陈述"的行为有（   ）。

    A．捏造交易合同导致所公开披露的信息中利润大幅增加

    B．信息披露出现重大遗漏

    C．非重大事项披露与事实存在出入

    D．未以法定方式披露应当公开披露的信息

    E．对重大事件作出误导性陈述

11. 我国《民法典》规定不适用诉讼时效的请求权包括（   ）。

    A．请求停止侵害、排除妨碍、消除危险

    B．不动产物权和登记的动产物权的权利人请求返还财产

    C．请求支付抚养费、赡养费或者扶养费

    D．依法不适用诉讼时效的其他请求权

    E．债权请求权

三、综合题

1. 甲和乙共同创业，投资创立一有限责任公司。双方约定，乙投入现金 1000 万元，甲以其持有的一条生产线出资，为确定此生产线的出资额，聘请 A 评估公司对此生产线进行价值评估。A 评估公司接受了委托，派出资产评估师丙对此生产线进行评估。资产评估师丙与甲是高中同学，甲与丙承诺，有限责任公司成立以后，由甲提议，聘请丙的妻子为公司财务总监，另外，甲持有 B 上市公司 60% 的股权，丙曾在 B 上市公司财务部任财务经理，一年半前离职，同时，丙通过证券交易所买入 B 上市公司股票，持有 5% 的股份。丙接受任务后，对甲出资的生产线进行了评估，确定评估价值为 500 万元。这样，甲就以市场价格 200 万元的生产线作价 500 万元出资。评估工作开展之前，甲送丙一台价值 20 万元的家用轿车。这样，甲和乙出资设立的该有限责任公司，甲乙出资比例为 2∶1，公司章程约定，甲乙作为出资人，按股权比例进行分红。

后来，由于经营不善，公司破产进行清算，债权人丁持有债权 100 万元不能得到清偿，丁向法院起诉，要求该公司的股东承担清偿责任。

（1）资产评估准则要求资产评估机构应当识别可能影响其独立性的情形，合理判断其对独立性的影响。资产评估的独立性要求包含哪些内容？

（2）在评估中，资产评估专业人员与委托人或其他相关当事人之间存在以下利害关系时，应当向其所在评估机构提出声明，并实行回避，需要回避的情况有哪些？

（3）根据本题资料，需要资产评估师丙应该回避的情形有哪些？

（4）本题中，资产评估事务所对其所做的资产评估应当承担什么法律责任？有关法律规定内容是什么？

2. A 公司为中外合资企业，2007 年设立，注册资本 1000 万元人民币，主要经营行业的应用软件开发与销售、信息化解决方案与服务及其他技术咨询等。A 公司的股权结构如下：国有企业 G 出资 450 万元，持有其 45% 股权；美国公司 W 出资 350 万元，持有其 35% 股权；自然人 Z 出资 200 万元，持有其 20% 股权。

国有企业 G 因战略调整拟退出 A 公司，将其持有 A 公司的 45% 股权按评估值转让给 A 公司的其他老股东及经营管理人员，评估基准日为 2015 年 12 月 31 日。

截至评估基准日，A 公司经营情况良好，公司总资产 5802.5 万元，主要为现金及银行存款、应收账款及办公软件、计算机设备等，办公场所为租赁房屋；负债 1897.6 万元，净资产 3904.9 万元。某资产评估机构接受委托采用资产基础法对评估对象进行了评估，并出具了资产评估报告。

报告正文中的有关内容摘录如下：

（一）绪言（略）

（二）委托方、产权持有单位及其他报告使用者

本项目的委托方和被评估企业均为 A 公司。

（1）概况（略）。

（2）发展沿革（略）。

（三）评估目的

本次评估是为 A 公司拟进行的股权转让行为提供价值参考。

（四）评估对象及评估范围

本次评估的对象为 A 公司的全部资产。

本次评估的评估范围为 A 公司填写在资产评估申报明细表中的全部资产及负债。截至评估基准日，A 公司的账面资产总额 5802.5 万元、负债总额 1897.6 万元、股东权益 3904.9 万元。

本次评估对象和列入评估范围的资产、负债与本次经济行为涉及的对象和范围一致。

（五）价值类型

本次评估的转让对象为 A 公司的老股东和经营管理者，因此适用的价值类型为投资价值。

投资价值是指评估对象明确投资目标的特定投资者或者某一类型投资者所具有的价值估计数额。

（六）评估基准日

本次评估的基准日为 2015 年 12 月 31 日。

（七）评估依据

评估依据包括《资产评估准则——基本准则》《资产评估准则——评估报告》《企业国有资产评估报告指南》《专业评估执业统一准则》《国际评估准则》等。

（八）评估方法（略）

（九）评估过程（略）

（十）评估假设

（1）交易假设：假设评估对象已经处于交易过程中，评估人员根据评估对象的交易条件等模拟市场进行评估。

（2）公开市场假设：假设评估对象可以在充分竞争的市场上自由买卖，其价格高低取决于一定市场的供给状况下独立的买卖双方对其价值所作的判断。

（3）清算假设：因 G 公司退出 A 公司的经营，本次评估适用于清算假设。

（4）无其他人力不可抗拒因素及不可预见因素对被评估单位造成重大不利影响……

（十一）评估结论（略）

（十二）特别事项说明

（1）本次评估，A 公司申报的各项资产及负债账面价值均为 X 会计师事务所（特殊普通合伙）审计后的价值。

（2）本次评估没有考虑企业将来可能承担的抵押及担保事宜、特殊的交易方可能追加的付出价格对评估结论的影响。

（3）A 公司属于国家高新技术企业，企业所得税率执行 15%。该公司的高新技术企业证书正在办理续期，从 A 公司提供的资料中未发现其存在不满足高新技术企业授予条件的情况。本次评估未考虑该事项的影响……

（十三）资产评估报告使用限制说明（略）

（十四）资产评估报告日和签名盖章（略）

请回答下列问题：

（1）指出资产评估报告（摘录）中存在的错误，并说明理由。

（2）该报告因涉嫌国有资产流失被立案调查，资产评估师可能会以哪些罪名承担刑事责任？该等罪名特征的主要区别是什么？

（3）按法律定位资产评估报告分为哪几类？该报告属于哪一类？对承办资产评估机构的人员条件有何具体要求？对承办、签署人员的资格和数量有何具体要求？

3.（2017）S 公司为 A 股上市公司，拟通过定向增发的方式收购 T 公司全部股权。S 公司及 T 公司的股东共同授权 T 公司委托 Z 资产评估机构进行资产评估。资产评估委托合同中就评估方法使用，盈利预测责任和评估付费等事项作出如下约定：

（1）资产评估机构应采用收益法对委托资产进行评估；

（2）委托方应向资产评估机构提供企业未来盈利预测资料，并对资料的真实性与可实现性负责；因盈利预测的可实现性和真实性对评估结果产生的影响，由委托方负责；

（3）资产评估开始现场工作后 7 日内支付评估服务费合同款总额的 30%，完成现场评估工作后 7 日内支付 40%，提交正式报告后 7 日内支付 30%。项目满足委托方的要求，实现委托方的预期目标后另行奖励 20 万元。

在项目执行过程中，资产评估专业人员直接使用委托方提供的盈利预测数据，认为盈利预测数据的真实性与可实现性应由委托方负责而未履行任何核查验证过程。后有关部门发现该项目盈利预测造假，导致大幅度虚增评估值，并决定对该项目进行立案调查。

请回答下列问题：

（1）委托合同汇总对评估方法的约定是否恰当？说明理由。

（2）该项目的资产评估专业人员使用企业所提供的盈利预测资料的行为是否恰当？说明理由。

（3）委托合同中付款是否存在问题？说明理由。

项目七

资产评估报告与归档

📖 **知识目标**

（1）了解资产评估报告的基本概念与分类；
（2）掌握资产评估报告的基本内容及其编制要求；
（3）熟悉资产评估报告的档案归档整理。

💬 **能力目标**

（1）能够编制合格的资产评估报告；
（2）能够对资产评估报告进行归档整理。

📑 **素质目标**

能够使学生遵守资产评估职业道德，培养同学们认真、严谨的职业精神，培养分类整理、归档应用的良好习惯、培养大家的保密意识。

资产评估报告与归档如图 7-1 所示。

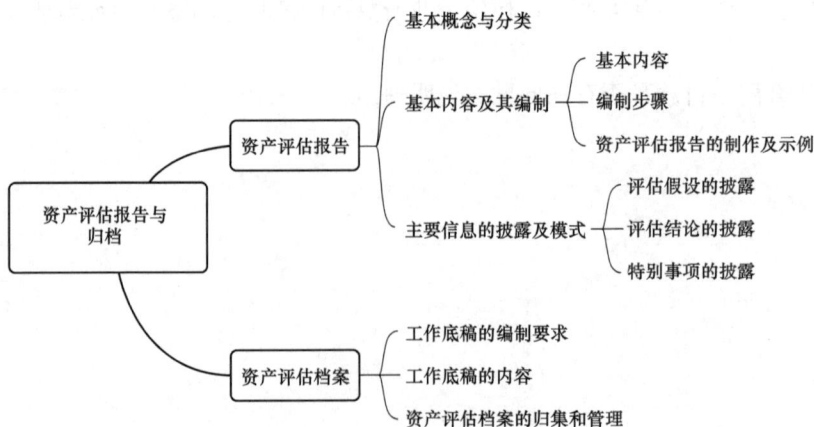

图 7-1　资产评估报告与归档

任务一　资产评估报告的基本概念与分类

一、基本概念

资产评估报告是指资产评估师根据资产评估准则的要求，在履行了必要的评估程序后，对评估对象在评估基准日特定目的下的价值发表的、由其所在评估机构出具的书面专业意见，即是按照一定格式和内容来反映评估目的、假设、程序、标准、依据、方法、结果及适用条件等基本情况的评估报告。由此可见，资产评估报告是资产评估师的工作成果，是依据《资产评估准则——业务约定书》，由评估机构提供的最终"成果"或"产品"。评估报告的质量影响到资产评估行业被市场的认可程度，影响行业的信誉，直接关系到资产评估行业的生存和发展。

广义的资产评估报告还是一种工作制度，它规定评估机构在完成评估工作之后必须按照一定程序的要求，用书面形式向委托方及相关主管部门报告评估过程和结果。狭义的资产评估报告即资产评估结果评估报告，既是资产评估机构与资产评估师完成对资产作价，就被评估资产在特定条件下价值所发表的专家意见，也是评估机构履行评估合同情况的总结，还是评估机构与资产评估师为资产评估项目承担相应法律责任的证明文件。

我国资产评估报告一般具有以下几个特征：

（1）报告形式通常为书面报告。

（2）原则导向为主。披露必要信息，使报告使用者能够合理理解评估结论。

（3）有效性规定。两名评估师签字、机构代表人或者授权代表签发、机构或者分支机构盖章。

（4）国有资产评估报告通常在编制时有具体的要求。

【小测试】根据资产评估具体准则的分类，《资产评估准则——评估报告》属于（　　）。

　　A．实体性准则　　　　B．程序性准则　　　　C．指导性准则　　　　D．指南性准则

二、资产评估报告的种类

随着我国资产评估业务种类的不断增加，我国的资产评估报告种类也在不断地丰富与完善。一般可以将资产评估报告分为以下几个不同的种类。

（一）整体资产评估报告与单项资产评估报告

按资产评估对象划分，资产评估报告可分为整体资产评估报告和单项资产评估报告。凡是对整体资产评估所出具的资产评估报告称为整体资产评估报告。凡是仅对某一部分、某一项资产进行评估所出具的资产评估报告称为单项资产评估报告。尽管资产评估报告的基本格式是一样的，但因整体资产评估与单项资产的评估在具体业务上存在一些差别，两者在报告的内容上也必然会存在一些差别。一般情况下，整体资产评估报告的报告内容不仅包括资产，也包括负债和所有者权益方面。而单项资产评估报告除在建工程外，一般不考虑负债和以整体资产为依托的无形资产等。

（二）完整型评估报告、简明型评估报告与限制型评估报告

按照国际惯例，评估报告也可以分为完整型评估报告、简明型评估报告和限制型评估报告。资产评估师应当在评估报告中明确说明评估报告的类型。

（1）完整型评估报告或简明型评估报告中，资产评估师应当重点说明以下内容：

1）委托方、资产占有方和其他评估报告使用者的名称或类型，并说明其相互关系；

2）评估目的及与评估业务相关的经济行为；

3）价值类型及其定义；

4）评估基准日；

5）评估假设与限制条件，披露影响评估分析、判断和结论的评估假设与限制条件，并说明其对评估结论的影响；

6）评估依据，执行资产评估业务过程中遵循的法律、法规和取价标准等评估依据；

7）评估结论，可以文字或列表方式进行表述；

8）评估报告日。

（2）在完整型评估报告中，资产评估师应当详细地重点说明以下内容：

1）评估范围和评估对象的基本情况，评估目的的表述应当清晰、具体，不得引起误导。

2）评估程序实施过程和情况，重点说明：①评估业务承接过程和情况；②进行资产勘查、收集评估资料的过程和情况；③分析、整理评估资料的过程和情况；④选择评估方法的过程和依据、评估方法的基本原理、相关参数的选取和运用评估方法进行计算、分析、判断的过程；⑤对初步评估结论进行综合分析，形成最终评估结论的过程。

（3）在简明型评估报告中，资产评估师应该注意：①简要说明评估范围和评估对象的基本情况，评估目的的表述应当清晰、具体、不得引起误导；②简要说明评估程序实施过程和情况。

（4）在限制型评估报告中，资产评估师应该注意：①当评估报告的预定使用者不包括除评估委托方之外的人员时，才可以提供限制型评估报告；②在签署评估委托协议前，评估师应使委托方正确了解报告类型的情况，并应保证委托方能恰当理解限制型评估报告的用途限制；③限制型评估报告也必须使预定的报告使用者能得到恰当的信息并且不产生误解。

（三）现实型评估报告、预测型评估报告与追溯型评估报告

根据评估基准日的不同选择，可以分为：评估基准日为现在时点的现实型评估报告；评估基准日为未来时点的预测型评估报告；评估基准日为过去时点的追溯型评估报告。评估报告的使用，要求评估基准日通常与经济行为实现日相距不超过1年。

资产评估报告的分类见表7-1。

表 7-1 资产评估报告的分类

分类	种 类
评估对象	整体资产评估报告、单项资产评估报告
繁简程度	国外分类：完整型评估报告、简明型评估报告、限制型评估报告；我国没有具体分类
评估基准日	现实型评估报告、预测型评估报告、追溯型评估报告

三、资产评估报告编制要求

资产评估报告编写的原则性要求如下。具体评估披露是资产评估服务的重要环节。评估报告准则由原来的规则导向向原则导向转变，体现了评估业务的专业性特征，也对评估师提出了更高的要求。

（1）"评估报告应当能够满足委托方和其他评估报告使用者的合理需求"是对评估报告的总体要求。资产评估师可根据评估对象的复杂程度、委托方要求，合理确定评估报告的详略程度。

（2）"披露必要信息，使评估报告使用者能够合理理解评估结论"既是评估师职业道德准则和评估执业准则的基本要求，也是对评估报告信息数量的要求。

（3）"表述清晰、准确，不使用存在歧义以及误导性描述"是对报告信息质量的要求，资产评估师不得出具含有虚假、不实、有偏见或具有误导性的分析或结论的评估报告。

【知识链接】

编制资产评估报告涉及的专门准则和专家指引包括《资产评估准则——评估报告》《企业国有资产评估报告指南》《金融企业国有资产评估报告指南》。

四、资产评估报告的应用

资产评估报告由评估机构出具后，资产评估委托方、资产评估管理机构、其他有关部门及评估机构对资产评估报告及有关资料根据需要进行应用。

（一）委托方对资产评估报告的使用

根据有关规定，委托方依据评估报告所揭示的评估目的及评估结论，可以因为以下几种具体的用途使用资产评估报告：

（1）根据评估目的。作为资产业务的作价基础，可以包括：①整体或部分改建为有限责任公司或股份有限公司；②以非货币资产对外投资；③合并、分立、清算；④除上市公司以外的原股东股权比例变动；⑤除上市公司以外的整体或部分产权（股权）转让；⑥资产转让、置换、拍卖；⑦整体资产或者部分资产租赁给非国有单位；⑧确定涉讼资产价值；⑨国有资产占有单位收购非国有资产；⑩国有资产占有单位与非国有资产单位置换资产；⑪国有资产占有单位接收非国有资产单位以实物资产偿还债务；⑫法律、行政法规规定的其他需要进行评估的事项。

（2）作为企业进行会计记录或调整账项的依据。委托方在根据资产评估报告所揭示的资产评估目的使用资产评估报告资料的同时，还可以依照有关规定，根据资产评估报告资料进行会计记录或调整有关财务账项。

（3）作为履行委托协议和支付评估费用的主要依据。当委托方收到评估机构的正式评估报告及有关资料后，在没有异议的情况下，应根据委托协议，将评估结果作为计算支付评估费用的主要依据。履行支付评估费用的承诺及其他有关承诺的协议。

此外，资产评估报告及有关资料也是有关当事人因资产评估纠纷向纠纷调处部门申请调处的申诉资料之一。

当然委托方在使用资产评估报告及有关资料时也必须注意以下几个方面：

（1）只能按评估报告所揭示的评估目的使用报告，一份评估报告只允许按一个用途使用。

（2）只能在评估报告的有效期内使用报告，超过评估报告的有效期，原资产评估结果无效。

（3）在评估报告有效期内，资产评估数量发生较大变化时，应由原评估机构或资产占有单位按原评估方法做相应调整后才能使用。

（4）涉及国家资产产权变动的评估报告及有关资料必须经国有资产管理部门或授权部门核准或备案后方可使用。

（5）作为企业会计记录和调整企业账项使用的资产评估报告及有关资料，必须根据国家相关法规执行。

（二）资产评估管理机构对资产评估报告的运用

资产评估管理机构主要是指对资产评估进行行政管理的主管机关和对资产评估行业进行自律管理的行业协会。我国资产评估行政管理的主管机关主要涉及财政部及地方财政部门，行业协会为中国资产评估协会及地方资产评估协会。对资产评估报告的运用是资产评估管理机构实现对评估机构的行政管理和行业自律管理的重要过程。首先，资产评估管理机构通过对评估机构出具的资产评估报告有关资料的运用，有助于了解评估机构从事评估工作的业务能力和组织管理水平。由于资产评估报告是反映评估机构和资产评估师职业道德、执业能力水平以及评估质量高低和机构内部管理机制完善程度的重要依据，通过对资产评估报告资料的检查与分析，评估管理机构能大致判断该机构的业务能力和组织管理水平。其次，评估报告也是对资产评估结果质量进行评价的依据。资产评估管理机构通过资产评估报告能够对评估机构的评估结果质量的好坏做出客观地评价，从而能够有效实现对评估机构和评估人员的管理。最后，评估报告能为国家资产管理提供重要的数据资料。通过对资产评估报告的统计与分析，可以及时了解国有资产占有和使用状况以及增减值变动情况，进一步为加强国有资产管理服务。

（三）其他有关部门对资产评估报告的运用

除了资产评估管理机构可运用资产评估报告外，还有些政府管理部门也需要运用资产评估报告，它们主要包括国有资产监督管理部门、证券监督管理部门、保险监督管理部门、工商行政管理、税务、金融和法院等有关部门。

国有资产监督管理部门对资产评估报告的运用，主要表现在对国有产权进行管理的各个方面，通过对国有资产评估项目的核准或备案，可以加强国有产权的有效管理，规范国有产权的转让行为。

证券监督管理部门主要涉及对资本市场的资产评估监管，其对资产评估报告的运用，主要表现在对申请上市的公司有关申报材料及招股说明书的审核，对上市公司定向发行股票、公司并购、资产收购、以资抵债等重大资产重组行为时的评估定价行为的审核。当然，证券监督管理部门还可运用资产评估报告和有关资料加强对取得证券业务评估资格的评估机构及有关人员的业务管理。

工商行政管理部门对资产评估报告的运用，主要表现在对公司设立、公司重组、增资扩股等经济行为时，对资产定价进行依法审核。

商务管理部门、保险监督管理部门、税务管理、金融和法院等部门也均能通过对资产评估报告的运用来达到实现其管理职能的目的。

（四）评估机构对资产评估报告的运用

资产评估报告是建立评估档案、归集评估档案资料的重要信息来源。评估师在完成资产评估任务之后，都必须按照档案管理的有关规定，将评估过程中收集的资料、工作记录以及资产评估过程的有关工作底稿进行归档，以便进行评估档案的管理和使用。由于资产评估报告是对整个评估过程的工作总结，其内容包括了评估过程的各个具体环节和各有关资料的收集及记录。因此，不仅评估报告的底稿是评估档案归集的主要内容，撰写资产评估报告过程中采用的各种数据、各个依据、工作底稿和资产评估报告制度中形成有关的文字记录等都是资产评估档案的重要信息来源。

此外，资产评估报告是反映和体现资产评估工作情况，明确委托方、受托方及有关方面责任的依据。它用文字的形式，对受托资产评估业务的目的、背景、范围、依据、程序、方法等方面和评定的结果进行说明和总结，体现了评估机构的工作成果。同时，资产评估报告也反映和体现受托的资产评估机构与执业人员的权利与义务，并以此来明确委托方、受托方有关方面的法律责任。在资产评估现场工作完成后，资产评估师就要根据现场工作取得的有关资料和估算数据，得出评估结果，撰写评估报告，向委托方报告。负责评估项目的资产评估师也同时在评估报告上行使签字的权力，并提出报告使用的范围和评估结果实现的前提等具体条款。当然，资产评估报告也是评估机构履行评估协议和向委托方或有关方面收取评估费用的依据。

资产评估报告基本概念与分类如图 7-2 所示。

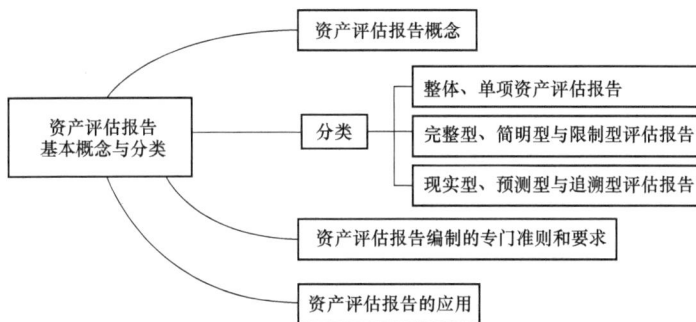

图 7-2　资产评估报告基本概念与分类

任务二　资产评估报告的基本内容及其编制

一、资产评估报告的基本内容

资产评估报告应包含的基本内容为：①标题及文号；②目录；③声明；④摘要；⑤正文；⑥附件。

其中评估报告正文应当包括：①委托方、产权持有者和其他评估报告使用者；②评估目的；③评估对象和评估范围；④价值类型；⑤评估基准日；⑥评估依据；⑦评估方法；⑧评估程序实施过程和情况；⑨评估假设；⑩评估结论；⑪特别事项说明；⑫资产评估报告使用限制说明；⑬资产评估报告日；⑭资产评估专业人员签名和资产评估机构印章。

二、资产评估报告的编制步骤

资产评估报告的编制是评估机构与资产评估师完成评估工作的最后一道工序，也是资产评估工作中的一个重要环节。编制资产评估报告主要有以下几个步骤。

（一）整理工作底稿和归集有关资料

资产评估现场工作结束后，资产评估师必须着手对现场工作底稿进行整理，按资产的性质进行分类。同时对有关询证函、被评估资产背景材料、技术鉴定情况和价格取证等有关资料进行归集和登记。对现场未予确定的事项，还需要进一步落实和核查。这些现场工作底稿和有关资料都是编制资产评估报告的基础。

（二）评估明细表的数字汇总

在完成现场工作底稿和有关资料的归集任务后，资产评估师应着手评估明细表的数字汇总。明细表的数字汇总应根据明细表的不同级次先进行明细表汇总，然后分类汇总，再到资产负债表式的汇总。在数字汇总过程中应反复核对各有关表格数字的关联和各表格栏目之间数字勾稽关系，防止出错。

（三）评估初步数据的分析和讨论

在完成评估明细表的数字汇总，得出初步的评估数据，应召集参与评估工作过程的有关人员，对评估报告的初步数据的结论进行分析和讨论，比较各有关评估数据，复核记录估算结果的工作底稿，对存在作价不合理的部分评估数据进行调整。

（四）编写评估报告

编写评估报告又可分两步：

第一步，在完成资产评估初步数据的分析和讨论，对有关部分的数据进行调整后，由具体参加评估的各组负责人员草拟出各自负责评估部分资产的评估说明，同时提交全面负责、熟悉本项目评估具体情况的人员草拟出资产评估报告。

第二步，将评估基本情况和评估报告初稿的初步结论与委托方交换意见，听取委托方的反馈意见后，在坚持独立、客观、公正的前提下，认真分析委托方提出的问题和建议，考虑是否应该修改评估报告，对评估报告中存在的疏忽、遗漏和错误之处进行修正，待修改完毕后即可撰写出正式的评估报告。

（五）资产评估报告的签发与送交

资产评估师撰写出资产评估正式评估报告后，经审核无误，按以下程序进行签名盖章：先由负责该项目的注册评估师签章（两名或两名以上），再送复核人审核签章，最后送评估机构负责人审定签章并加盖机构公章。

资产评估报告签发盖章后即可连同评估说明及评估明细表送交委托单位。

三、资产评估报告编制的技术要点

资产评估报告编制的技术要点是指在资产评估报告编制过程中的主要技能要求。总体来说，资产评估报告的编制应当架构完整、信息完备、清晰准确、客观有据。资产评估报告的技术要点具体包括文字表达、格式与内容方面的技能要求，以及复核与反馈等方面的技能要求等。

资产评估报告编制要求如图7-3所示。

（一）文字表达方面的技能要求

资产评估报告既是一份对被评估资产价值具有咨询性和公正性作用的文书，又是一份用来明确资产评估机构和资产评估师工作责任的文字依据，所以它的文字表达技能要求既要清楚、准确，又要提供充分的依据说明，还要全面地叙述整个评估的具体过程。其文字的表达必须准确，不得使用模棱两可的措辞。其陈述既要简明扼要，又要把有关问题说明清楚，不得带有任何诱导、恭维和推荐性的陈述。当然，在文字表达上也不能有大包大揽的语句，尤其是涉及承担责任条款的部分。

（二）格式和内容方面的技能要求

对资产评估报告格式和内容方面的技能要求，按照现行的政策规定，应该遵循《资产评估准则——评估报告》《企业国有资产评估报告指南》《金融企业国有资产评估报告指南》以及相关部门的规章制度。

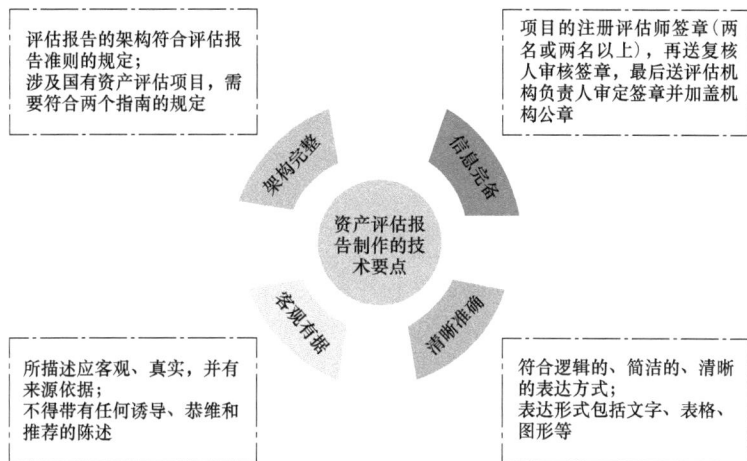

图 7-3　资产评估报告编制要求

（三）评估报告的复核及反馈方面的技能要求

资产评估报告的复核与反馈也是资产评估报告编制的具体技能要求。通过对工作底稿、评估说明、评估明细表和评估报告正文的文字、格式及内容的复核和反馈，可以使有关错误、遗漏等问题在出具正式评估报告之前得到修正。对评估人员来说，资产评估工作是一项必须由多个评估人员同时作业的中介业务，每个评估人员都有可能因能力、水平、经验、阅历及理论方法的限制而产生工作盲点和工作疏忽，所以，对资产评估报告初稿进行复核就成为必要的步骤。就对评估资产的情况熟悉程度来说，大多数资产委托方和占有方对委托评估资产的分布、结构、成新等具体情况总是会比评估机构和评估人员更熟悉。所以，在出具正式报告之前征求委托方意见，收集反馈意见也很有必要。

对资产评估报告必须建立起多级复核和交叉复核的制度，明确复核人的职责，防止流于形式的复核。收集反馈意见主要是通过询问委托方或占有方熟悉资产具体情况的人员。对委托方或占有方意见的反馈信息，应谨慎对待，应本着独立、客观、公正的态度去接受其反馈意见。

（四）撰写评估报告应注意的事项

资产评估报告的编制技能除了需要掌握上述三个方面的技术要点外，还应注意以下几个事项：

（1）实事求是，切忌出具虚假报告。评估报告必须建立在真实、客观的基础上，不能脱离实际情况，更不能无中生有。报告拟定人就是参与该项目并较全面了解该项目情况的主要评估人员。

（2）坚持一致性做法，切忌出现表里不一。评估报告文字、内容前后要一致，摘要、正文、评估说明、评估明细表内容与格式、数据要一致。

（3）提交评估报告要及时、齐全和保密。在正式完成资产评估工作后，应按业务约定书的约定时间及时将评估报告送交委托方，评估报告及有关文件要送交齐全。涉及外商投资项目的对中方资产评估的评估报告，必须严格按照有关规定办理。此外，要做好客户保密工作，尤其是对评估涉及的商业秘密和技术秘密，更要加强保密工作。

（4）评估机构应当在资产评估报告中明确评估报告使用者、报告使用方式，提示评估报告使用者合理使用评估报告。应注意防止评估报告的恶意使用，避免评估报告的误用，以合法规避执业风险。

（5）资产评估师执行资产评估业务，应当关注评估对象的法律权属，并在评估报告中对评估对象法律权属及其证明资料来源予以必要说明。资产评估师不得对评估对象的法律权属提供保证。

（6）资产评估师执行资产评估业务受到限制无法实施完整的评估程序时，应当在评估报告中明确披露受到的限制、无法履行的评估程序和采取的替代措施。

知识灯塔

➢ 实事求是，做任何事情都要建立在真实、客观的基础上。

➢ 诚者，天之道也；思诚者，人之道也。

——孟子

【知识链接】

资产评估保密工作是一项经常性工作，涉及面广，协调环节多，责任重大。各地方协会要把保密工作摆在重要位置，加强领导，落实涉密人员责任，规范保密程序，加大管理力度，注重检查督导，履行保密工作职责。中国资产评估协会将不定期地对地方协会和行业的保密工作进行检查，切实把各项保密工作落到实处。

四、资产评估报告的编制及示例

（一）标题及文号、目录

资产评估报告封面应当载明下列内容：资产评估项目名称、资产评估机构出具评估报告的编号、资产评估机构全称和评估报告提交日期等。

资产评估报告的标题要求"企业名称＋经济行为关键词＋评估对象＋资产评估报告"。例如：甲公司委托资产评估机构对其拟用于出资的机器设备进行评估，为该委托事项出具的资产评估报告的标题相应表述为"甲公司拟对外投资所涉及的机器设备资产评估报告"。

资产评估报告文号的格式要求：包括资产评估机构特征字、种类特征字、年份、报告序号。

资产评估机构特征字用于识别出具报告的评估机构，通常以体现评估机构名称特征的简称表述；种类特征字用于体现报告对应的专业服务类型（评估、咨询等），资产评估报告的种类特征字通常表述为"评报字"。例如，北京 A 资产评估有限公司 2020 年出具的顺序为第100 号的资产评估报告，对应的资产评估报告文号可以表述为"A 评报字（2020）第 100 号"。

目录应当包括每一部分的标题和相应页码。

（二）评估报告声明

声明部分应当包括以下内容：①恪守独立、客观和公正的原则，遵循有关法律、法规和资产评估准则的规定，并承担相应的责任；②提醒评估报告使用者关注评估报告特别事项说明和使用限制；③其他需要声明的内容。评估报告声明部分还包括：①评估师的责任；②委托方和被评估单位对所提供资料承担的责任；③利益冲突的声明；④对现场核实工作和产权权属的声明；⑤就评估假设和限定条件的声明。

资产评估师声明
（示例）

本资产评估报告，是在评估师对纳入评估范围的资产进行了认真的清查核实、评定估算等必要评估程序的基础上作出的，针对本评估报告，我们特做如下申明：

（一）本资产评估报告依据财政部发布的资产评估基本准则和中国资产评估协会发布的资产评估执业准则和职业道德准则编制。

（二）委托人或者其他资产评估报告使用人应当按照法律、行政法规规定和资产评估报告载明的使用范围使用资产评估报告；委托人或者其他资产评估报告使用人违反前述规定使用资产评估报告的，资产评估机构及其资产评估专业人员不承担责任。

（三）资产评估报告仅供委托人、资产评估委托合同中约定的其他资产评估报告使用人和法律、行政法规规定的资产评估报告使用人使用；除此之外，其他任何机构和个人不能成为资产评估报告的使用人。

（四）资产评估报告使用人应当正确理解评估结论，评估结论不等同于评估对象可实现价格，评估结论不应当被认为是对评估对象可实现价格的保证。

（五）资产评估机构及其资产评估专业人员遵守法律、行政法规和资产评估准则，坚持独立、客观、公正的原则，并对所出具的资产评估报告依法承担责任。

（六）资产评估报告使用人应当关注评估结论成立的假设前提、资产评估报告特别事项说明和使用限制。

（七）资产评估范围与经济行为所涉及的资产范围一致，未重未漏。

需要注意的是，准则的要求仅是一般性声明内容，资产评估专业人员在执行具体评估业务时，还应根据评估项目的具体情况，调整或细化声明内容。

（三）评估报告摘要

每份资产评估报告的正文之前应有表达该评估报告关键内容的摘要，用来让各有关方了解该评估报告的主要信息。具体包括：①简明扼要地反映经济行为、评估目的、评估对象和评估范围、价值类型、评估基准日、评估方法、评估结论及其使用有效期；②对评估结论产生影响的特别事项等关键内容；③提示阅读正文并关注特别事项说明等。该摘要与资产评估报告正文具有同等法律效力，由资产评估师、评估机构法定代表人及评估机构等签字盖章和署名提交日期。

该摘要还必须与评估报告揭示的结果一致，不得有误导性内容。

资产评估报告摘要（示例）

摘要

一、评估报告对应的经济行为：×××有限责任公司拟进行转让所持有的某市甲有限责任公司全部股权。

二、评估目的：为委托人×××有限责任公司进行股权转让提供评估对象于评估基准日市场价值参考依据。

三、评估对象与范围：依据委托人提供的资产评估申报表，纳入本次评估范围及构成本次评估结果的评估对象为×××有限责任公司所持有的某市甲有限责任公司全部股权；评估范围是某市甲有限责任公司于2020年10月31日经审确认的资产负债表内外全部资产及负债（具体以资产申报表为准）。未在本次资产评估申报表内列示的资产不在本次评估范围内，也不构成评估结果。

四、价值类型：市场价值。

五、评估基准日：二〇二〇年十月三十一日。

六、评估方法：资产基础法。

七、评估结论：在充分调查、分析评估对象现状的基础上，依据科学的评估原则，采用适当的评估方法，评估师经过科学、公正的调查分析，经评估测算得出评估对×××有限责任公司所持有的某市甲有限责任公司60%股权于评估基准日2020年10月31日市场价值评估值为7162085元（柒佰壹拾陆万贰仟零捌拾伍元）。

八、评估结论有限期限：自评估基准日起一年有效期，即2020年10月31日至2021年10月30日。

九、对评估结论产生影响的特别事项：要结合本次评估假设及特殊事项说明。

资产评估有限公司
2020年12月30日

以上内容摘自评估报告书，欲了解本评估项目的全部情况，应认真阅读资产评估报告书全文。

（四）评估报告正文

评估报告正文可以分为评估的基本事项、评估程序与方法、评估结论事项三个部分，各个部分均向报告使用者提供必要的信息。资产评估师可以根据评估业务性质、评估标的情况、委托方和其他评估报告使用者的要求，合理确定评估报告的详略程度。从每个独立的单元看，其内容各自为政，分别描述了不同的内容；但从整体的视角看，资产评估报告是一个前后有序、相互联系的有机整体。

案例如下：

广州×××医疗技术有限公司申报的机器设备资产评估项目

资产评估报告

广州×××医疗技术有限公司：

广州×××资产评估有限公司接受贵公司委托，根据国家有关资产评估的法律、法规和资产评估标准，采用适当的评估方法，按照必要的评估程序，针对贵公司所申报的资产，我公司进行了相关评估分析。现将评估情况报告如下：

一、委托方及其他资产评估报告使用人

（一）评估委托方

单位名称：广州×××医疗技术有限公司

地址：×××

联系人：×××

（二）其他资产评估报告使用人

依据资产评估法等相关法律法规规定，本资产评估报告使用者包括委托方等其他法定使用者。

二、评估目的

依据评估委托方需要，确定评估目的是为委托方×××了解委估资产在评估基准日的市场价值提供参考依据。

三、评估对象和评估范围

依据《资产评估委托合同》约定内容，纳入本次评估范围及构成本次评估结果的评估对象为广州×××医疗技术有限公司申报的机器设备资产（以资产评估申报表为准）。经查勘和调查了解评估对象具体状况见表 7-2。

表 7-2 资产评估申报表

序号	名称	数量	计量单位	出厂时间	启用时间	型号	使用情况	备注
1	全自动一拖一平面式口罩机	2	套	2020年3月	2020年3月	XIONGLI	两套口罩机的超声波焊接机因生产量未达供货约定要求，故正在被返厂提升中	设备组，主要由切片机、传送装置、焊接机组成
2	自动包装机	1	台	2020年4月	2020年4月	YT-350	可正常运转	独立设备
3	口罩点焊机	6	台	2020年3月	2020年3月	DNW-KZ、手动	状况维护较好，正常使用中	独立运转设备

四、价值类型

依据评估目的和评估对象的特点，考虑市场条件和评估对象的使用等并无特别限制和要求，本次评估选取的价值类型为市场价值。本报告书所称"市场价值"是指自愿买方和自愿卖方在各自理性行事且未受任何强迫压制的情况下，评估对象在评估基准日进行正常公平交易的价值估计数额。

五、评估基准日

依据委托合同及资产评估申报表，本次评估基准日确定为 2020 年 7 月 30 日。

六、评估依据

本次评估是在严格遵守国家现行的有关资产评估的法律、法规以及其他评估依据、计价标准、评估参考资料的前提下进行的。

（一）行为依据

（1）《资产评估委托合同》；

（2）资产评估申报表。

（二）法律法规依据

（1）《中华人民共和国资产评估法》（中华人民共和国主席令第四十六号，2016 年 12 月 1 日起施行）；

（2）其他相关法律法规文件。

（三）准则依据

（1）《资产评估基本准则》（财资〔2017〕43 号）；

（2）《资产评估职业道德准则》（中评协〔2017〕30 号）；

（3）《资产评估执业准则——资产评估程序》（中评协〔2018〕36 号）；

（4）《资产评估执业准则——资产评估报告》（中评协〔2018〕35 号）；

（5）《资产评估执业准则——机器设备》（中评协〔2017〕39 号）；

（6）《资产评估执业准则——资产评估档案》（中评协〔2018〕37 号）；

（7）《资产评估执业准则——资产评估方法》（中评协〔2019〕35 号）。

（四）产权依据

委托方提供的有关产权的资料。

（五）取价依据及其他参考资料

（1）《资产评估常用技术参数参考手册》；

（2）评估专业人员现场勘查和市场调查取得的与本次评估有关资料。

（六）委托方提供的其他相关资料

七、评估方法

参照评估相关准则与规范，本次评估采用与评估目的、评估对象实际状况相匹配的评估方法进行价值测算，最后对评估值进行合理分析与汇总。

（一）评估方法的选择

根据本次评估目的，可收集的资料，针对评估配套设施设备等资产结构特征，本项目采用成本法进行评估。其适用条件为：①可获取客观取得价、安装条件、型号、使用条件等历史资料；②形成资产的价值耗费是必需的，并且应该体现社会或行业的平均水平，即资产的价值取决于资产形成的成本。

（二）评估方法的简述

机器设备：

$$评估值 = 重置全价 \times 成新率$$

（1）重置全价的确定。机器设备的重置成本包括购置或建设设备所发生的必要的、合理的直接成本、间接成本和因资金占用发生的资金成本。在设备购置价的基础上，考虑该设备达到正常使用状态下的各种费用（包括购置价、运杂费、安装调试费、工程建设其他费用和资金成本等），综合确定。

$$重置全价 = 设备购置价 + 运杂费 + 安装调试费 + 其他费用 + 资金成本$$

需要安装的设备账面价值构成一般包括如下内容：设备购置价、运杂费、安装调试费、其他费用和资金成本等；不需要安装的设备一般只包括设备购置价和运杂费、其他费用。

对于需要安装的设备:

重置全价＝设备购置价＋运杂费＋安装调试费＋其他费用＋资金成本

对于不需要安装的设备:

重置全价＝设备购置价＋运杂费＋其他费用

1）购置价。主要通过向生产厂家、当地经销商或贸易公司询价等或参考近期同类设备的合同价格确定。对少数未能查询到购置价的设备,采用同年代、同类别设备的价格变动率推算确定购置价。

2）运杂费。以含税购置价为基础,根据生产厂家与设备所在地的距离不同,按不同运杂费率计取。购置价格中包含运输费用的不再计取运杂费。

3）安装调试费。根据设备的特点、重量、安装难易程度,以设备购置价为基础,按不同安装费率计取。

无须安装的设备,不考虑安装调试费;购置费中包含安装调试费的不再计取安装调试费。

4）工程建设其他费用。其他费用包括设备基础建设单位管理费、勘查设计费、工程监理费、招标管理费及环评费等,依据价格政策和该设备所在地建设工程其他费用的标准,结合本设备特点进行计算。

5）资金成本。资金成本按均匀投入计取。

资金成本＝（设备购置价格＋运杂费＋安装调试费＋其他费用）×贷款利率×合理工期×1/2

（2）成新率的确定。

1）理论成新率的确定。机器设备的年折旧率确定采用双倍余额递减法进行测算。

第 n 年折旧率＝2/尚可使用年限

最后两年采用直线法计提折旧

理论成新率＝100%－已产生折旧率

2）现场勘查成新率的确定。现场勘查成新率的确定是根据现场实际勘查情况,结合工作环境、管理水平、维护保养情况进行打分,确定其现场勘查成新率。

3）综合成新率的确定。综合成新率是综合理论与实际勘查成新率综合权重的取值水平,其具体成新率水平及权重取值是参照评估对象理论耐用年限、已使用年限、实际使用状况、维护状况等多项因素进行综合判断得出。

综合成新率＝理论成新率×A＋现场勘查成新率×B

八、评估程序实施过程和情况

依据《资产评估执业准则——资产评估程序》,本次评估分为以下过程进行:

第一阶段: 接受委托阶段。

广州×××资产评估有限公司接受广州×××医疗技术有限公司委托《资产评估委托合同》。

第二阶段: 明确业务基本事项。

根据评估委托书《资产评估委托合同》,明确了评估目的、评估现场勘验日期、评估对象及范围等评估基本事项。

第三阶段: 编制资产评估计划。

依据评估基本事项,召集评估师,召开评估技术研讨会,订立评估计划。

第四阶段: 现场调查及收集评估资料阶段。

依据资产评估程序，于 2020 年 7 月 30 日内蒙古×××资产评估有限公司委派资产评估专业人员与委托方一同对评估对象进行现场勘验工作。

第五阶段：收益整理评估资料。

依据评估对象特点，广州×××资产评估有限公司评估师进行市场调研工作，并收集相关市场数据资料。

第六阶段：评定估算形成结论。

评估师在充分掌握真实资料的前提下，根据评估对象实际状况和特点，选择适当的评估方法；进行市场调查，获取计价依据及价格资料；对获取的资料进行分析，选取评估所需的数据及参数；对委托评估资产进行评估，测算其评估值；填列评估明细表；撰写资产评估说明。该阶段工作完成时间为 2020 年 7 月 30 日。

评估师在得出初步评估结果后，对评估结论进行分析、论证，对资产评估结果进行完善。

第七阶段：编制出具评估报告。

项目负责人审核评估师的工作底稿，并对评估说明提出必要的修改意见，在此基础上，编制资产评估报告。然后，经内部三级审核程序后于 2020 年 7 月 31 日出具正式的资产评估报告，提交委托方。

第八阶段：整理归集评估档案。

针对本次评估项目，整理并归集评估档案。

九、评估假设

（一）评估假设条件

（1）评估所需资料是由委托方提供的，评估专业人员未对委托方提供的资料真实性和合法性进行核实，也不对其真实有效性进行负责，本次评估假设委托方提供的相关资料是真实有效的。

（2）评估对象具体数量是由委托方提供，本次评估仅对价值量较大的资产进行普查，对数量较多价值量较低的资产进行抽查，委托方对提供的数据真实准确性负责。

（3）本次评估对象两套全自动一拖一平面式口罩机于评估基准日超声波焊接机生产能力未能达到供货要求处于被返厂提升阶段，焊接机对于口罩机组非常重要，单部分价值量占机组整体价值 25%左右，本次假设两套口罩机焊接机能够按时成功提升并返回安装成功，并以该假设为前提进行评估。如焊接机未能提升成功，或出现其他原因导致口罩机缺失焊接机，评估报告结论不可直接套用，需重新委托评估并出具评估报告。

（4）依据委托方提供的资料及介绍，评估对象口罩点焊机无单独购置发票和购置合同，与北京×××贸易有限公司提供的口罩机一起开具的发票签订的合同。本次假设评估对象点焊机无权属纠纷情况，且为委托方合法所有。

（二）评估结果应用的限制条件

（1）本次评估结果仅用于为本次评估目的，用于其他目的，本评估报告无效。

（2）评估报告出具后，在报告有效期内评估对象设计、交付标准等发生变化的，对评估对象价值产生明显影响时，不能直接使用本评估结论。

（3）本次评估对象范围仅包括委托方提供的资产评估申报表申报的范围，不包括未申报的其他资产部分，未申报的资产也未构成本次评估结果。

（4）为充分理解评估思路，在使用报告时，使用者应充分关注"评估的假设和限制条件""评估师声明"及"特殊事项说明"。

十、评估结论

在充分调查、分析评估对象现状的基础上，依据科学的评估原则，采用适当的评估方法，评估师经过科学、公正的调查分析，评估测算得出评估对象于评估基准日 2020 年 7 月 30 日市场价值为 1066560 元（壹佰零陆万陆仟伍佰陆拾元整）。

十一、特别事项说明

以下为在评估过程中已发现可能影响评估结论但非评估师执业水平和能力所能评定估算的有关事项（包括但不限于）：

评估所需资料是由委托方提供的，评估专业人员未对委托方提供的资料真实性和合法性进行核实，也不对其真实有效性进行负责，本次评估假设委托方提供的相关资料是真实有效的。

评估对象在评估基准日各设备组织部分均位于呼和浩特市沙尔沁工业园区内蒙古×××医药有限公司厂区（广州×××医疗技术有限公司口罩生产厂区）内，考虑到评估对象均为可移动设备，本次是以评估对象机器设备完整无缺为前提进行评估的，若评估基准日后评估对象部分零部件被移除拆散等情况，本评估报告结果不可以直接引用，且被移除情况与本评估报告结论无关。

评估报告使用者应注意以上事项对评估结论可能产生的影响。

十二、资产评估报告使用限制说明

（1）本评估报告仅供委托方及法律法规规定的评估报告其他使用者使用，未征得评估机构同意，评估报告的内容不得被摘抄、引用或者披露于公开媒体。

（2）本评估报告是根据所设定的评估目的出具的，不得用于其他评估目的，资产评估师和评估机构对委托方和其他评估报告使用者因使用不当所造成的后果不承担责任。

（3）本评估报告的评估结论仅为本次评估目的提供价值参考依据，委托方和其他报告使用者应当合理理解并恰当使用评估结论，并在参考评估结论的基础上，结合资产状况和市场状况等因素进行合理决策。评估机构及资产评估师不承担报告使用者决策的责任。

（4）依据《资产评估执业准则——资产评估报告》本报告使用有效期一年，从评估基准日起一年有效，即 2020 年 7 月 30 日至 2021 年 7 月 30 日。

（5）本报告复印无效。

十三、资产评估报告日

2020 年 7 月 30 日。

十四、资产评估专业人员签名和资产评估机构印章

资产评估机构法定代表人：

中国资产评估师：

中国资产评估师：

广州×××资产评估有限公司
2020 年 7 月 31 日

（五）附件

评估报告的附件是评估报告的组成部分，其作用是为评估报告的内容提供支撑依据或者提供进一步的补充说明。《资产评估准则——评估报告》《企业国有资产评估报告指南》《金融

企业国有资产评估报告指南》对附件的内容进行了细化，这些是关于附件的最低要求。主要涉及经济行为、评估要素、评估结论、特别事项说明等内容，凡是为了能够保证"报告使用者合理理解评估结论"的所有文件和明细均可以作为附件的内容。评估报告的附件通常包括以下内容：①经济行为相关的文件；②评估相关方，即委托方、被评估单位（产权持有方）、评估机构，相关的法人营业执照、评估机构及签字资产评估师资质、资格证明文件；③委托方和相关当事方的承诺函；④评估对象所涉及的主要权属证明资料；⑤评估对象涉及的资产清单或资产汇总表及审计报告；⑥评估结果相关的资产清单、汇总表、主要计算表；⑦引用报告涉及的专业报告和单项资产评估报告等；⑧重要取价合同；⑨其他重要文件。

（六）资产评估明细表

此部分为企业国有资产评估报告或金融企业国有资产评估报告所包含的内容。评估明细表是对评估结果提供进一步细化信息，评估说明为评估报告使用者理解报告和监管部门审核报告提供详细信息。首先，单项资产和资产组合评估项目，或者企业价值评估的资产基础法明细表，应当在附件中或者单独成册，并按照会计报表以及明细科目编制评估明细表。其次，运用收益法进行企业价值评估，应当在附件中披露主要的收益预测及结果预测表。比如使用现金流量折现法时，附件应当包括：①资产、负债调整表；②营业收入预测表；③营业成本、营业税金及附加、销售费用、管理费用、财务费用预测表；④营运资金预测表；⑤折旧摊销预测表；⑥资本性支出预测表；⑦负债预测表；⑧折现率测算表；⑨折现现金流量测算表等。最后，运用市场法进行企业价值评估，应当在附件中披露：①可比上市公司或者可比案例的主要财务及非财务数据；②主要价值比率计算表；③市场法结果测算表。

（七）资产评估说明

此部分为企业国有资产评估报告或金融企业国有资产评估报告所包含的内容。资产评估说明描述评估师和评估机构对其评估项目的评估程序、方法、依据、参数选取和计算过程。通过委托方、资产占有方充分揭示对资产评估行为和结果构成重大影响的事项，说明评估操作符合相关法律、行政法规和行业规范要求。资产评估说明也是资产评估报告的组成部分，在一定程度上决定评估结果的公允性，保护评估行为相关各方的合法利益。评估机构、资产评估师及委托方、资产占有方应保证其撰写或提供的构成评估说明各组成部分的内容真实完整，未作虚假陈述，也未遗漏重大事项。资产评估说明应按以下顺序进行撰写和编制：

（1）"评估说明封面及目录"的基本内容。评估说明封面应载明该评估项目名称、该评估报告的编号、评估机构名称、评估报告提出日期，若需分册装订的评估说明，应在封面上注明共几册及该册的序号。

（2）"关于评估说明适用范围的声明"的基本内容。这部分应声明评估报告仅供资产管理部门、企业主管部门、资产评估行业协会在审查资产评估报告和检查评估机构工作之用，除法律、行政法规规定外，材料的全部或部分内容不得提供给其他任何单位和个人，不得向媒体公开。

（3）"关于进行资产评估有关事项的说明"的基本内容。这部分的基本内容应包括以下内容：①委托方与资产占有方概况；②关于评估目的的说明；③关于评估范围的说明；④关于评估基准日的说明；⑤可能影响评估工作的重大事项说明；⑥资产及负债清查情况的说明；⑦列示资产委托方、资产占有方提供的资产评估资料清单。

（4）"资产清查核实情况说明"的基本内容。这部分主要用来说明评估方对委托评估的企业所占有的资产和与评估相关的负债进行清查核实的有关情况及清查结论。这部分的基本内容应包括以下内容：①资产清查核实的内容；②实物资产的分布情况及特点；③影响资产清查的事项；④资产清查核实的过程与方法；⑤资产清查结论；⑥资产清查调整说明。

（5）"评估依据说明"的基本内容。评估依据说明主要用来说明进行评估工作中所遵循的具体行为依据、法规依据、产权依据和取价依据。具体包括：①主要法律法规；②经济行为文件；③重大合同协议及产权证明文件；④采用的取价标准；⑤参考资料及其他。

（6）"各项资产及负债的评估技术说明"的基本内容。这部分主要用来说明对资产进行评定估算的过程，反映评估中选定的评估方法和采用的技术思路及实施的评估工作。以资产基础法为例，主要包括以下内容：①流动资产评估说明；②长期投资评估说明；③机器设备评估说明；④房屋建筑物评估说明；⑤在建工程评估说明；⑥土地使用权评估说明；⑦无形资产及其他资产评估说明；⑧负债评估说明。

（7）"整体资产评估收益法评估说明"的基本内容。这部分主要说明运用收益法对企业整体资产进行评估的有关情况。其基本内容应包括以下内容：①收益法的应用简介；②企业的生产经营业绩；③企业的经营优势；④企业的经营计划；⑤企业的各项财务指标；⑥评估依据；⑦企业营业收入、成本费用和长期投资收益预测；⑧折现率的选取和评估值的计算过程；⑨评估结论。

（8）"评估结论及其分析"的基本内容。这部分主要总体概括说明评估结论，应包括以下内容：①评估结论；②评估结果与调整后账面值比较变动情况及原因；③评估结论成立的条件；④评估结论的瑕疵事项；⑤评估基准日的期后事项说明及对评估结论的影响；⑥评估结论的效力、使用范围与有效期。

资产评估报告基本内容及其编制如图 7-4 所示。

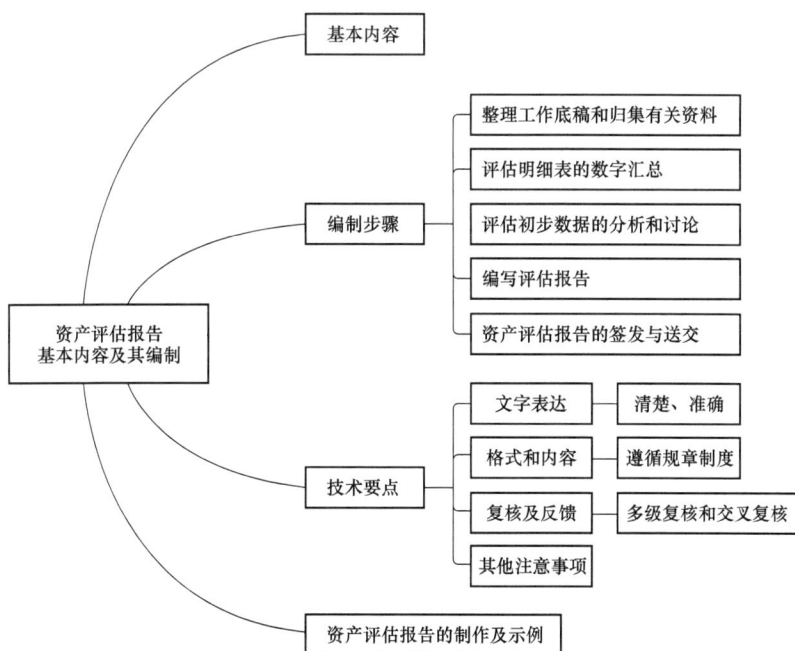

图 7-4 资产评估报告基本内容及其编制

任务三　资产评估报告主要信息的披露及模式

评估报告的主要作用在于为委托方提供评估对象的合理估值结果，并使报告使用者能够合理理解评估结论。因此，需要重点对评估对象和范围、评估假设、评估结论、特别事项说明等内容的披露要求进行详细说明。

一、评估对象和评估范围

评估对象和评估范围是报告中披露的重要内容之一，是评估报告使用者关注的重点。评估对象和评估范围通常与经济行为相关联，是由委托方确定的重要评估要素，也是评估委托书明确约定的因素之一。

（一）评估对象和评估范围的特征

资产评估报告使用者只有通过报告了解了评估对象的特征及其价值决定因素，才能够合理理解评估结论，才能进一步合理使用评估报告，从而达到评估报告维护公共利益以及评估各方当事人权益的最高目标。因此充分披露评估对象和评估范围的信息，成为编制评估报告的重要内容之一。评估对象和评估范围具有四个基本特征：①经济行为决定了评估对象和评估范围；②评估对象的价值影响因素决定了其价值水平；③评估对象的价值创造所占用的资源决定了其评估范围；④评估范围构成了评估对象的外延。

（二）评估准则对评估对象和评估范围的披露要求

评估报告中应当载明评估对象和评估范围，并具体描述评估对象的基本情况，通常包括法律权属状况、经济状况和物理状况；评估报告应当对评估对象进行具体描述，以文字、表格的方式说明评估范围。分企业价值评估和单项资产评估，对评估对象和评估范围披露的信息进行了细化。

（三）机器设备评估的评估对象与评估范围描述

机器设备的评估对象一般为单台机器设备和机器设备组合。进一步划分，其可描述为单独的机器设备或者作为企业资产组成部分的机器设备。

（1）评估对象的描述。

1）权属状况。设备的权属是否完整，是否存在抵押、租赁等他项权利，如果为融资租赁取得的设备，需要说明应付款项是否全部支付。

2）经济状况。对于单台设备，需要描述设备的用途、利用状况、技术状态；对于设备组合，需要描述：公司或车间的名称与地址、原始建设日期、生产的产品、设计生产能力及实际生产能力、主要工艺及流程、历史运营情况、设备及相关生产设施整体的维护保养情况、安全状况与环境标准、产品的市场情况等。

3）物理状况。包括机器设备的数量、类型、安装、存放地点、使用情况等，可以结合评估明细表进行说明。

（2）评估范围的描述。评估范围应当说明，是否包括设备的安装、基础、附属设施，确认是否包括软件、技术服务、技术资料等无形资产。对于附属于不动产的机器设备，资产评估师应当合理划分不动产与机器设备的评估范围，避免重复或者遗漏。

（四）不动产评估的评估对象与评估范围描述

不动产是指土地、建筑物及其他附着于土地上的定着物，包括物质实体及其相关权益。

不动产对应的全部权益，也可以是不动产对应的部分权益。

（1）评估对象的描述。

1）权属状况。土地权利性质、权属、土地使用权的年限；建筑物的权属；不动产设定的其他权利状况以及法律限制等，如是否存在抵押、租赁等他项权利。

2）区位状况。区域位置、商服配套、道路通达、交通便捷、城市设施状况、产业配套和环境状况等。

3）物理状况（实体状况）。包括不动产的数量、类型、结构、地点、外观状况等，可以结合评估明细表进行说明。具体包括：土地的面积、四至界限、宽度、深度、形状、地形、地质及地基状况、用途、容积率、地面附着物情况等；建筑物的面积、体积、高度、层数、宽度、结构、材料、设计、设备设施、工程质量、维修养护；建筑物是否与周围环境协调等。

4）经济状况。不动产的用途、利用度。

（2）评估范围的描述。单项不动产或者不动产组合，通常与评估对象一致。如果为企业价值中的不动产，应当在评估范围中描述与其他资产的界限，比如与土地使用权、机器设备的界限和评估范围。

（五）专利资产的评估对象与评估范围描述

（1）评估对象的描述。

1）权属状况。专利资产权益，包括专利所有权和专利使用权。专利使用权的具体形式包括专利权独占许可、独家许可、普通许可和其他许可形式。

2）法律状态。专利的法律状态通常包括专利申请人或者专利权人及其变更情况，专利所处的专利审批阶段、年费缴纳情况、专利权的终止、专利权的恢复、专利权的质押，以及是否涉及法律诉讼或者处于复审、宣告无效状态。

3）技术状况。技术的新颖性、创造性以及实用性描述。

4）经济状况。技术的取得方式、开发成本/收购成本、技术利用状况。

（2）评估范围的描述。单项专利资产需要说明与其他相关专利技术的关系；如果为专利资产组合，应当说明组合内各个专利之间的依存关系，并从技术产业化应用角度，判断其独立性。另外需要根据权利要求书，判断技术保护范围。

（六）企业价值评估的评估对象和评估范围

企业价值的评估对象主要分三种情况，即整体企业价值、股东全部权益价值、股东部分权益价值，而其对应的评估范围往往为被评估企业占用的全部资源，包括会计报表载明的各项资产和负债，以及表外资产和负债。对于企业重组设立或者改制设立有限公司或者股份公司，各投资方在重组或者改制协议中，明确了相关的资产范围，这时评估范围需要依据重组或者改制协议确定。根据报告的体例，对于企业价值评估，决定其评估对象经济状况的详细信息，通常会在被评估单位概况中说明。

（1）企业价值评估中评估对象的表述。根据公司章程、股权登记文件、法律意见书，对评估对象进行表述。主要包括：评估的股权比例；股权取得方式；股权取得的义务是否履行完毕；该股权的特殊权利和义务；股权是否存在权利限制；对评估对象或者企业最近3年的评估事项进行披露。

（2）企业价值评估中评估范围的内容。包括：

1）评估范围通常包括被评估企业的全部资产和相关负债，不仅包括企业财务报表内的资产和负债，也要考虑重要的可识别和评估的账外资产和负债，比如无形资产或有资产/负债；对于账外资产和负债需要在评估范围部分明确表述，包括资产类别、资产权属、资产形成过程、资产的经济/技术状态等内容。

2）关注评估范围内的重要资产存在的可能影响评估结论的重要事项，如土地使用权未缴纳或者足额缴纳出让金、技术类无形资产未申请专利或者是否采取保密措施、矿业权未缴纳或者足额缴纳价款，应当关注并披露对评估结果的影响。

3）对于评估范围内，需要引用其他机构报告的情形进行描述。主要包括：引用报告部分资产类别、数量、权属情况、使用状况、账面值等因素。

4）说明评估对象涉及的资产、负债与已经审计财务报表之间的对应关系。

5）说明评估范围与经济行为的一致性。

（3）企业价值评估中被评估单位披露的内容。被评估单位概况中需要描述的内容通常包括：

1）公司概况（企业历史沿革及股权结构、所持有的各项资质或者许可，比如高新技术企业证书、整车厂商给予的合格供应商证书等）；

2）公司产权结构（投资结构）及控股子公司介绍，公司从事的主要经营业务及经营模式（包括提供的主要产品及服务、主要供应商和销售商）；

3）公司主要资产概况（包括主要资产类别、主要资产权属状况、分布状况、运行状况，资产的配置情况）；

4）最近 3 年一期财务状况和经营成果（列示主要的财务数据，披露财务数据是否经过审计以及审计意见）；

5）公司竞争优势和劣势；

6）执行的会计政策以及执行的各项主要税率（如果有优惠政策需要披露）；

7）最近 3 年发生的股权交易行为及评估事项（披露企业近 3 年是否有涉及本次评估对象的交易或者评估行为，并披露主要信息）。

二、评估假设的信息披露

假设必须依据已经掌握的事实，运用已有的科学知识，通过推理（包括演绎、归纳和类比）而形成。评估师应当科学合使用评估假设，以使评估结论建立在合理的基础上，并使评估报告使用人能够正确理解和使用评估结论。

（一）准则对评估假设的要求

根据《资产评估准则——基本准则》第十七条，资产评估师执行资产评估业务，应当科学合理地使用评估假设，并在评估报告中披露评估假设及其对评估结论的影响。《资产评估职业道德准则——基本准则》第九条，资产评估师执行资产评估业务，应当合理使用评估假设，并在评估报告中披露评估假设及其对评估结论的影响。《资产评估准则——评估报告》第二十四条，评估报告应当披露评估假设及其对评估结论的影响。

（二）评估假设的合理性要求

评估师不得进行以下假设：①不得随意设定没有依据的评估假设；②不得随意设定不合情理的评估假设；③不得随意设定不合法律规定的评估假设；④不得设定未经证实的资料或者虚假资料真实性的假设。

评估假设的合理性判断标准有：①确信相关假设有可靠证据表明其很可能发生；②虽然

缺乏可靠证据，但没有理由认为这些假设明显不切合实际；③重要的评估假设，应当说明其使用理由（比如一项新建工程）；④检查预测数据与假设的一致性。

三、评估结论的信息披露

（一）准则对评估结论的披露规定

资产评估师应当在评估报告中以文字和数字形式清晰说明评估结论。通常评估结论应当是确定的数值，经与委托方沟通，评估结论可以使用区间值表达。评估结论的披露归纳见表7-3。

表 7-3　　　　　　　　　　　　　　评 估 结 论 的 披 露

情形	表达方式	表达内容
企业价值的成本法	文字和数字表达＋汇总表格	所有者权益以及各类资产和负债的账面值、评估值以及增减值、增减值率等信息
企业价值的收益法或者市场法	文字和数字表达（辅以附件中的计算表）	企业价值或者全部/部分股权的账面值、评估值以及增减值、增减值率等信息
单项资产或者资产组合	文字和数字表达＋分类汇总表格	资产的账面值、评估值以及增减值、增减值率等信息
两种（或以上）评估方法下最终评估结果的确定	文字和数字表达	两种以上评估方法结果的差异及其原因以及最终确定的评估结论及其理由

（二）评估结果选择通常考虑的因素

评估结果的选择过程就是评估结果合理性的判断过程。通常考虑以下因素：①评估目的；②评估方法应用前提的满足程度；③评估方法应用过程中可获取参数的质量；④评估结论与评估对象和评估范围的一致性；⑤评估结论与假设前提的一致性；⑥评估结论与评估对象收益模式及其价值影响因素的匹配性。

（三）评估结论区间值的表达

原则上，评估结论应当是一个确定的数值。当无法履行必要的评估程序，得出评估对象的公允价值时，可以出具价值分析意见。价值分析结论可以用区间值表达。出具区间值表达的评估报告或者价值分析报告时，需要：①取得委托方同意（在业务约定书中明确）；②清晰表达区间值并说明区间值的合理性；③尽量给出确定数值评估结论的建议（最有可能的评估值）。

四、特别事项的信息披露

（一）评估报告的特别事项

特别事项是指在已经确定评估结果的前提下，资产评估师在评估过程中已经发现可能影响评估结果，但是非资产评估师执业水平所能评定估算的有关事项。评估中的特别事项实际上是评估对象的现实状态与评估假设和限定条件不一致的事项。特别事项需要充分披露，以达到报告使用者"合理理解评估结论"的目标。

（二）准则对特别事项说明的披露规定

资产评估师应当说明特别事项可能对评估结论产生的影响，并重点提示评估报告使用者予以关注。

【知识链接】

如何正确阅读、使用及评判资产评估报告？

对一份资产评估报告的正确阅读及质量高低的评判，主要是围绕关注评估机构资质及评估报告效力、资产评估操作过程及报告质量评价和正确使用评估报告三个方面展开的，具体可通过以下 12 个问题进行评判。

（1）关注资产评估机构是否具备相应的资质。一般说来，证券类业务必须具备证券业资格；国资项目必须是入库的评估机构；银行抵押类项目必须是入围各个银行的评估机构，房产估价机构是否为一级资质，土地估价机构是否为 A 级资信。自 2013 年 1 月 1 日起，所有的土地评估报告不分机构登记和评估目的均需要报国土资源部（现自然资源部）备案，所以土地估价报告封面上必须有备案号。

（2）关注资产评估报告是否仍有效。评估报告具有时效性，一般评估报告的有效期是自评估基准日起 1 年之内有效。

（3）资产评估报告的评估目的与经济行为是否一致。目的具有唯一性，一个评估报告只能有一个评估目的，且只能为一个经济行为服务；不同评估目的下资产的价值内涵不同，不同的评估目的其价值类型也不同。

（4）评估对象与评估范围是否与经济行为涉及的对象及范围一致。整体资产评估的评估对象与评估范围为全部资产；单项资产或者资产组合的评估对象与评估范围是涉及经济行为的单项资产或资产组合。

（5）价值类型是否与评估目的匹配。一般而言，价值类型有市场价值和非市场价值之分。资产/股权转让、对外投资、抵押、质押、增资扩股、改制、重组以及以财务报告为目的的评估等，其价值类型通常为市场价值；对外投资的价值类型为投资价值；无在用价值资产处置的价值类型为残余价值；企业破产清算的价值类型为清算价值。

（6）评估基准日是否合适。评估基准日最好靠近经济行为日。

（7）评估依据是否充分合理。一般包括法律法规依据、准则依据、权属依据、取价依据。

（8）采用的评估方法是否合理。所选择评估方法是否满足前提条件和准则要求，参数获取的角度是否正确（见表 7-4）。原则上国有资产评估报告都要用两种方法评估。证券重组类报告一般也采用两种以上方法。减值测试类报告方法优先选择顺序是市场法、收益法、成本法。

表 7-4 不同评估方法的角度与前提

评估方法	市场法	收益法	成本法
角度	现在	未来	历史
前提	公开交易市场及足够的交易案例	未来收益及风险能够合理预测	持续经营，未来收益及成本能够合理预测

（9）评估结论的分析和结果选取是否合理。采用两种方法评估得出的评估结果是否合理，其差异的原因在报告中解释是否恰当，最终选取的评估结论是否更符合本次的评估目的。

（10）评估假设是否合理。一是基本合理的假设。在尽职调查时可以预见的变化因素作为变量处理，不能或难以预见的变化因素作为常量处理。一般假设：公开市场、持续经营、宏观经济等方面的假设。特殊假设：对评估结果有重大影响的假设，如非市场价格租赁，履行特殊评估程序，未履行详细的现场调查（或无法履行现场勘查），采用了未经调查确认或无法调查确认的资料数据，对其状态、资料真实性的假设。二是是否存在滥用评估假设：①违背国家法律法规规定或行业政策（包括行业准入制度）的假设；②与评估目的或价值类型明显相悖的假设；③与被评估资产权属明显相悖的假设；④对委托方提供的信息资料不加分析，用假设形式设定（委托方提供的）这些资料是真实的假设；⑤不考虑产品生命周期的假设；⑥超越企业生产能力而不考虑追加投资的假设；⑦只考虑企业生产能力而不考虑市场最大容量的假设；⑧无视正在发生的变化而假设其不变的假设；⑨违背科学规律的假设。

（11）资产评估报告披露的特别事项说明。①存在产权瑕疵；②资产存在法律纠纷、未决事项；担保、租赁；③存在或有资产、负债；④引用其他机构出具报告结论；⑤属于资产价值构成部分中的土地出让金、税费或价款尚未支付情况；⑥基准日期后发生重大事项；⑦在不违背资产评估准则基本要求的情况下，采用的不同于资产评估准则规定的程序和方法。

（12）评估报告的正确使用。①只能用于载明的评估目的和用途；②仅在评估假设和限制条件下成立；③发生重大期后事项不能直接使用；④备查文件及评估明细表须与正文同时使用；⑤对法律权属只给予合理关注，不对法律权属提供保证或鉴证意见；⑥只能由载明的报告使用者使用；⑦除经同意以外，不得被摘抄、引用或披露于公开媒体；⑧报告有效期为评估基准日与行为实现日不超过一年；⑨报告解释权归评估机构所有。

资产评估报告主要信息的披露及模式如图 7-5 所示。

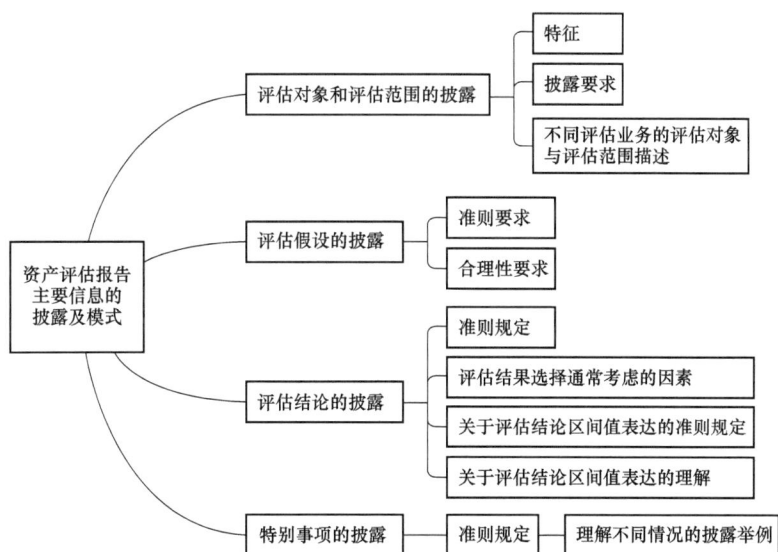

图 7-5 资产评估报告主要信息的披露及模式

任务四 资产评估档案

一、资产评估档案的基本概念与工作底稿的分类

（一）资产评估档案及作用

资产评估档案，是指资产评估机构开展资产评估业务形成的，反映资产评估程序实施情况、支持评估结论的工作底稿、资产评估报告及其他相关资料。纳入资产评估档案的资产评估报告应当包括初步资产评估报告和正式资产评估报告。工作底稿是资产评估专业人员在执行评估业务过程中形成的，反映评估程序实施情况、支持评估结论的工作记录和相关资料。工作底稿是判断一个评估项目是否执行了这些基本程序的主要依据，应反映资产评估专业人员实施现场调查、评定估算等评估程序，支持评估结论。

（二）工作底稿的分类

1. 按工作底稿的载体分类

按照工作底稿的载体，可以分为纸质文档、电子文档或者其他介质形式的文档。

资产评估委托合同、资产评估报告应当形成纸质文档，评估明细表、评估说明可以是纸质文档、电子文档或者其他介质形式的文档。

同时以纸质和其他介质形式保存的文档，其内容应当相互匹配，不一致的以纸质文档为准。

资产评估机构及其资产评估专业人员应当根据资产评估业务具体情况和工作底稿介质的理化特性谨慎选择工作底稿的介质形式，并在评估项目归档目录中按照评估准则要求注明文档的介质形式。

2. 按工作底稿的内容分类

按照工作底稿的内容，可以分为管理类工作底稿和操作类工作底稿。

管理类工作底稿是指在执行资产评估业务过程中，为受理、计划、控制和管理资产评估业务所形成的工作记录及相关资料。

操作类工作底稿是指在履行现场调查、收集评估资料和评定估算程序时所形成的工作记录及相关资料。

二、工作底稿的编制要求

（一）应当遵守法律、行政法规和资产评估准则

一方面，应当遵守工作底稿编制和管理涉及的法律、行政法规，如《中华人民共和国档案法》《资产评估法》《国有资产评估管理办法》《国有资产评估管理若干问题的规定》等；另一方面，应当遵守相关资产评估准则对编制和管理工作底稿的规范要求，如《资产评估基本准则》《资产评估执业准则——资产评估程序》《资产评估执业准则——资产评估档案》等。

（二）应当反映资产评估程序实施情况，支持评估结论

根据《资产评估基本准则》，工作底稿应当真实完整、重点突出、记录清晰，能够反映资产评估程序实施情况、支持评估结论。

（1）工作底稿必须如实反映和记录评估全过程。也就是说，在评估程序实施的各个阶段，如订立评估业务委托合同、编制资产评估计划、进行评估现场调查、收集整理评估资料、评定估算形成结论、编制出具评估报告等各阶段，都应当将工作过程如实记录和反映在工作

底稿中。

（2）工作底稿必须支持评估结论。工作底稿是用来反映评估过程有关资料、数据内容的记录，是为最终完成评估业务服务的，其目的是支持评估结论。与评估报告有关或支持评估结论的所有资料均应当形成相应的工作底稿。

（三）应当真实完整、重点突出、记录清晰

（1）工作底稿应当真实完整地反映评估全过程。一是要求工作底稿反映的内容和情况应当是实际存在和实际发生的，强调评估委托事项、评估对象、评估程序实施过程的真实性；二是工作底稿所反映的评估内容是完整的。不仅要求工作底稿内容真实，而且要求全面反映评估程序实施过程，不能遗漏。如评估对象的现场调查和评定估算等都应有真实完整地记录。

（2）工作底稿必须重点突出。工作底稿应当真实完整，并不是说非重点资产的现场调查、评定估算不可以简略，一个企业，可能有几千项设备，采用成本法评估时，不可能也没必要对数量巨大的同类设备逐一进行现场勘查，摘抄每台设备的名称、规格型号、生产厂家、技术参数，查看每台设备的使用情况、维护保养等情况。《资产评估执业准则——资产评估程序》规定"资产评估专业人员可以根据重要性原则采用逐项或者抽样的方式进行现场调查"，因此，重点突出是指评估工作底稿应当力求反映对评估结论有重大影响的内容。重点突出是要求对工作底稿中支持评估结论的资料要突出，凡对评估结论有重大影响的文件资料和现场调查、评定估算过程，都应当形成工作底稿。

（3）记录清晰有两方面含义：一是记录内容要清晰，使审核人员、工作底稿使用者通过查阅对评估过程的描述，对评估过程有清晰的认识；二是记录字迹要清晰。现场调查的工作底稿大都在现场撰写，有些评估专业人员现场调查后，所做记录文字不清晰，给审核工作带来较大困难，也难以作为支撑评估结论的依据。所以手写的工作底稿一定要字迹清楚，不能模糊难识。

资产评估机构及其资产评估专业人员可以根据资产评估业务具体情况，合理确定工作底稿的繁简程度。

（四）委托人和其他相关当事人提供的档案应由提供方确认

在评估中，有相当部分的工作底稿是由委托方和相关当事方提供的，有些是反映委托方基本情况的重要资料，如企业的营业执照、国有资产产权登记证、房地产权证等，需要提供方进行确认；有些是确定评估范围的，如资产评估明细表，更需要提供方予以确认。确认方式包括签字、盖章或者法律允许的其他方式。对所提供资料确认实际上是责任划分问题，提供资料的一方，原则上应当对资料的真实性、完整性、合法性负责。资产评估专业人员收集委托人和相关当事人提供的重要资料作为工作底稿，应当由提供方对相关资料进行确认，确认方式包括但不限于签字、盖章、法律允许的其他方式。

（五）工作底稿中应当反映内部审核过程

工作底稿一般是评估项目组的成员在评估时编制的，由于种种原因，编制人可能产生差错、遗漏等问题，因此，在工作底稿的编制过程中，需要经过必要的审核程序，包括对文字、数字、计算过程等内容的审核。

（六）编制目录和索引号

细化的工作底稿种类繁多，不编制索引号和页码将很难查找，利用交叉索引和备注说明等形式能完整地反映工作底稿间的勾稽关系并避免重复。资产评估专业人员应根据评估业务特点和工作底稿类别，编制工作底稿目录，建立必要的索引号，以反映工作底稿间的勾稽关系。比如评估项目中的汇率，评估基准日 1 美元兑换 7.5 元人民币，评估过程中，现金、银行存款、应收账款、应付账款等多个科目都要引用，编制工作底稿时，可以在现金的工作底稿中保存汇率的询价依据，其他科目的评估中只要注明交叉索引就能很方便地找到依据。

三、工作底稿的内容

（一）管理类工作底稿

管理类工作底稿是指在执行资产评估业务过程中，为受理、计划、控制和管理资产评估业务所形成的工作记录及相关资料。管理类工作底稿通常包括以下内容：①资产评估业务基本事项的记录；②资产评估委托合同；③资产评估计划；④资产评估业务执行过程中重大问题处理记录；⑤资产评估报告的审核意见。

以企业价值评估为例，上述五项内容可以细化为以下几个方面：

1. 资产评估业务基本事项的记录

评估业务基本事项的工作底稿应反映以下内容：

（1）评估项目的洽谈人，委托人名称、联系人，其他相关当事人（主要是被评估单位）名称、地址、法定代表人、企业性质、注册资金、经营期限、经营范围、联系人等基本情况。

（2）其他相关当事人和委托人的关系。

（3）评估报告使用人及与委托人、被评估单位等其他相关当事人的关系。

（4）相关经济行为的背景情况及评估目的。

（5）评估对象和评估范围。

（6）评估范围内的资产状况，包括评估对象基本情况及资产分布情况，资产的数量及各类资产、负债账面值，资产质量现状，实物资产存放地，账外资产或有资产或有负债、特殊资产情况，资产历次评估、调账情况，相关当事人所处行业、法律环境、会计政策、股权状况等相关情况。

（7）价值类型。

（8）评估基准日。

（9）评估假设、限制条件。

（10）评估报告提交期限和方式。

（11）评估服务费总额或者支付标准、支付时间及支付方式。

资产评估专业人员在项目承接洽谈阶段，应尽可能了解以上内容，以更好控制评估风险。

2. 资产评估项目风险评价

评估项目风险评价的工作底稿应反映以下内容：

（1）项目洽谈人通过对委托人和其他相关当事人的要求、评估目的、资产状况等基本情况的了解，对评估项目是否存在风险作出的判断。

（2）风险可控情况，化解风险、防范风险的主要措施。

（3）评估机构按规定流程通过对评估项目基本情况了解、评估项目风险调查分析，对是否承接项目作出的决定或签署的意见。

3. 资产评估委托合同

评估委托合同的工作底稿应反映评估委托合同签订以及评估目的、评估对象和范围、评估基准日、价值类型、评估服务费、评估报告类型、评估报告提交期限和方式发生变更等的过程。

4. 资产评估计划

评估计划工作底稿的主要内容为：

（1）对实施资产评估业务的主要过程及时间进度、人员安排等的安排。

（2）在评估过程中根据情况变化做出的调整记录。

（3）评估机构对评估计划的审核、批准情况。

5. 聘请专家的主要情况

评估项目聘用专家有关情况的工作底稿应反映聘请专家个人解决的问题，拟聘请专家个人的简况、专业或专长。

6. 资产评估过程中重大问题处理记录

评估过程中重大问题处理记录工作底稿应反映评估项目实施过程中，资产评估专业人员遇到重大问题逐级请示、资产评估专业人员根据批示意见处理的记录。

7. 资产评估报告审核情况

资产评估报告的审核是评估机构保证评估质量、降低评估风险的重要手段，是评估机构内部质量控制程序的重要组成部分，审核工作底稿应反映评估机构内部各级审核情况，明确列示审核意见。此外，委托人提供的反馈意见、管理部门提出的评审意见，以及资产评估专业人员对相关意见的处理信息等也属于报告审核情况的工作底稿。

（二）操作类工作底稿

操作类工作底稿是指在履行现场调查、收集评估资料和评定估算程序时所形成的工作记录及相关资料。

1. 操作类工作底稿的内容

操作类工作底稿产生于评估工作的全过程，由资产评估专业人员及其助理人员编制，反映资产评估专业人员在执行具体评估程序时所形成的工作成果，主要包括以下几方面内容：

（1）现场调查记录与相关资料。调查实物资产时，采用成本法与采用收益法、市场法对实物资产的调查重点是不同的，如：对机器设备的评估，采用成本法需了解机器设备的生产厂家、规格型号、主要参数，为重置价值提供依据，需了解机器设备的使用年限、使用情况、维修保养情况、产品质量情况，为判断成新率提供依据。采用收益法时，主要了解机器设备在企业中的地位、作用，了解主要机器设备的生产能力，与企业生产规模是否相适应，为预测企业的未来收益做准备。采用市场法时，主要了解相同或相似资产的交易信息。因此，不同评估方法下的现场调查工作底稿内容不同，资产评估专业人员应根据评估目的和资产状况，合理确定资产（含负债）的调查量，并编制相应的工作底稿，一般包括以下内容：

1）委托人或者其他相关当事人提供的资料，如：资产评估明细表，评估对象的权属证明资料，与评估业务相关的历史、预测、财务、审计等资料，以及相关说明、证明和承诺等；资产评估项目所涉及的经济行为需要批准的经济行为批准文件。

2）现场勘查记录、书面询问记录、函证记录等。

3）其他相关资料。

（2）收集的评估资料。在整个评估工作过程中，收集的与评估工作有关的操作类工作底稿具体包括以下内容：

1）市场调查及数据分析资料。询价记录。

2）其他专家鉴定及专业人士报告。

3）其他相关资料。

（3）评定估算过程记录。在评定估算阶段所做的工作，均需编制相应的工作底稿，以支持评估结论，一般包括以下内容：

1）重要参数的选取和形成过程记录。

2）价值分析、计算、判断过程记录。

3）评估结论形成过程记录。

4）与委托人或者其他相关当事人的沟通记录。

5）其他相关资料。

2. 不同评估方法对操作类工作底稿的侧重点

按照评估方法划分，操作类工作底稿一般可分为市场法工作底稿、收益法工作底稿和成本法工作底稿。

（1）市场法工作底稿。资产评估专业人员在采用市场法评估企业整体价值时，应在工作底稿中反映收集的参考企业、市场交易案例的资料，反映所选择的参考企业、市场交易案例与被评估企业具有可比性的资料。

资产评估专业人员应对被评估企业与参考企业、市场交易案例之间的相似性和差异性进行比较、分析、调整的过程，以及对所选价值乘数计算的过程编制相应的工作底稿。

在评估股东部分权益价值时，应在工作底稿中反映资产评估专业人员对流动性和控制权对评估对象价值影响的处理情况。

（2）收益法工作底稿。资产评估专业人员采用收益法评估企业资产价值时，应与委托人充分沟通，获得委托人关于被评估企业资产配置和使用情况的说明，包括对非经营性资产、负债和溢余资产状况的说明。资产评估专业人员进行现场调查后，应汇集资产的账面值、调查值形成工作底稿。

资产评估专业人员应在与委托人和其他相关当事人协商并获得有关信息的基础上，采用适当的方法，对被评估企业前几年的财务报表中影响评估过程和评估结论的相关事项进行必要的分析调整，以合理反映企业的财务状况和盈利能力。工作底稿应完整地反映对企业资产、负债、盈利状况进行调整的原因，调整的内容、过程和结果，企业财务报表数据调整前后的变化。

资产评估专业人员应在工作底稿中反映以下内容：①对企业财务指标进行分析的过程；②对企业未来经营状况和收益状况进行的分析、判断和调整过程；③根据企业经营状况和发展前景，预测期内的资产、负债、损益、现金流量的预测结果，企业所在行业现状及发展前景，合理确定收益预测期，以及预测期后的收益情况及相关终值的计算，收益现值的计算过程；④综合考虑评估基准日的利率水平、市场投资回报率、加权平均资本成本等资本市场相关信息和企业、所在行业的特定风险等因素，合理确定资本化率或折现率的过程。

在采用收益法对企业整体价值进行分析和评估时，企业如非经营性资产、负债和溢余资产，应编制相应的非经营性资产、负债和溢余资产的现场调查、评定估算工作底稿。

（3）成本法（或资产基础法）工作底稿。资产评估专业人员运用资产基础法对企业进行整体价值评估时，应在工作底稿中反映被评估企业拥有的有形资产、无形资产以及应承担的负债，记录根据其具体情况分别选用市场法、收益法、成本法的现场调查、评定估算过程。

资产评估档案如图 7-6 所示。

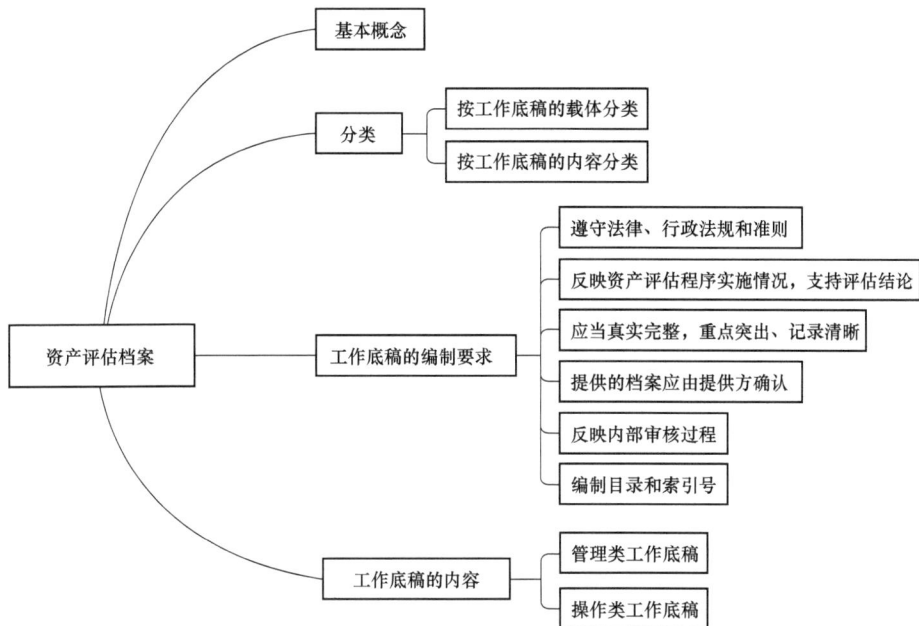

图 7-6　资产评估档案

四、资产评估档案的归集和管理

资产评估机构应当按照法律、行政法规和评估准则的规定建立健全资产评估档案管理制度。

资产评估业务完成后，资产评估专业人员应将工作底稿与评估报告等归集形成评估档案后及时向档案管理人员移交，并由所在资产评估机构按照国家有关法律、法规及评估准则的规定妥善管理。

（一）资产评估档案的归集期限

资产评估专业人员通常应当在资产评估报告日后 90 日内将工作底稿、资产评估报告及其他相关资料归集形成资产评估档案，并在归档目录中注明文档介质形式。

重大或者特殊项目的归档时限为评估结论使用有效期届满后 30 日内，并由所在资产评估机构按照国家有关法律、行政法规和相关资产评估准则的规定妥善管理。

（二）资产评估档案的保管期限

根据《资产评估法》规定，一般评估业务的评估档案保存期限不少于 15 年，法定评估业务的评估档案保管期限不少于 30 年。评估档案的保存期限，自资产评估报告日起算。《资产评估执业准则——资产评估档案》规定，资产评估档案自资产评估报告日起保存期限不少于 15 年；属于法定资产评估业务的，不少于 30 年。资产评估机构应当在法定保存期限内妥善保存资产评估档案，以保证资产评估档案的安全和持续使用。资产评估档案应当由资产评估机构集中统一管理，不得由原制作人单独分散保存。资产评估机构不得对在法定保存期内的资产评估档案非法删改或者销毁。

五、资产评估档案的保密与查阅

资产评估档案如果涉及客户的商业秘密，评估机构、资产评估专业人员有责任为客户保密。资产评估档案的管理应当严格执行保密制度，除下列情形外，资产评估档案不得对外提供：

（1）国家机关依法调阅的。

（2）资产评估协会依法依规调阅的。

（3）其他依法依规查阅的。

如果本机构评估专业人员需要查阅评估档案，应按规定办理借阅手续。

本 章 总 结

本章主要介绍了资产评估报告的基本概念与分类，资产评估报告的基本内容及其编制要求，资产评估报告的档案归档整理。

练 习 题

一、单选题

1. 下列关于资产评估档案保密与查阅的说法中，不正确的是（　　）。

　A. 评估档案涉及客户的商业秘密，评估机构、资产评估专业人员有责任为客户保密

　B. 资产评估档案可以允许国家机关依法调阅

　C. 资产评估档案不允许资产评估协会调阅

　D. 资产评估档案的管理应当严格执行保密制度

2. 下列各项，属于操作类工作底稿中评定估算过程记录的是（　　）。

　A. 与委托人或者其他相关当事人的沟通记录

　B. 询价记录书面

　C. 询问记录

　D. 函证记录

3. 因适用性受限而选择一种评估方法的，资产评估专业人员应当（　　）。

　A. 对所受的操作条件限制进行分析

　B. 对所受的操作条件限制进行披露

　C. 在资产评估报告中披露其他基本评估方法不适用原因

　D. 对所受的操作条件限制进行说明

4. 下列关于资产评估目的的说法中，不正确的是（　　）。

　A. 资产评估目的应当披露资产评估所服务的具体经济行为

　B. 资产评估目的应当说明评估结论的具体用途

　C. 资产评估报告载明的评估目的应当唯一，有利于评估结论有效服务于评估目的

　D. 可以在一份资产评估报告中同时体现两种评估目的

5. 以下有关评估结论及分析的说法中，不正确的是（　　）。

　A. 采用两种或两种以上方法进行企业价值评估时，应当说明不同评估方法结果的差异及其原因和最终确定评估结论的理由

B. 说明评估价值与账面价值比较变动情况，包括绝对变动额和相对变动率

C. 股东部分权益的价值等于股东全部权益价值与股权比例的乘积

D. 如果考虑了控股权和少数股权等因素产生的溢价或折价，应当说明溢价与折价测算的方法，对其合理性做出判断

6. 下列各项中，可以体现资产评估专业人员是否尽到了勤勉尽责的义务的是（　　　）。

A. 评估报告陈述的内容应当清晰、准确，不得有误导性的表述

B. 评估报告应当提供必要信息，使资产评估报告使用人能够正确理解评估结论

C. 评估报告的详略程度根据评估对象的复杂程度、委托人的要求合理确定

D. 评估报告在履行评估程序的基础上完成

7. 判定一份评估报告是否提供了必要的信息，其标准是（　　　）。

A. 要看评估报告使用人在阅读评估报告后能否对评估结论有正确的理解

B. 要看评估报告引用的信息是否充分

C. 看评估报告引用的信息是否必要

D. 要看评估报告是否详细得当

8. 下列各项中，关于国有资产评估报告评估依据的披露的说法中，错误的是（　　　）。

A. 评估依据的表述方式应当明确、具体、方便查对

B. 相关是指所收集的价格信息与需作出判断的资产具有较强的关联性

C. 评估依据应当满足相关、合理、可靠和有效的要求，在评估基准日有效

D. 合理是指所收集的资料能够有效地反映评估基准日资产在模拟条件下可能的价格水平

9. 下列有关国有资产评估报告的说法中，错误的是（　　　）。

A. 国有资产评估报告主要包括企业国有资产评估报告、金融企业国有资产评估报告、文化企业国有资产评估报告、行政事业单位国有资产评估报告等

B. 评估说明和评估明细表一般分别独立成册，必要时附件可以独立成册

C. 对影响评估结论的特别事项，要将评估报告正文的"特殊事项说明"的内容全部反映在评估报告摘要中

D. 评估报告一般分册装订，各册应当具有独立的目录

二、多选题

1. 关于资产评估档案，下列说法正确的有（　　　）。

A. 资产评估专业人员通常应当在资产评估报告日后 90 日内将工作底稿、资产评估报告及其他相关资料归集形成资产评估档案

B. 重大或者特殊项目的归档时限为评估结论使用有效期届满后 30 日内

C. 一般评估业务的评估档案保存期限不少于十五年

D. 评估档案的保存期限，自资产评估基准日起算

E. 法定评估业务的评估档案保管期限不少于三十年

2. 在企业价值评估中，管理类工作底稿的内容包括（　　　）。

A. 现场调查记录与相关资料　　　　　　B. 评定估算过程记录

C. 资产评估业务基本事项的记录　　　　D. 资产评估项目风险评价

E. 资产评估报告审核情况

3. 下列有关工作底稿的说法中，正确的有（　　　）。

   A. 工作底稿必须如实反映和记录评估全过程

   B. 工作底稿必须支持评估结论

   C. 工作底稿应当真实完整，所有资产的现场调查、评定估算均不可以简略

   D. 工作底稿应当真实完整地反映评估全过程

   E. 工作底稿记录内容要清晰，记录字迹要清晰

4. 按照工作底稿的载体进行分类，可以分为（　　　）。

   A. 纸质文档　　　　　　　　　　B. 电子文档

   C. 其他介质形式的文档　　　　　D. 管理类工作底稿

   E. 操作类工作底稿

5. 关于评估明细表的基本要求，下列说法中正确的有（　　　）。

   A. 采用资产基础法进行企业价值评估，评估明细表包括按会计科目设置的资产、负债评估明细表和各级汇总表

   B. 采用收益法进行企业价值评估，可以根据收益法评估参数和盈利预测项目的构成等具体情况设计评估明细表的格式和内容

   C. 采用市场法进行企业价值评估，可以根据评估技术说明的详略程度决定是否单独编制符合市场法特点的评估明细表

   D. 采用收益法进行企业价值评估，可以根据市场法评估参数的具体情况设计评估明细表的格式和内容

   E. 采用市场法进行企业价值评估，可以根据评估计划的详略程度决定是否单独编制符合市场法特点的评估明细表

6. 资产评估报告正文要求包括（　　　）。

   A. 委托人及其他资产评估报告使用人　　B. 评估目的

   C. 评估方法　　　　　　　　　　　　　D. 评估对象

   E. 委托人和其他相关当事人的承诺函

7. 下列各项中，属于确定资产评估报告的详略程度应该考虑的因素的有（　　　）。

   A. 法律、法规的要求　　　　　　　B. 评估对象的复杂程度

   C. 被评估单位的合理需求　　　　　D. 可以获得的评估费用的多少

   E. 委托人的合理需求

8. 国有资产评估报告中，评估依据的内容包括（　　　）。

   A. 经济行为依据　　　　　　　　　B. 法律法规依据

   C. 评估准则依据　　　　　　　　　D. 社会范围依据

   E. 权属依据

附录　国外评估准则

一、引言

英、美两国资产评估行业发展较早，起步于 19 世纪中后期，经过评估理论和实践的长期发展，两国分别从 20 世纪 70 年代开始了评估准则的探索工作。英国皇家特许测量师学会（Royal Institution of Chartered Surveyors，RICS）于 1974 年成立了评估和估价准则委员会，并于 1976 年开始发布评估准则，之后进行了多次修订。美国虽然有一些评估专业团体早就开始了评估准则的探索工作，但直到经历了 20 世纪 80 年代的评估行业动荡，才于 1987 年制定了第一部《专业评估执业统一准则》（Uniform Standards of Professional Appraisal Practice，USPAP）此后定期对其进行修订。

近 20 年来，美国、英国、澳大利亚、加拿大和新西兰等评估行业较为发达的西方国家为适应经济全球化发展的需要，加大了评估准则制定工作的力度，不断总结本国评估行业发展的经验，在评估准则的制定方面做了大量工作。一些国际性和区域性评估专业组织也根据评估行业国际发展状况及本区域评估行业的发展状况，在制定国际性和区域性评估准则方面进行了有益的探索。

评估准则的制定是一项复杂的系统工程，不仅对专业性、技术性要求高，而且反映了经济、社会、文化、法律等背景和环境条件，是相关各方利益的协调过程，由于各国评估行业发展很不均衡，各国评估理论基础和实践均缺乏一致性，因此各国和相关国际性评估专业组织制定的评估准则无论在内容上还是在体例上都存在较大差别，侧重点也由于各国评估行业热点问题的不同而各不相同。除国际评估准则（International Valuation Standards，IVS）外，在业界具有较大影响的评估准则主要是美国评估促进会（The Appraisal Foundation ，AF）制定的 USPAP 和 RICS 制定的评估准则。

二、美国评估准则

（一）美国评估准则简介

美国资产评估主要是基于财产保险、税务、会计处理、资产交易、企业合并、资产抵押贷款、家庭财产分割等方面的需要而产生的。为维护评估师和评估服务使用者的利益，满足评估师与评估服务使用者的需要，AF 下属的评估准则委员会（The Appraisal Standards Board，ASB）负责制定、出版、解释、修订或撤销《专业评估执业统一准则》。美国评估促进会是由美国国会授权的评估准则制定和评估师资格认定的评估组织。《专业评估执业统一准则》也是在美国评估行业中得到普遍认可并已接受了检验的执业标准。各州与联邦政府的有关监管部门都强调要求履行《专业评估执业统一准则》现行版本或适用版本中的规定。由于《专业评估执业统一准则》集中代表了美国评估行业中不同自律管理组织及其评估师的意愿和意见，我们就将《专业评估执业统一准则》作为美国评估准则的范本。

（二）美国评估准则的产生与发展

美国资产评估准则的具体演进过程如下：

1. 发散阶段

美国是当今世界上资产评估业最为发达的国家之一。19 世纪后期，由于火灾引发的保险诉讼，针对保险对象的赔偿数额，美国出现了专业评估公司。20 世纪 30 年代，美国多个评估专业组织就已制定并采纳了职业道德准则和专业评估准则。最初的评估目的主要是财产保险、维护产权交易双方利益、资产抵押贷款、家庭财产分割等。20 世纪 70 年代以来，随着资产评估行业的不断发展，评估者自发成立了若干个有较大影响的综合及专业性的民间自律性评估组织，其中规模较大的有 16 个评估协会。同时，各协会也制定有自己的规章制度和评估准则，但评估业缺乏统一的评估执业标准。

2. 协调统一阶段

1987 年，从规范资产评估业务与职业道德的角度出发，8 家来自美国和加拿大的专业评估机构和协会共同组建了美国评估促进会。该促进会推动和制定了美国第一部资产评估准则——《专业评估执业统一准则》。1988 年，美国估促进会内部又成立了 ASB 和评估师资格委员会（Appraiser Qualification Board，AQB）两个独立的委员会，前者专门负责检查、修订和解释专业评估执业统一准则。1989 年 1 月，在评估准则委员会的成立大会上，评估准则委员会正式采纳了初版专业评估执业统一准则。此后，根据实践需要，委员会按有关程序对准则进行了多次修订，以适应评估实务的变化。1992—1995 年，每年年中对其进行修订，1995年后改为每年发布一个完整准则版本。

3. 与国际评估准则趋同阶段

2006 年，国际评估准则委员会（International Valuation Standards Committee，IVSC）和美国评估促进会签署了麦迪逊协议，促使美国评估准则与国际评估准则协调一致。2008 年以后美国评估准则每两年修订一次，修订内容涉及前言、职业道德、能力条款等全部准则内容。近年来，美国评估促进会努力提高准则修订的民主性和广泛性，以便于评估执业者、评估服务使用者及监管者了解准则的最新变化和修订背景。其制定的准则因为符合评估业发展的客观需要，受到评估界的广泛欢迎和认可，很快成为北美地区各评估专业团体和评估师广为接受的公认评估准则，并逐渐以立法形式被美国政府认可。《专业评估执业统一准则》（USPAP）（2020—2021）是最新版本的美国评估准则。

（三）《专业评估执业统一准则》（USPAP）（2020—2021）的结构体系

1. 定义

定义部分介绍了美国评估准则中相关的主要术语的含义、注释和说明。

2. 引言

引言部分介绍了美国评估准则的宗旨、目的、意义、作用、要求以及准则和评估准则说明之间的关系。

3. 职业规则

职业规则包括职业道德、专业胜任能力、工作范围、档案保管和管辖除外规则。

4. 准则

10 个准则确定了评估、评估复核与评估咨询服务的要求及其各项结果表达的方式。这 10个准则是 USPAP 的主要构成部分，包括：

（1）准则 1 不动产评估。

（2）准则 2 不动产评估报告。

（3）准则 3 评估复核。

（4）准则 4 评估复核报告。

（5）准则 5 批量评估。

（6）准则 6 批量评估报告。

（7）准则 7 动产评估。

（8）准则 8 动产评估报告。

（9）准则 9 企业价值评估。

（10）准则 10 企业价值评估报告。

5. 评估准则说明

评估准则说明是经美国评估促进会的规定程序审定的，专门用于对 USPAP 内容的澄清、阐释和说明。

此外，准则委员会也发布咨询意见，咨询意见是指引性文件。咨询意见不是新的准则，也不是对现有准则的解释，不是 USPAP 的组成部分。咨询意见只用于说明 USPAP 在具体情况下的应用，并为业务争议和疑问提出解决建议。

（四）《专业评估执业统一准则》（USPAP）关于评估报告的内容要求

从 USPAP 对企业价值评估报告的要求，了解美国评估报告的基本要素与披露要求。美国在对企业价值或无形资产评估的结果进行报告时，要求评估专业人员必须正确反映每项分析、意见和结论，不得误导。

USPAP 规定每份书面或口头企业价值或无形资产评估报告必须做到：第一，清晰、准确地反映评估事项，不得误导；第二，包含足够的信息，使评估报告预期使用者能够正确理解评估报告；第三，清晰、明确地披露评估项目所采用的所有假设、特定假设、逆向假设与限定条件。

USPAP 规定企业价值或无形资产评估书面报告都应当根据开放型评估报告、限制型评估报告中的一种类型进行编制，并且必须在评估报告中明确所采用的报告类型。评估报告的内容应当符合评估结果的预定用途的需要，并至少包括以下内容：

（1）以名称或者类型明确委托方和预期使用者的身份。限制型评估报告还需说明委托方对报告使用的明显的用途限制，并应提示在没有阅读评估师工作底稿中的补充资料时，评估报告中评估师的意见与结论可能受到限制。

（2）明确说明评估结果的预期用途。

（3）明确并用充分的信息资料描述被评估的企业权益或无形资产。

（4）列示被评估权益所具备的控股条件的状况，包括决定控股的依据。

（5）列示被评估权益缺乏市场性/流动性的状况及其依据。

（6）价值类型。

（7）明确说明评估基准日和报告日。

（8）明确描述评估的工作范畴的信息。

（9）简要说明为支持分析、意见和结论所收集的信息、执行的程序以及相关分析过程。

（10）明确说明所有特定假设和逆向假设，并阐述其使用后可能对评估项目结果产生的影响。

（11）包含经签署的誓言。

在适当和可行的情况下，口头企业价值或无形资产评估报告也应当包括上述规定的实质性内容。

在美国，每个企业价值或无形资产的书面评估报告都包括一个与下面内容相似的经评估师署名的声明，主要内容为：

（1）报告中陈述的事实是真实和正确的。

（2）本报告的分析、判断和推论受本报告中假设和限定条件的限制，且是我个人的、公正和无偏见的专业分析、判断与结论。

（3）我与本报告中被评估财产没有任何现存的或将来的（或有已载明的）利益关系，也同有关当事人没有（或有已载明的）个人利益关系。

（4）我对本报告中的所有被评估财产和评估项目报告所涉及的各方都没有任何个人倾向和偏见。

（5）我受聘于此评估项目，绝不是对预先决定的结论进行求证和报告。

（6）我完成本项目的报酬，绝不是求证和报告预先决定的价值或指定的迎合委托方需要的价值的结果。我的报酬与评估价值量，以评估结果为条件的约定所得，评估结果使用之后所连带发生的事件完全无关。

（7）我根据《专业评估执业统一准则》进行分析，形成意见、结论和编写评估报告。

（8）我已经（或没有）对评估报告中的被评估标的财产进行了个人勘查（如果有一个以上评估专业人员签署该评估报告，在声明中应清楚地说明哪些评估专业人员对被评估财产做过勘查，哪些评估专业人员未做过勘查）。

（9）没有人对评估报告签署人提供过重要的专业帮助（如果有例外，提供重要专业帮助的每一个人的名字须列明）。

三、英国评估准则

（一）RICS 评估准则简介

英国最具影响力的评估准则是 RICS 评估准则，也被称为红皮书（以下简称 RICS 红皮书）。RICS 在 1976 年发布评估准则，之后又经过了多次修订和不断完善。RICS 红皮书最初主要适用于以财务报告为目的的评估，自 20 世纪 90 年代中期以后，随着评估准则内容的不断丰富，其适用范围已经扩展到几乎所有的评估业务领域，成为世界范围内 100 多个国家的所有 RICS 会员从事各种评估目的的评估业务的执业标准参考。

（二）英国皇家特许测量师学会（RICS）评估准则的产生与发展

1. RICS 评估准则的产生

RICS 不仅是英国最大、最具有权威性的评估行业组织，而且对整个英联邦地区的评估业都具有重要的影响，是全球广泛一致认可的专业性学会，其专业领域涵盖了土地、物业、建造及环境等 17 个不同的行业，有 14 万多名会员分布于 146 个国家。该学会的主要职能是制定行业操作规范和行为准则，对评估专业人员进行监管、教育和培训，保持和政府部门的联系，为会员提供服务，向会员提供覆盖 17 个专业领域和相关行业的最新发展趋势。

20 世纪 70 年代，英国出现了不动产危机，许多银行家及会计师、投资人等对不动产的贬值非常失望，对不动产评估中一些不规范、不一致的做法十分不满。与此同时，欧洲及其他地区的相关人员也开始重视准则的重要性。在这样的背景下，RICS 开始着手制定统一的评估准则，并由 RICS 的评估与估价准则委员会具体实施，1975 年正式向 RICS 理事会提交讨论，这也是世界范围内最早的评估准则——RICS 红皮书。

2．RICS 评估准则的发展

最初的英国评估准则主要是规范以财务报告为目的的评估行为以及测量师出具的其他公众使用的评估报告，其内容由两个单独部分组成，即资产评估指南（Guidance Notes on the Valuation of Assets）和评估指南手册（Manual of Valuation Guidance Notes）。评估指南手册部分最早发布于 1980 年，并于 1989 年和 1992 年分别进行了修订。1976 年正式发布的第一版评估准则是资产评估指南部分，并于 1981 年进行了修订（第二版），1990 年又进行了修订，发布了资产评估指南第三版，随后，该评估指南就成为所有特许测量师执业的一个强制性标准。

第四版于 1996 年 4 月正式生效。随着国际和欧洲评估准则研究和制定工作取得重大进展，RICS 决定尽可能采用《国际评估准则》，并将这些标准融合到英国评估准则之中，对于《国际评估准则》中未涉及的内容或仅以不太严格、不太详细的形式出现的内容，仍保留在准则中并根据需要不断更新。2003 年，英国评估准则第五版改名为《评估与估价准则》，于 2003 年 5 月 1 日起执行。该版对红皮书的结构进行了大幅度的调整，实现了与国际评估准则和欧洲评估准则的接轨。该版准则根据国际评估行业的发展趋势，在参考并借鉴《国际评估准则》重要理念和思路的基础上，形成了英国的评估实务准则。2007 年 RICS 发布了第六版红皮书，基本结构与第五版相同。第七版红皮书于 2011 年发布并生效，在结构方面的主要变动是将职业规范的附录独立为一部分。

2011 版《国际评估准则》发布后，RICS 又对红皮书的内容进行了相应的修订，并于 2012 年 3 月发布了新的红皮书暂行版本。该版将完整的国际评估准则作为红皮书的一个独立部分附在其后，并根据《国际评估准则》的变化对相应内容作出了适当修改。2012 年 1 月，2011 版国际评估准则生效，为与国际评估准则保持一致，RICS 又于 2012 年 3 月修订了 RICS 红皮书全球版《RICS 评估——专业准则 2012（红皮书）》［RICS Valuation-Professional Standards 2012（The Red Book）］，于 2012 年 3 月 30 日生效。至此，RICS 已先后发布了八版红皮书。2013 版《国际评估准则》发布后，第九版红皮书于 2014 年发布，第九版红皮书完整引用了 2013 年版《国际评估准则》。2017 年，RICS 发布了第十版红皮书。2019 年 11 月发布了最新版本的红皮书，自 2020 年 1 月 31 日起生效。

（三）2020 版 RICS 评估准则（全球版）的结构体系

RICS 评估准则包括简介、术语表、职业规范、评估技术和操作准则、评估应用指南、国际评估准则，具体如下：

1．简介

本部分主要介绍了该准则的制定背景、与国际标准的关系、准则的编排、准则的主要目的、遵守本准则、生效日期、修订和补充等内容。

2．术语表

本部分主要对评估资产、市场价值、特殊价值、评估报告等概念进行了解释和规范。

3．职业规范

RICS 红皮书的职业规范部分包括对评估师遵守准则和操作声明作出规定，对评估师道德、胜任能力、客观性和披露提出要求。

4．评估技术和操作准则

本部分对评估业务的基本程序作出规定。包括业务约定书的基本内容、勘查和调查要求、评估报告内容要求、价值类型、假设和特殊假设、评估方法等方面的规定。

5. 评估应用指南

本部分根据资产类型和评估目的，对相应评估业务提供指导。包括金融工具、抵押借款、企业价值、交易相关资产、机器设备、无形资产、动产、不动产、资产组合、评估不确定性等方面的规定。

6. 国际评估准则

本部分完整引用了《国际评估准则》最新版。

（四）评估应用指南关于评估报告的内容要求

1. 评估报告的基本要求

评估报告必须明确、准确地说明评估的结论，评估结论不得含糊或误导，不得产生错误印象。报告应清晰表述评估师的意见，并且报告中的措辞应当清晰易懂，以便对目标资产预先并不了解的人员也能够阅读和理解评估报告。报告的格式和细节将由评估师与客户在聘用条款中约定，报告描述不符合规定条款的，必须明确解决这些问题，以便根据专业标准与评估实务声明的规定进行评估。

2. 评估报告的内容

RICS 评估准则遵守 IVS 103 报告规定的条款，具体包括以下内容：

（1）评估师的身份和地位。若有必要，应当在评估报告中声明评估师的地位。评估是评估专业人员个人的责任，RICS 不允许使用所在"评估机构"来发表评估意见。评估师应当说明是作为内部评估师还是外部评估师开展评估工作的。签字人具备相关的专业资质，评估师应当声明对特定的评估市场充分了解，并具备胜任评估的专业技能和理解能力。

（2）客户与任何其他目标用户的身份。报告必须邮寄给客户或者其报告使用者，如果有与收件人不符的情况，需要说明报告的提交方式及客户的身份信息，并说明已知的其他报告使用者。

（3）评估目的。评估目的必须清楚无歧义，如果没有披露评估目的，则必须说明适当的理由。

（4）明确评估对象。必须声明各项资产或负债的法定权益，资产位于多个国家或州的应当分国家或州列出资产清单。所有资产应当用所在国的货币进行评估，汇率应当选取评估基准日的收盘汇率（即期汇率）。

（5）价值类型。必须说明价值类型，且必须提供完整的定义。价值类型是市场价值，基准要反映资产最高、最佳利用情况，如果价值类型是公允价值，必须从《国际评估准则》和《国际会计准则》两个可供选择的定义中谨慎地确定正确的定义。

（6）评估基准日。评估师必须说明评估基准日，必须说明评估基准日不同于出具评估报告的日期或调查开展完成的日期，评估报告中应区分这些日期。凡属于前瞻性的评估，必须清楚列明其适用于提供发展性意见及评估时的任何限制、条件和假设。

（7）调查范围。评估报告中必须记录有关资产调查的日期和范围，包括参考的不可能获取的资产部分。评估师必须关注，是否存在未进行充分的检验就已经取得评估值的情况。在重估情况下，评估报告应说明双方已达成一致意见，无须对资产作进一步的检查。相当数量的资产在评估时采用这样的表述是可以接受的，不是提供误导性的意见。

（8）所依据的信息的性质和来源。评估师必须清楚，如果已经作出了评估值，却没有搜集到通常可用的信息，则应在评估报告中说明是否需要对评估所依据的任何信息和假设进行验证，或者是否存在重要的信息材料尚未提供的情况。如果这样的信息或假设对判断评估值至关重要，则评估师必须明确指出评估值有待验证才能信赖。在重估的情况下，任何被客户告知、重大改变的陈述，或没有重大变化的评估假设，都应包括在评估报告中。评估报告还应披露一些附加信息，包括可以提供的，被评估师确认客户能够理解和从评估结果中获得的，有关该评估目的的任何重要信息。

（9）假设和特殊假设。评估报告必须指出所有的假设以及任何可能需要保留的意见。当假设在不同的国家存在差异时，评估报告必须进行清楚地表述。当一份评估报告基于特殊假设而进行评估时，应将特殊假设连同与客户达成的一致意见全部披露出来。

（10）使用、外传或公开限制。在正式发布的评估报告中，有必要包括一个声明对评估报告的使用、外传和公开作出限制，这个声明可以作为单独的文件，也可以附在报告中。

（11）根据 IVS 规定的声明书。评估报告中必须声明遵守了 IVS。在必需的情况下，应当说明该项评估业务遵循了 RICS 的标准，同时也符合 IVS 的要求。

（12）评估方法与实施过程。评估值需要根据评估报告的上下文来理解，评估报告必须说明所采用的评估方法、使用的关键评估数据和得出评估结论的主要理由。如果在评估协议中约定评估报告不提供原因或其他支持信息，则此规定不适用。

（13）一项或多项评估结论的金额。在评估报告中，评估结论要求既要有文字又要有数字。评估值包括了一定数量的不同类别的资产，将其相加形成了一个总的整体价值的做法通常是不恰当的，尽管这需要考虑评估目的。

（14）评估报告日期。评估报告日期应当包括出具报告的日期，与评估基准日有所区别。

（15）对重大不确定性的说明。对重大不确定性的说明，目的在于帮助评估报告使用人清晰理解评估结论。

（16）对执业责任的特别说明。对执业责任的特别说明主要与风险、责任、保险等事项紧密相关。

参 考 文 献

[1] 中国资产评估协会. 资产评估基础 ［M］. 北京：中国财政经济出版社，2022.

[2] 中国资产评估协会. 资产评估基础 ［M］. 北京：中国财政经济出版社，2021.

[3] 王炳华，徐晓囡. 资产评估基础（第三版）［M］. 北京：中国人民大学出版社，2020.

[4] 中国资产评估协会. 建筑工程评估基础 ［M］. 北京：经济科学出版社，2012.

[5] 杨淑芝，刘刚，雷建平. 资产评估实务（第三版）［M］. 北京：中国电力出版社，2022.

[6] 周风. 资产评估学教程 ［M］. 北京：中国财政经济出版社，2006.

[7] 朱柯，曾瑞玲，李萍. 资产评估（第五版）［M］. 大连：东北财经大学出版社，2018.

[8] 张彩英. 资产评估：理论、方法、实务 ［M］. 北京：中国财政经济出版社，2008.

[9] 蔡璐，杨良，张欣蕾，等. 资产评估基础与实务（第二版）［M］. 北京：清华大学出版社，2019.

[10] 周友梅、胡晓明. 资产评估学基础（第二版）［M］. 上海：上海财经大学出版社，2010.

[11] 徐兴恩. 资产评估学（修订第二版）［M］. 北京：首都经济贸易大学出版社，2006.

[12] 姜楠. 资产评估学 ［M］. 大连：东北财经大学出版社，2018.